MANUEL COM[...]

DE BOTANIQUE,

DEUXIÈME PARTIE.

—

FLORE

FRANÇAISE,

OU

DESCRIPTION SYNOPTIQUE

DE TOUTES LES PLANTES PHANÉROGAMES ET CRYPTOGAMES QUI
CROISSENT NATURELLEMENT SUR LE SOL FRANÇAIS, AVEC LES
CARACTÈRES DES GENRES DES AGAMES, ET L'INDICATION DES
PRINCIPALES ESPÈCES ;

PAR M. J. A BOISDUVAL,

Membre de plusieurs Sociétés savantes.

TOME SECOND.

—◦◦◦—

PARIS,

RORET, LIBRAIRE, RUE HAUTEFEUILLE,

AU COIN DE CELLE DU BATTOIR.

1828.

Le même Libraire vient de faire paraître :

ATLAS DE BOTANIQUE, nécessaire pour l'intelligence du texte, composé de 120 planches représentant un grand nombre de sujets ; prix : *Figures noires.* 18 fr. — *Figures coloriées.* 36 fr.

DE L'IMPRIMERIE DE CRAPELET, rue de Vaugirard, n° 9.

FLORE FRANÇAISE,

FAISANT SUITE AU

MANUEL DE BOTANIQUE.

FAMILLE 43. OMBELLIFÈRES (*Ombelliferœ*, Juss.).

FLEURS jaunes ou blanches, formant des ombelles simples ou composées; à la base de ces réunions de fleurs on trouve plusieurs petites folioles disposées en collerette, qui constituent ce que l'on nomme *involucre* ou *involucelle*, selon qu'elles se trouvent à la base des ombelles ou des ombellules; calice adhérent, tantôt entier, tantôt denté; corolle de 5 pétales égaux ou inégaux, échancrés, insérés sur la spongiole pistillaire; 5 étamines ayant la même insertion; un ovaire surmonté de deux styles persistans; le fruit est formé de 2 akènes adossés l'un à l'autre, et se séparant d'eux-mêmes à la maturité; embryon très petit, périsperme ligneux. Plantes herbacées, fistuleuses; feuilles alternes, engaînantes, décomposées en folioles nombreuses. M. Koch a fait une grande quantité de genres nouveaux dans cette famille, mais comme ils ne sont point encore généralement adoptés, nous avons préféré suivre les divisions adoptées dans la *Flore française* de M. De Candolle.

† **Ombellifères anomales.**

Genre HYDROCOTYLE (*Hydrocotyle*, Linné).

Calice presque entier; pétales entiers, égaux ; fruit orbiculaire, comprimé, bilobé, à nervures saillantes.

Espèce. Hydrocotyle vulgaire (*Hydrocotyle vulgaris*, L. sp. 338).

Tiges faibles, rampantes, longues de 3-6 pouces; feuilles peltées, orbiculaires, crénelées, glabres, longuement pétiolées; fleurs axillaires, très petites, ramassées 6-8 en une très petite ombelle pédonculée. ♃. Cette plante, appelée *écuelle d'eau*, est commune dans les marais.

Genre SANICLE (*Sanicula*, Linné).

Calice presque entier ; pétales entiers, fléchis au sommet; fruit ovale, presque globuleux, ne se partageant point en deux, hérissé de petites pointes oncinées; ombellules hémisphériques.

Espèce. Sanicle d'Europe (*Sanicula Europœa*, L. sp. 339).

Toutes les feuilles radicales, simples, luisantes, glabres, à 3-5 lobes palmés, dentées, incisées ; hampe presque nue, haute de 8-15 pouces, terminée par des ombellules globuleuses. ♃. Commune dans les bois : passe pour vulnéraire détersive.

Genre ECHINOPHORE (*Echinophora*, L.).

Ombelle ayant un involucre de 3-4 feuilles ; ombellules ayant une involucelle monophylle turbinée à 6 lobes ; fleurs de la circonférence mâles, à pétales inégaux ; calice à 5 dents ; fleur centrale femelle fertile, à pétales échancrés.

Espèce. Echinophore épineuse (*Echinophora spi-nosa*, L. sp. 344).

Tige cannelée, haute de 8-12 pouces, rameuse ; feuilles bipinnées, à découpures étroites, épineuses ; fleurs blanches, irrégulières ; ombellules devenant épineuses. ♃. Corse, Italie, bord de la Méditerranée.

Genre ASTRANCE (*Astrantia*, Linné).

Calice persistant, à 5 dents ; pétales recourbés, bilobés ; fruit ovale ; graines marquées de 5 sillons transverses ; involucelles dépassant les fleurs.

Espèce 1. Astrance épipactis (*Astrantia epipactis*, Lin. F. suppl. 177).

Feuilles quinquélobées, obtuses, dentées, à lobes cunéiformes, longuement pétiolées ; hampes radicales axillaires, portant une ombellule de fleurs jaunes ; collerette de 5-6 folioles obtuses, serrées. ♃. Je ne crois pas que cette espèce croisse en France : elle habite les montagnes chaudes.

2. Astrance a grandes feuilles (*A. major*, L. sp. 339).

Feuilles radicales quinquélobées, à lobes trifides, aigus, dentés ; tige presque simple, haute de 1-2 pieds ; fleurs blanches ou rosées, en ombelles serrées imitant une fleur radiée ; involucre à folioles entières, aiguës, plus longues que les fleurs. ♃. Habite les prairies de montagnes. (Commune.)

3. Astrance a petites feuilles (*A. minor*, L. sp. 340).

Feuilles radicales, divisées en 7 folioles étroites, digitées, lancéolées, à dents profondes ; tiges de 6-15 pouces, simples, presque nues, terminées par de petites ombellules blanches, dont la collerette dépasse à peine les fleurs. ♃. Prairies des Hautes-Alpes et des Pyrénées. L'*astrantia Carniolica*, Jacq., est une plante de Carniole, dont les lobes sont réunis à la base.

†† Ombellifères à fleurs jaunes.

Genre PEUCEDAN (*Peucedanum*, LINNÉ).

Calice à 5 dents ; pétales courbés au sommet, égaux, oblongs ; fruit ovale, un peu comprimé, strié, atténué sur les bords, un peu ailé ; un involucre et un involucelle.

Espèce 1. PEUCEDAN PARISIEN (*Peucedanum parisiense*, DC. fl. fr. 3517. *P. officinale*, THUIL.).

Tige simple, glabre, presque nue ; feuilles tripinnées, trichotomes, à folioles linéaires, étroites, longues, très entières ; fleurs blanches, à 12-15 rayons ; involucre à 6-8 folioles fines ; involucelle à 8-10. ♃. Bois couverts aux environs de Paris, de Rouen. Le *peucedanum alpestre*, L., en est voisin, mais ses ombelles sont plus fournies.

2. PEUCEDAN SILAÜS (*P. silaus*, L. sp. 354).

Tige un peu rameuse, glabre, droite ; feuilles trichotomes, tripinnées, à folioles lancéolées-linéaires ; fleurs jaunâtres, à 8-10 rayons ; involucre à 1-2 folioles ; involucelle à 10, très fines. ♃. Habite les prés humides.

3. PEUCEDAN OFFICINAL (*P. officinale*, L. sp. 353).

Tige de 3 pieds, rameuse ; feuilles trois ou quatre fois ternées, à folioles filiformes, planes-linéaires ; fleurs jaunes, en ombelles lâches ; involucre et involucelle à folioles très déliées ; fruits oblongs, sans rebords (DC.). ♃. Croît dans les prairies d'une grande partie de la France. Le *peuced. italicum*, MILL., est une variété à feuilles plus longues : elle croît en Italie et en Provence.

4. PEUCEDAN PANICULÉ (*P. paniculatum*, LOIS. fl. g. 722).

Tige droite, rameuse, un peu paniculée, haute de 3-4 pieds ; feuilles trois ou quatre fois ternées, à folioles pointues, filiformes, les caulinaires à peine pétiolées; fleurs jaunes, à 14-20 rayons; involucre de 2 folioles grêles; involucelle de 2-6 folioles déliées. ♃. Corse.

5. Peucedan d'Alsace (*P. Alsaticum*, L. sp. 354. Selinum Alsaticum, Roth. germ.).

Tige droite, presque simple, glabre, haute de 2-3 pieds; feuilles tripinnées, à folioles pinnatifides, peu nombreuses, grandes; fleurs jaunes, à 8-10 rayons; involucre à folioles linéaires, rougeâtres; involucelle à 3-4 folioles. ♃. Croît en Alsace, en Provence et en Allemagne.

Genre ACHE (*Apium*, Linné).

Calice entier; pétales égaux, arrondis, fléchis au sommet; fruits ovales-globuleux, convexes d'un côté et relevés de 5 sillons; involucre nul ou presque nul.

Espèce 1. Ache persil (*Apium petroselinum*, L. sp. 579).

Tige droite, striée, glabre, rameuse, haute de 3-4 pieds; feuilles inférieures bipinnées, à folioles cunéiformes, incisées; caulinaires à folioles linéaires; fleurs d'un blanc jaunâtre. ♂. Le persil est connu de tout le monde : on le cultive dans les jardins, où il offre plusieurs variétés; sa racine est apéritive, diurétique. Il croît en Provence.

2. Ache odorante (*A. graveolens*, L. sp. 379).

Tige grosse, striée, rameuse, haute de 2-3 pieds; feuilles bipinnées, à folioles larges, luisantes, incisées-dentées; fleurs jaunâtres, en ombelles axillaires. ♂. Croît naturellement au bord des ruisseaux. Cette plante, cultivée, est connue sous le nom de *céleri*; elle offre beaucoup de variétés.

Genre ANETH (*Anethum*, Lin. Juss.).

Calice entier; pétales entiers, presque égaux, recourbés; fruit lenticulaire, comprimé; graines planes sur un côté, convexes sur l'autre, et relevées de cinq côtes saillantes; involucre et involucelle nuls.

Espèce. ANETH FENOUIL (*Anethum fœniculum*, L. sp. 377).

Tiges lisses, rameuses, glabres, hautes de 4-6 pieds; feuilles bi ou tripinnées, à folioles capillaires; fleurs jaunes, en ombelles bien fournies. ♂. Habite les lieux chauds et pierreux : le fenouil est employé en médecine comme excitant.

Genre MACERON (*Smyrnium*, LIN. TOURN.).

Calice entier; pétales aigus, carénés, courbés au sommet, presque égaux; fruits ovales-globuleux, renflés; graines semi-lunaires, à trois sillons marqués; involucre et involucelle nuls.

Espèce 1. MACERON COMMUN (*Smyrnium olusatrum*, L. sp. 376).

Tige de 3-4 pieds, rameuse; feuilles radicales trois fois ternées, à folioles luisantes, dentées, lobées; supérieures ternées; fleurs jaunes. ♂. Croît dans les départemens méridionaux.

2. MACERON. DE DODONÉE (*S. Dodonæi*, SPRENG. umb. sp. p. 24).

Tige cylindrique, rameuse, haute de 3-4 pieds; feuilles radicales bipinnées, à folioles incisées, lobées; caulinaires très arrondies, perfoliées; fleurs blanchâtres. ♂. Croît en Corse et en Sardaigne.

3. MACERON PERFOLIÉ (*S. perfoliatum*, L. sp. 376).

Racine tuberculeuse; tige droite, simple, striée, glabre, haute de 2-3 pieds; feuilles à folioles arrondies, crénelées; les caulinaires ternées, les supérieures perfoliées, un peu crénelées; fleurs jaunes, en petites ombelles nombreuses. Cette plante, dans le jeune âge, a le port d'une euphorbe. ♂. Croît entre Toulon et Saint-Tropez. Commun dans l'Archipel.

Genre PANAIS (*Pastinaca*, Linné).

Calice entier; pétales entiers, courbes, presque égaux; fruits elliptiques, comprimés; graines échancrées au sommet, un peu ailées, à trois sillons peu marqués; involucre et souvent involucelle, nuls.

Espèce 1. Panais cultivé (*Pastinaca sativa*, L. sp. 366).

Tige droite, rameuse, cannelée, haute de 3-5 pieds; feuilles légèrement velues, une fois ailées, à folioles larges, incisées ou lobées; fleurs jaunes, petites. ♂. Lieux secs; cultivé dans les jardins.

2. Panais odorant (*P. graveolens*, Marsch. fl. taur. 1. p. 237).

Tige droite, rameuse, pubescente, d'une couleur grisâtre; feuilles une fois ailées, à folioles ovales-oblongues, légèrement lobées et à dents aiguës; fleurs petites, d'un blanc jaunâtre; involucre à 2 folioles caduques. ♃. Je l'ai reçu de Corse.

3. Panais opopanax (*P. opopanax*, L. mant. 357. *Laserpitium chironium*, L. sp. 358. *Opopanax chironium*, Koch).

Tige cannelée, rameuse, haute de 3-6 pieds; feuilles deux fois ailées, à folioles larges, ovales-dentées, inégalement lobées; pétioles hérissés; fleurs jaunes, en petites ombelles garnies d'involucres; fruits planes. ♃. Provinces méridionales. Cette plante, dans l'Orient, produit une gomme-résine appelée *opopanax*.

Genre THAPSIE (*Thapsia*, Linné).

Calice entier; pétales lancéolés au sommet; fruits oblongs, comprimés, échancrés des deux bouts et entourés d'une membrane en forme d'ailes; involucre et involucelle nuls.

Espèce. Thapsie velue (*Thapsia villosa*, L. sp. 175).

Tige de 3-4 pieds, peu rameuse; feuilles grandes,

velues, bipinnées, à folioles dentées, pinnatifides,
réunies à leur base; fleurs jaunes. nombreuses, en
grandes ombelles de 16-20 rayons. ♃. Lieux stériles
des/départemens les plus méridionaux.

Genre FÉRULE (*Ferula*, Linné).

Calice entier, pétales oblongs, entiers, fléchis au
sommet, presque égaux; fruits ovales-comprimés;
graines elliptiques, à trois sillons peu saillans, entourées d'un rebord membraneux peu prononcé. ,

Espèce 1. Férule commune (*Ferula communis*,
L. sp. 355). ,

Tige rameuse, grosse, haute de 4-6 pieds; feuilles
très grandes, plusieurs fois ailées, à folioles linéaires
très longues; fleurs jaunes en grandes ombelles, bien
fournies et disposées trois par trois. ♃. Provinces méridionales.

2. Férule nodiflore (*F. nodiflora*, Lois. fl. gall. 164.
L. sp.).

Se distingue de la précédente par ses ombelles pourvues de petites collerettes réfléchies et portées sur des
pédoncules dressés, disposés 5 à 5 autour de chaque
nœud. ♃. De la Ligurie : croît aussi à Grasse, en Provence. Constitue le genre *Ferulago*, Koch..

3. Férule glauque (*F. glauca*, L. sp. 355).

Tige rameuse, grosse, haute de 4-5 pieds; feuilles
très grandes, plusieurs fois ailées, à segmens linéaires, obtus, planes, glauques; feuilles supérieures
avortées, ne présentant que la gaîne; fleurs jaunes,
dépourvues de collerettes. ♃. Provence, Languedoc.
(Rare.)

Genre CACHRYS (*Cachrys*, Linné).

Calice entier; pétales égaux, lancéolés, fléchis au
sommet; fruits grands, ovales-cylindriques, anguleux, recouverts par un péricarpe ou écorce subé-
reuse, épaisse; collerettes polyphylles.

Espèce. CACHRYS A FRUITS LISSES (*Cachrys lœvigata* , LAM. D. 1. p. 256).

Tige rameuse, striée, haute de 2-3 pieds ; feuilles surdécomposées en segmens fins, linéaires, pointus ; fleurs jaunes, terminales, en ombelles bien fournies ; graines lisses, sillonnées. ♃. Départemens méridionaux.

Genre BUPLÈVRE (*Buplevrum* , LINNÉ).

Calice à 5 divisions ; corolle de 5 pétales égaux, entiers, courbés en demi-cercle ; fruits ovoïdes, bossus sur les deux faces, striés, comprimés ; involucre nul ou de 2-3 folioles ; involucelle à 5 folioles larges ; feuilles simples, entières.

Espèce 1. BUPLÈVRE FRUTESCENT (*Buplevrum fruticosum* , L. sp. 343).

Tige frutescente, rameuse, haute de 3-4 pieds ; feuilles lancéolées, ovales-oblongues ; fleurs jaunes. ♄. Environs de Narbonne, Provence, etc. (Rare.)

2. BUPLÈVRE LIGNEUX (*B. fruticescens* , L. sp. 344. LOIS. annal. soc. lin. p. 1827).

Tige frutescente, rameuse, glabre ; feuilles linéaires, nerveuses, munies de petites pointes ; fleurs jaunes, à involucre et involucelle très courts et peu garnis de folioles. Le *B. spinosum* croît en Sardaigne, en Sicile, etc.

3. BUPLÈVRE A FEUILLES RONDES (*B. rotundifolium* , L. sp. 340. *B. perfoliatum* , LAM.).

Port d'une euphorbe ; tige glabre, peu rameuse, droite, haute d'un pied ; feuilles ovales-entières, perfoliées ; fleurs jaunes ; involucelles à 5 folioles mucronées. ⊙. Croît parmi les moissons, dans les terrains argileux.

4. BUPLÈVRE A FEUILLES LONGUES (*B. longifolium* , L. sp. 341).

Distinct du précédent par ses feuilles moins arron-

dies, et surtout par ses fleurs munies d'involucre et
d'involucelle. ♃. Habite les lieux pierreux des montagnes. (Assez rare.) Je l'ai cueilli à la Grande-Chartreuse.

5. Buplèvre étoilé (*B. stellatum*, L. sp. 340).

Feuilles naissant d'une souche ligneuse, pointues,
lancéolées - linéaires, longues ; hampe de 4-10 pouces,
terminées par de petites ombelles, à involucre de 3
folioles, celles de l'involucelle réunies. ♃. Habite les
Hautes-Alpes, Oysans, Briançonnais, Queyras, etc.

6. Buplèvre des Pyrénées (*B. Pyrenæum*, Gouan.
ill. p. 8. t. 40).

Très distinct du précédent par sa taille plus grande,
ses feuilles plus larges, dont les caulinaires sont échancrées en cœur, et particulièrement par ses involucres
à 5 folioles non réunies. ♃. Habite les Pyrénées. Je
l'ai reçu de Bagnères-de-Bigorre.

7. Buplèvre en faulx (*B. falcatum*, L. sp. 341).

Tige de 12-18 pouces, flexueuse, glabre ; feuilles
radicales ovales-lancéolées, légèrement torses ; supérieures linéaires ; fleurs jaunes, en petites ombelles ;
involucre de 1-3 folioles inégales, rarement nul ;
involucelle à 5 folioles aiguës. ♃. Habite les lieux secs
pierreux.

8. Buplèvre a feuilles de gramen (*B. graminifolium*, Vahl. symb. 3. p. 48).

Tige grêle, presque nue, haute de 6-8 pouces ; feuilles
radicales, linéaires, nombreuses, étroites, longues ;
fleurs en petites ombelles jaunes ; involucre de 5 folioles étroites, inégales ; involucelle de 6-8 folioles ne
dépassant pas l'ombelle. ♃. Alpes du Dauphiné et du
Piémont. Le *B. petræum*, L., se distingue par les
folioles de son involucelle, soudées et plus longues. Il
ne croît pas en France.

9. Buplèvre renoncule (*B. ranunculoides*, L. sp. 342. *B. angulosum*, L.).

C'est avec raison que M. De Candolle réunit ces deux plantes. Feuilles radicales, étroites, longues, linéaires; tige tantôt haute de 2-5 pouces, tantôt de 12-15, presque nue; fleurs jaunes, en petites ombelles; folioles de l'involucre et de l'involucelle terminées par une petite pointe. ♃. Prairies découvertes du Dauphiné, des Pyrénées : il est commun sur le Lautaret.

10. Buplèvre a feuilles de carex (*B. caricifolium*, Willd. sp. 3. p. 1373. *B. graminifolium*, Vill. dauph.).

Peu distinct du précédent. Tige simple, peu feuillée; feuilles radicales linéaires, longues; caulinaires amplexicaules; fleurs jaunes; involucre de 1-2 folioles; involucelle à 5 folioles, terminées par une petite pointe. ♃. Alpes.

11. Buplèvre roide (*B. rigidum*, L. sp. 342).

Tige presque nue, dichotome, haute de 1-2 pieds; feuilles radicales roides, nerveuses, ovales-elliptiques, terminées en pointes et rétrécies en pétiole; fleurs jaunes; involucre et involucelle très petits et presque avortés. ♃. Habite les lieux stériles du Midi.

12. Buplèvre odontitès (*B. odontites*, L. sp. 342).

Tige grêle, divariquée, rameuse, haute de 3-6 pouces; feuilles sublinéaires, pointues, trinervées; ombelles nombreuses, à 3-4 rayons; involucres et involucelles à 5 folioles petites, lancéolées, acuminées. ☉. Lieux secs et pierreux du Midi. Se retrouve en Bretagne, au bord de l'Océan.

13. Buplèvre demi-composé (*B. semicompositum*, L. sp. 342).

Tige rameuse, à rameaux fastigiés; feuilles lancéolées, obtuses, mucronées; fleurs jaunes, en très petites

ombelles; involucres et involucelles à 5 petites folioles linéaires; fruits tuberculeux. ⊙. Croît dans les
lieux stériles du Midi. (Rare.)

14. Buplèvre menu (*B. tenuissimum*, L. sp. 343).

Tiges étalées, très grêles, rigides; feuilles inférieures longues, supérieures courtes, presque capillaires; fleurs jaunes, en très petites ombelles; involucres et involucelles à 5 petites folioles très aiguës;
graines scabres.

15. Buplèvre glauque (*B. glaucum*, DC. suppl. 3543ª).

Se distingue du précédent par sa teinte glauque,
de 3-4 pouces, et surtout par les folioles des involucelles, qui sont plus longues que les fleurs et les
fruits. ⊙. Sables maritimes de la Provence.

16. Buplèvre de Gérard (*B. Gerardi*, Murr.
syst. 274).

Tige très grêle, rameuse, anguleuse, haute de 6-12
pouces; feuilles petites, linéaires; fleurs jaunes, en
petites ombelles; involucelles à folioles plus longues
que les ombellules; involucre à 5 folioles aiguës et
inégales. ⊙. Commun dans les lieux incultes, en Provence.

17. Buplèvre jonc (*B. junceum*, L. sp. 343).

Tige grêle, effilée, haute de 1-2 pieds, rameuse,
quinquénervée; fleurs jaunes, en petites ombelles;
involucelles à peu près de la longueur des ombellules;
involucres à 2-3 folioles linéaires. ⊙. Croît au bord
des champs, dans les pays de montagnes.

††† Ombellifères à fleurs blanches ou rougeâtres.

Genre TORDYLE (*Tordylium*, Juss. Linn.).

Calice à 5 dents peu profondes; pétales fléchis,
cordiformes, plus grands et bifides dans les fleurs de
la circonférence; fruit comprimé, arrondi, à rebord
calleux et sillonné; graines aplaties.

Espèce 1. TORDYLE COMMUN (*Tordylium maximum,* L. sp. 345).

Tige hispide, droite, rameuse, haute de 2-3 pieds; feuilles ailées, à folioles larges, dentées dans le bas, lancéolées dans le haut; fleurs blanches, terminales. ⊙. Au bord des chemins, et sur les collines pierreuses de toute la France.

2. TORDYLE OFFICINAL (*T. officinale*, L. sp. 345).

Tige droite, velue, rameuse, haute de 1-2 pieds; feuilles ailées, à folioles ovales, incisées; supérieures laciniées; fleurs blanches. ⊙. Au bord des chemins, dans nos départemens méridionaux. Du genre *Condylocarpus*, KOCH.

Genre CAUCALIDE (*Caucalis*, JUSS. DC.).

Calice à 5 dents; corolle de 5 pétales fléchis, cordiformes, plus grands ordinairement et bifides à la circonférence; fruit oblong, ovoïde et hérissé de pointes roides, éparses ou régulières.

* *Fruits hérissés régulièrement.*

Espèce 1. CAUCALIDE GRANDIFLORE (*Caucalis grandiflora*, L. sp. 346).

Tige hispide, velue inférieurement, haute de 1-2 pieds; feuilles ailées., à folioles lancéolées, décurrentes; fleurs rougeâtres, involucelles à 5 folioles scarieuses. ⊙. Habite les terrains argileux parmi les moissons. Fait partie du genre *Turgenia*, HOFF.

2. CAUCALIDE A LARGES FEUILLES (*C. latifolia*, L. syst. 205).

Tige dressée, glabre, haute de 1-2 pieds; feuilles bipinnées, à folioles denticulées; fleurs blanches, les extérieures à pétales grands; involucelles de 5 folioles très membraneuses, mucronées. ⊙. Croît dans les moissons.

II. 2

3. Caucalide a fruit plat (*C. platycarpos*, Willd.
sp. 3. p. 1387).

Tige rameuse, garnie de poils épars, haute de 12-18
pouces; feuilles bipinnées, à folioles ovales, pinnatifides; fleurs blanches, rougeâtres extérieurement;
involucres à 3-4 folioles; fruits ovales, comprimés. ☉.
En Provence, en Dauphiné, en Languedoc.

4. Caucalide maritime (*C. maritima*, Gouan. hort.
135. *Dauc. muricatus β*, L.).

Variable par le nombre des rayons; tige rabougrie,
rameuse, velue, haute de 3-4 pouces; feuilles bipinnées, à folioles petites, pinnatifides; fleurs purpurines,
à calice tomenteux; fruit comprimé. ☉. Bord de la
Méditerranée. Ces trois espèces font partie du genre
Orlaya, Hoff.

5. Caucalide fausse carotte (*C. daucoides*, L.
sp. 346).

Tige rameuse, étalée, haute de 6-8 pouces; feuilles
tripinnées, à folioles obtuses; fleurs d'un blanc violâtre, dépourvues d'involucres; fruits divergens. ☉.
Se trouve dans les moissons d'une grande partie de la
France.

6. Caucalide leptophylle (*C. leptophylla*, L.
sp. 347).

Tige rameuse, étalée, rude, haute de 6-8 pouces;
feuilles bipinnées, à folioles découpées en lobes étroits;
fleurs blanches ou purpurines, dépourvues d'involucres. ☉. Croît dans les moissons çà et là dans beaucoup de localités.

** *Fruits hérissés irrégulièrement.*

7. Caucalide des champs (*C. arvensis*, Willd.
sp. 1. p. 1387).

Tige rameuse, diffuse, rude, haute de 6-8 pouces;
feuilles ailées, à folioles ovales-lancéolées, la terminale plus grande; fleurs blanches; involucre nul ou à

une foliole seulement. ⊙. Habite dans les moissons arides et au bord des routes.

8. CAUCALIDE ANTHRISQUE (*C. anthriscus*, WILLD. *Tordyl.·anthriscus*, L. sp. 346).

Tige droite, hispide, haute de 2-3 pieds; feuilles ailées, à folioles bipinnatifides, ovales-lancéolées, l'impaire beaucoup plus grande; fleurs blanches ou purpurines; involucre et involucelle à 4-5 folioles. ⊙. Commune au bord des chemins, parmi les buissons.

9. CAUCALIDE NODIFLORE (*C. nodiflora*, LAM. D. *Tord. nodosum*, L. sp. 346).

Tige rameuse, diffuse, haute de 6-12 pouces, hispide; feuilles bipinnées, à folioles hispides, lancéolées; fleurs blanches, en ombelles sessiles, placées aux nœuds des tiges. ⊙. Assez commune au bord des chemins, dans les lieux arides. Ces·trois dernières sont du genre *Torilis*, HOFF.

10. CAUCALIDE CERFEUIL (*C. scandicina*, L. fl. dan. t. 863. *Scand. anthriscus*, L. sp.).

Port d'un scandix; tige glabre, rameuse, haute de 1-2 pieds; feuilles bi ou tripinnées, à folioles velues; fleurs blanches; fruits terminés par un bec bifide, peu prononcé. ⊙. Commune au bord des haies, etc.

11. CAUCALIDE NOUEUSE (*C. nodosa*, ALL. péd. n. 1385. *Scand. nodosa*, L. sp.).

Tige velue, rameuse, droite, haute de 10-14 pouces, à articulations renflées; feuilles bipinnées, à folioles crénelées, ovales; fleurs blanches; fruits cylindriques, hérissés de poils roides. ⊙. Environs de Paris, Provence, Italie.

Genre CAROTTE (*Daucus*, LINNÉ).

Calice à 5 divisions; corolle de 5 pétales·fléchis, cordiformes, plus grands dans les fleurs de la circonférence; fruit ovoïde, hérissé de poils roides; graines relevées de petites côtes membraneuses.

Espèce 1. Carotte commune (*Daucus carota* , L. sp. 348).

Tige dressée, rameuse, un peu rude au toucher, haute de 2-4 pieds ; feuilles grandes, bi ou tripinnées, à folioles lancéolées, pointues, velues ; fleurs en ombelle, grandes, blanches, contenant au centre quelques fleurs avortées, de couleur pourpre. ♂. Commune dans les lieux arides. Cette plante est cultivée dans tous les jardins, où elle offre plusieurs variétés.

2. Carotte hispide (*D. hispidus*, Desf. atl. 1. p. 243).

Tige épaisse, rameuse, garnie de poils blancs, haute de 12-18 pouces ; feuilles bipinnées inférieurement, seulement ailées dans le haut ; folioles velues, incisées, ovales-obtuses ; fleurs blanchâtres. ♃. Croît sur les bords de la mer dans la haute Normandie.

3. Carotte de Mauritanie (*D. Mauritanicus* , L. sp. 348).

Tige droite, rude au toucher, rameuse, haute de 2-3 pieds ; feuilles grandes, bi ou tripinnées, glabres, découpées en segmens nombreux, linéaires ; fleurs blanches, ayant au centre une fleur avortée, d'un pourpre noir et longuement pédicellée. ♂. Croît en Roussillon et en Italie.

4. Carotte commifère (*D. gummifer* , Lam. D. 1. p. 634).

Tige presque simple, hérissée, haute de 1-2 pieds ; feuilles pinnées ou bipinnées, à folioles épaisses, luisantes, incisées, très obtuses ; fleurs blanches, en ombelle serrée. ♃. Bord de la Méditerranée.

5. Carotte maritime (*D. maritimus*, Lam. D. 1. p. 634).

Tige grêle, effilée, entièrement glabre, haute de 12-15 pouces ; feuilles radicales, à folioles simples ; fleurs blanches, en petites ombelles. ♃. Bord de la Méditerranée.

6. CAROTTE PARVIFLORE (*D. parviflorus*, DESFONT. atl. 1. p. 241);

Tige grêle, effilée, tuberculeuse, haute de 10-15 pouces; feuilles radicales, bipinnées, à folioles linéaires; fleurs petites, jaunâtres, en ombelles peu fournies; fruits allongés, très velus. ♂. Cette plante, de Barbarie, se retrouve dans les sables de la Bretagne. (LOIS.)

Genre AMMI (*Ammi*, LINNÉ).

Involucres à folioles pinnatifides; calice entier; pétales fléchis, cordiformes, égaux dans les fleurs du centre, inégaux à la circonférence; fruit petit, arrondi, glabre, strié.

Espèce 1. AMMI MAJEUR (*Ammi majus*, L. sp. 349).

Tige droite, striée, glabre, haute de 1-2 pieds; feuilles inférieures ailées, à folioles lancéolées, dentées en scie, glabres, les supérieures bipinnées, à folioles plus étroites, linéaires; fleurs blanches. ⊙. Croît dans les champs parmi les moissons. L'*ammi glaucifolium*, LINNÉ, est une variété qui a toutes les folioles linéaires.

2. AMMI VISNAGE (*A. visnaga*, LAM. D. 1. p. 132. *Daucus visnaga*, LIN.).

Tige droite, glabre, flexueuse, haute de 10-15 pouces; feuilles décomposées, à folioles longues, linéaires, aiguës; fleurs blanches, en ombelles serrées; rayons réunis à la maturation en une sorte de faisceau charnu. ⊙. Croît dans un grand nombre de lieux, mais particulièrement au bord de la mer.

Genre BUNIUM (*Bunium*, LINNÉ).

Calice entier; corolle de 5 pétales, fléchis en cœur, égaux; fruit ovoïde-oblong, strié; racine tubéreuse.

Espèce 1. BUNIUM TERRE NOIX (*B. bulbocastanum*, L. sp. 349).

Racine bulbeuse, tige grêle, glabre, haute de 1-2

pieds; feuilles bi ou tripinnées, à découpures linéaires, glabres; fleurs blanches; involucres et involucelles polyphylles. ♃. Commun dans les prés stériles et les bois : appelé vulgairement *Janotte*, *Suron*. Fait partie du genre *Carum* de Koch.

2. Bunium sans involucre (*B. denudatum*, DC. fl. p. 3496. *Bun. majus*, Gouan.).

Plus grêle que le précédent, moins garni de feuilles et dépourvu d'involucre. ♃. Croît dans les prés des montagnes, en Dauphiné, en Auvergne, etc. Genre *Conopodium* de Koch.

Genre CIGUE (*Cicuta*, Tournef. *Conium*, Lin.).

Calice entier; pétales inégaux, fléchis en cœur; fruit presque globuleux; graines gibbeuses, relevées de 5 côtes tuberculeuses.

Espèce 1. Cigue commune (*Cicuta major*, DC. *Conium maculatum*, L. sp. 349. Koch.).

Tige fistuleuse, rameuse, épaisse, maculée de noirâtre ou de rougeâtre, haute de 4-5 pieds; feuilles d'une odeur vireuse, grandes, tripinnées, à folioles aiguës, pinnatifides. ♂. Commune dans les lieux humides. Employée dans les affections cancéreuses et scrophuleuses. Cette plante, quoique vénéneuse, n'est probablement pas la ciguë des anciens.

Genre SELIN (*Selinum*, DC.).

Calice entier ou à 5 dents; corolle de 5 pétales égaux, fléchis en cœur; fruit ovoïde, comprimé, à 5 nervures, dont 2 latérales saillantes; involucre quelquefois nul.

* *Point d'involucre* (Selinum, Lin.).

Espèce 1. Selin a feuilles de carvi (*Selinum carvifolium*, L. sp. 350).

Tige glabre, munie d'angles tranchans, presque

ailée, haute de 2-3 pieds; feuilles tripinnées, à folioles nombreuses, pinnatifides, incisées; fleurs blanches, en ombelles serrées. ♃. Habite les prés et les bois humides.

2. SELIN DE CHABRÆUS (*S. Chabræi*, JACQ. aust. t. 72).

Tige glabre, striée, d'un vert clair, simple, haute de 3-4 pieds; feuilles ailées; folioles pinnatifides, à laciniures disposées en croix autour du pétiole; fleurs blanches, en ombelles de 10 rayons. ♃. Croît dans les prairies humides d'une grande partie de la France.

3. SELIN SAUVAGE (*S. sylvestre*, L. sp. 350).

Tige lisse, lactescente, cylindrique, haute de 8-12 pouces; feuilles bipinnées, à folioles tri ou quinquéfides, à divisions cunéiformes; fleurs blanches. ♃. Habite les prés humides.

4. SELIN DES PYRÉNÉES (*S. Pyrenæum*, GOUAN. ill. p. 11. t. 5. *Seseli Pyren.* L. sp.).

Tige peu rameuse, dressée, striée, haute de 10-15 pouces; feuilles d'un vert clair, bipinnées, à folioles incisées; fleurs blanches; ombelles de 4-7 rayons égaux. ♃. Habite les prairies des Hautes-Pyrénées et des Vosges.

* * *Un involucre* (Athamantha, LIN.).

5. SELIN DES CERFS (*S. cervaria*, CRANTZ. *Ath. cervaria*, L. sp. 352).

Tige glabre, striée, rameuse, haute de 3-4 pieds; feuilles glauques, fermes, bipinnées, à folioles lancéolées, entières, inégalement dentées; fleurs blanches; ombelles de 10-12 rayons égaux. ♃. Habite les Alpes, le Jura, les Vosges, les environs de Fontainebleau, etc.

6. SELIN DES MONTAGNES (*S. oreoselinum*, CRANTZ. *Ath. oreosel.* LIN.).

Tige glabre, rameuse, haute de 2-3 pieds; feuilles

tripinnées, à découpures incisées, trifides au sommet,
étalées, divariquées; fleurs blanches; ombelles grandes, à 12-15 rayons. ♃. Habite les bois élevés et les
collines incultes.

7. SELIN DES MARAIS (*S. palustre*, L. sp. 350.
non THUIL.).

Tige glabre, cannelée, presque simple, haute de
3-4 pieds; feuilles bi ou tripinnées, à folioles opposées,
pinnatifides, à lobes linéaires, très étroits; fleurs
blanches, en grandes ombelles, de 20-30 rayons pubescens. ♃. Habite les marais des montagnes.

8. SELIN D'AUTRICHE (*S. austriacum*, JACQ. aust.
t. 71).

Tige glabre, cannelée, peu feuillée, haute de 1-2
pieds; feuilles bipinnées, à folioles ovales, trilobées,
lisses, d'un vert foncé, lobes des folioles cunéiformes,
incisées et munies à leur sommet d'une pointe blanchâtre; fleurs blanches; ombelles planes, de 15-20
rayons. ♃. Dauphiné, mont d'Or.

9. SELIN DE LEMONNIER (*S. Monnieri*, L. sp. 351).

Tige cannelée, très rameuse, haute de 12-15 pouces;
feuilles bi ou tripinnées, à découpures très menues;
pétioles membraneux; fleurs blanches, petites, en
ombelles serrées; graines à 5 sillons membraneux. ☉.
Provinces méridionales. Du genre *Cnidium*, KOCH.

Genre ATHAMANTE (*Athamanta*, LINNÉ, DC.).

Calice entier; pétales fléchis, échancrés en cœur,
presque égaux; fruit ovale ou oblong, strié, velu ou
pubescent.

Espèce 1. ATHAMANTE-LIBANOTIDE (*Athamanta liba-
notis*, L. sp. 351).

Tige droite, glabre, cannelée, presque simple,
haute de 2-3 pieds; feuilles bipinnées, glabres; folioles pinnatifides, à segmens ovales aigus; fleurs

blanches ; ombelles convexes et très fournies. ♃. Habite les bois et les collines des pays de montagnes.

2. ATHAMANTE PUBESCENTE (*A. pubescens*, RETZ. 3. p. 28. *Crithmum pyrenaicum*, L.).

Tige anguleuse, pubescente, un peu rameuse ; feuilles bipinnées, folioles pubescentes, à lobes très aigus ; fleurs blanches, en ombelles serrées. ♃. Je l'ai reçue des Pyrénées, et l'ai retrouvée à Saint-Adrien, près Rouen.

3. ATHAMANTE DE CRÈTE (*A. Cretensis*, L. sp. 352).

Tige dressée, striée, pubescente, peu feuillée supérieurement, haute de 12-15 pouces ; feuilles un peu velues; tripinnées ; folioles incisées, à segmens linéaires ; fleurs blanches; ombelles grandes, de 15-20 rayons blanchâtres. ♃. Assez commune dans les lieux chauds des hautes montagnes.

4. ATHAMANTE DE MATHIOLE (*A. Mathioli*, WULF. JACQ. coll. 1. p. 211. *A. rupestris*, VILL. dauph.).

Tige striée, velue, peu rameuse, haute de 12-15 pouces ; feuilles glabres, tripinnées ; folioles glabres, à segmens linéaires ; fleurs blanches ; graines velues. ♃. Alpes du Dauphiné. Je l'ai observée à la Vacherie, près la Grande-Chartreuse.

Genre CRITHME (*Crithmum*, LINNÉ).

Calice entier ; pétales entiers, presque égaux, fléchis au sommet; fruit ovale, strié, à écorce fongueuse.

Espèce. CRITHME MARITIME (*Crithmum maritimum*, L. sp. 354).

Tige lisse, verte, presque simple, haute de 12-15 pouces ; feuilles grandes, bipinnées, à folioles charnues, linéaires ; fleurs blanches. ♃. Commune au bord de la Méditerranée et de l'Océan. On confit cette plante dans le vinaigre, sous le nom de *criste-marine*, *fenouil de mer*, *perce-pierre*, etc.

Genre BERCE (*Heracleum*, Linné).

Calice presque entier; pétales échancrés en cœur, fléchis au sommet, ceux de la circonférence plus grands et bifides; fruit grand, elliptique, comprimé, strié, échancré au sommet; graines membraneuses sur les bords.

Espèce 1. Berce commune (*Heracleum sphondylium*, L. sp. 358).

Tige grosse, anguleuse, rameuse, striée, haute de 3-4 pieds; feuilles grandes, ailées; folioles très larges, lobées, dentées; fleurs blanches; ombelles de 15-20 rayons. ♃. Très commune dans les prairies.

2. Berce des Pyrénées (*H. Pyrenaicum*, Lam. D. 1. p. 403).

Tige cannelée, pubescente, peu rameuse, haute de 4-5 pieds; feuilles simples, palmées, cordiformes, blanchâtres, pubescentes en dessous; fleurs blanches. ♃. Prairies des Pyrénées. Je l'ai reçue de Bagnères où elle est très commune.

3. Berce des Alpes (*H. Alpinum*, L. sp. 359).

Tige glabre, striée, rameuse, haute de 2-3 pieds; feuilles simples, glabres sur les deux faces, cordiformes, palmées; fleurs blanches. ♃. Prairies du Dauphiné, du Jura.

4. Berce a feuilles étroites (*H. angustifolium*, Lin. mant. 57).

Tige glabre, striée, haute de 2-3 pieds, rameuse; feuilles ternées, à folioles pinnatifides, un peu velues en dessous; fleurs blanches. ♃. Assez commune dans les bois près Grenoble et dans une partie du Dauphiné.

5. Berce naine (*H. minimum*, Lam. D. 1. p. 403. *H. pumilum*, Vill. dauph.).

Tige grêle, couchée, glabre; feuilles bipinnées,

à folioles lancéolées, glabres; fleurs blanches, irrégulières; ombelles peu fournies. ♃. Alpes du Dauphiné. Croît parmi les cailloux sur le Glandaz, à la Rochette, etc.

Genre LASER (*Laserpitium*, Linné).

Calice presque entier; pétales ouverts, presque égaux, échancrés, fléchis au sommet; fruit ovale ou oblong; graines convexes, relevées de 4 côtes membraneuses.

Espèce 1. Laser a larges feuilles (*Laserpitium latifolium*, L. sp. 356).

Tige glabre, rameuse, striée, haute de 2-3 pieds; feuilles grandes, partagées en 3 parties supportant chacune 3-5 folioles obliques, assez larges, denticulées; fleurs blanches, ombelle large. ♃. Habite les collines des bois, particulièrement dans les pays élevés.

2. Laser de France (*L. Gallicum*, L. sp. 537).

Tige glabre, striée, rameuse, haute de 2 pieds; feuilles très grandes, 3-4 fois ailées, à folioles cunéiformes, trifides, à segmens oblongs, obtus, mucronés; fleurs blanches; ombelles grandes. ♃. Habite les lieux chauds des montagnes.

3. Laser glabre (*L. glabrum*, Crantz. aust. 3. p. 54).

Tige cylindrique, glabre, rameuse; feuilles à gaines très grandes, deux fois ailées inférieurement; folioles glabres, pétiolées, ovales; fleurs blanches; ombelles grandes. ♃. Habite les lieux secs du Jura, des Alpes, de l'Alsace, des Pyrénées.

4. Laser a feuilles d'ancolie (*L. aquilegifolium*, Willd. sp. 1. p. 1415).

Tige cylindrique, rameuse, haute de 3-4 pieds; feuilles longuement pétiolées, deux fois ternées; folioles ovales, à dents mucronées; l'impaire pétio-

lée; fleurs blanches; ombelles de 12-15 rayons. ♃.
Croît dans les rochers humides des Pyrénées. M. De
Candolle observe avec raison qu'elle a été souvent
confondue avec l'*angelica aquilegifolia*, qui ne croît
point en France.

5. LASER DE PRUSSE (*L. Pruthenicum*, L. sp. 357)..

Tige à peine rameuse, hérissée, haute de 2-3
pieds, presque nue; feuilles tripinnées, à folioles
lancéolées, très entières, les supérieures de chaque
rameau connées; fleurs blanches; ombelles de 10 - 15
rayons. ♃. Alpes du Dauphiné. (Rare).

6. LASER SILER (*L. siler*, L. sp. 357).

Tige presque simple, striée, haute de 3-5 pieds;
feuilles très grandes, bi ou tripinnées, à folioles
lancéolées, entières, glauques; fleurs blanches; ombelles très larges et très fournies. ♃. Collines du
Midi.

7. LASER VELU (*L. hirsutum*, WJLLD. sp. 1. p. 1420).

Tige presque simple, nue supérieurement; feuilles amples, triangulaires, velues, quadripinnées,
à folioles petites, pointues, multifides; fleurs blanches, régulières; ombelles très grandes, de 40-50
rayons. ♃. Commun dans les prairies des Alpes de
l'Oysans, du Briançonnais, etc.

●8. LASER SIMPLE (*L. simplex*, L. mant. 56).

Tige simple, nue, haute de 2-6 pouces; feuilles
toutes radicales, glabres, ailées, à folioles opposées,
pinnatifides; fleurs blanches; ombelles uniques; folioles de l'involucre laciniées. ♃. Commun près des
glaciers dans les Alpes du Dauphiné.

Genre DANAA (*Danaa*, ALLIONI).

• Calice presque entier; pétales entiers, recourbés;
fruit ovale, à deux lobes renflés, lisses et sans aucune
côte saillante.

Espèce. DANAA A FEUILLE D'ANCOLIE (*Danaa aqui-legifolia*, ALL. ped. 1392. t. 63).

Tige glabre, cylindrique, nue, haute de 2-3 pieds ; feuilles radicales, longuement pétiolées, trois fois ternées, à folioles cunéiformes, trilobées, incisées ; fleurs blanches. ♃. Je doute que cette plante croisse en France ; mais elle n'est pas très rare dans les Alpes du Piémont et les Apennins.

Genre LIVÉCHE (*Ligusticum*, LIN.).

Calice presque entier ; pétales entiers, recourbés ; fruit oblong, glabre, relevé sur chaque graine par 5 côtes saillantes.

Espèce 1. LIVÈCHE DU PÉLOPONÈSE (*Ligusticum Pelo-ponesiacum*, L. sp. 360).

Tige très épaisse, fistuleuse, rameuse, striée, haute de 4-6 pieds ; feuilles très grandes, découpées, surcomposées, à folioles pinnées, incisées ; fleurs blanches ; ombelles très amples. ♃. Genre *Molopo-spermum* de KOCH.

2. LIVÈCHE D'AUTRICHE (*L. Austriacum*, L. sp. 360).

Tige peu rameuse, très feuillée, haute de 3-4 pieds ; feuilles deux fois ternées, à folioles linéaires, pinnatifides, incisées ; fleurs blanches ; ombelles très amples, à 30-40 rayons ; involucre à folioles linéaires. ♃. Commune au bord des eaux, dans les régions peu élevées des Alpes. Genre *Pleurospermum* de KOCH.

3. LIVÈCHE PERSIL (*L. apioides*, LAM. d. 5. D. 577. L. cicutæfolium*, VILL.).

Port d'un *selinum* ; tige glabre, striée, haute de 2-3 pieds ; feuilles tripinnées, à folioles pinnatifides, linéaires, mucronées ; fleurs blanches ; ombelles de 20-30 rayons ; point d'involucre. ♃. En Dauphiné, sur le Glandaz, etc.

4. Livèche férule (*L. ferulaceum*, All. ped. n. 1319).

Tige cannelée, cylindrique, presque simple, à écorce maculée, haute d'un pied; feuilles bipinnées, à folioles un peu charnues, pinnatifides, linéaires; fleurs blanches; ombelles grandes; involucre à folioles pinnatifides. ♃. Alpes de Seyne, du Dauphiné, du Piémont.

5. Livèche des Pyrénées (*L. Pyrœneum*, Gouan. ill. p. 14. t. 7. f. 2).

Tige dressée, rameuse, haute de 4-5 pieds; feuilles très amples, tripinnées, à folioles pinnatifides, incisées, les supérieures verticillées; fleurs blanches; ombelles très grandes, à 30-40 rayons; graines à trois côtes membraneuses. ♃. Alpes, Pyrénées, Piémont.

6. Livèche a feuilles menues (*L. tenuifolium*, DC. fl. fr. 3466).

Tige glabre, haute de 2-3 pieds; feuilles radicales, ternées, à folioles multifides-linéaires; fleurs blanches; involucres monophylles, scarieux; involucelles polyphylles, plus longs que les fleurs. ♃. Rochers des Hautes-Pyrénées. (Ramond.)

7. Livèche mutelline (*L. mutellina*, Crantz. *Phellandrium mutellina*, L. sp. 366).

Tige lisse, simple, nue, haute de 6-10 pouces; feuilles pétiolées, bipinnées, à folioles nombreuses, déchiquetées en lanières très grêles; fleurs d'un blanc teinté de rose; point d'involucre. ♃. Assez commune dans les prairies des Hautes-Alpes et du Mont-d'Or.

8. Livèche meum (*L. meum*, Crantz. aust. 199. *Atham. meum*, L. sp. 355).

Tige cannelée, presque simple, haute d'un pied; feuilles bi ou tripinnées, à folioles très découpées, courtes, capillaires; fleurs blanches; graines allongées. ♃. Commune parmi les pâturages des hautes montagnes. C'est le *meum* des pharmacies employé autrefois comme aromatique ; mais nous nous sommes assurés que souvent on lui substitue l'espèce précédente, qui, du reste, a les mêmes propriétés médicales. Ces trois dernières espèces font partie du genre *Meum*, Koch.

Genre ANGÉLIQUE (*Angelica*, Lin.).

Calice à cinq dents peu profondes ; pétales lancéolés, recourbés ; fruit ovale ou arrondi, glabre, anguleux ; graines à cinq côtes, dont les latérales sont les plus saillantes.

Espèce 1. Angélique commune (*Angelica archangelica*, L. sp. 360).

Tige grosse, fistuleuse, rameuse, haute de 4-6 pieds ; feuilles grandes, bipinnées, à folioles ovales-lancéolées, aiguës, denticulées ; fleurs d'un blanc verdâtre ; ombelle très ample. ♃. Montagnes de la Provence et de l'Alsace. Cette plante, dont l'odeur suave et la saveur agréable sont connues de tout le monde, est cultivée dans les jardins. Genre *Archangelica* de Koch.

2. Angélique de Razouls (*A. Razoulsii*, Willd. sp. 1. p. 1429).

Tige grosse, lisse, peu rameuse, haute de 4-5 pieds ; feuilles très grandes, tripinnées, à folioles lancéolées, élargies, aiguës, denticulées, décurrentes ; fleurs blanches ; ombelles très grandes, convexes, de 40-60 rayons. ♃. Pyrénées. Je l'ai reçue de Bagnères. (Rare.)

3. Angélique livèche (*A. levisticum*, All. ped. *Ligusticum levisticum*, L. sp. 359).

Tige glabre, striée, grosse, fistuleuse, haute de 4-6 pieds ; feuilles grandes, bi ou tripinnées, à folioles luisantes, cunéiformes, lobées au sommet ; fleurs blanches. ♃. Habite les prairies humides des montagnes. Cette plante est employée comme excitante : on la cultive sous le nom d'*ache*, *api*, *ache de montagne*, etc. Genre *Levisticum* de Koch.

Genre BERLE (*Sium*, Lin.).

Calice presque entier; pétales échancrés en cœur, un peu courbés au sommet; fruit ovoïde, oblong, glabre, strié. A l'exemple de Linné nous séparons les *sium* des *sison*, malgré la grande affinité de ces deux genres.

Espèce 1. BERLE A LARGES FEUILLES (*Sium latifolium*, L. sp. 361).

Tige grosse, anguleuse, rameuse, glabre, haute de 2 pieds; feuilles ailées, à 7-11 folioles, grandes, ovales-lancéolées, dentées; fleurs blanches, à styles rouges; ombelles petites, à 10-15 rayons. ♃. Commune dans les mares et les ruisseaux.

2. BERLE A FEUILLES ÉTROITES (*S. angustifolium*, L. sp. 1672).

Tige grosse, arrondie, glabre, haute de 1-2 pieds; feuilles ailées, à 11-15 folioles; les inférieures ovales-oblongues, dentées, auriculées; les supérieures très incisées; fleurs blanches; ombelles petites, opposées aux feuilles. ♃. Commune dans les mares, les ruisseaux, etc.

3. BERLE DE SICILE (*S. siculum*, L. sp. 362. *Ligust. Balearicum*, L. mant. 218. *Brignolia pastinacæ-folia*, BERT.).

Tige dressée, glabre, lisse; feuilles inférieures ailées, à folioles pinnées; fleurs jaunes; ombelles petites. ♃. Habite la Corse, la Sicile, l'Italie, l'Espagne, etc.

4. BERLE DE CORDIENNE (*S. Cordiennii*, Lois. ann. soc. 1. p. 1827).

Tige droite, striée, glabre, rameuse; feuilles glabres, presque tripinnées, à folioles linéaires, terminées en pointe; fleurs blanches; ombelles petites, à 8-10 rayons; fruits petits, à côtes peu saillantes. ♃. Trouvée à Mont-de-Marsonnais, dans la Côte-d'Or. (Lois.)

5. BERLE NODIFLORE (*S. nodiflorum*, L. sp. 361). '

Tiges glabres, couchées, grêles, de 1-2 pieds; feuilles ailées, à 5-7 folioles, ovales-lancéolées, dentées; fleurs blanches; ombelles petites, axillaires et opposées aux feuilles. ♃. Commune dans les lieux inondés. ,

6. BERLE RAMPANTE (*S. repens*, L. F. supp. 181).

Tige grêle, rampante, glabre; feuilles ailées à impaire trilobée; folioles opposées, dentées, incisées ou lobées; fleurs blanches; ombelles petites, pédonculées, opposées aux feuilles. ♃. Habite les lieux tourbeux et inondés du Lyonnais, de l'Alsace, du Dauphiné, des Landes, etc. Le chervi, *sium sisarum*, que l'on cultive comme alimentaire, est originaire de Chine.

7. BERLE FAUCILLE (*S. falcaria*, L. sp. 362).

Racine grosse; tige droite, flexueuse, glabre; feuilles ailées, à folioles linéaires, très longues, finement denticulées, décurrentes; fleurs blanches; ombelles petites. ♃. Croît parmi les moissons, au bord des haies. Genre *Drepanophyllum*, HOFF.

Genre SISON (*Sison*, LIN. *Sium*, DC.).

Calice presque entier; pétales lancéolés, courbés au sommet; fruit oblong ou ovoïde, glabre, strié.

Espèce 1. SISON VERTICILLÉ (*Sison verticillatum*, L. sp. 363).

Racine tuberculeuse; tige grêle, presque nue, presque simple, glabre, haute de 1-2 pieds; feuilles longues, bi ou trifides, à folioles multifides, verticillées sur le pétiole commun; fleurs blanches; ombelles petites. ♃. Habite les marais.

2. SISON BULBEUX (*S. bulbosum*, THORE, journ. bot. 1. t. 7).

Tige rampante, à rameaux ascendans, naissant sur

des renflemens bulbeux, articulaires; feuilles radicales, très longues; folioles à 3 lobes linéaires profonds, paraissant verticillées autour du pétiole commun; fleurs blanches, petites; ombelles grêles. ♃. Habite au bord des mares, aux environs de Dax.

3. Sison inondé (*S. inundatum*, L. sp. 363).

Tige petite, flottante, grêle, longue de 1-2 pieds; feuilles inférieures décomposées, à lobes linéaires, capillaires, supérieures pinnatifides; fleurs blanches; ombelles très petites; involucre nul. ♃. Croît çà et là dans les mares d'une grande partie de la France.

4. Sison des moissons (*S. segetum*, L. sp. 362).

Tige branchue, dressée, haute de 1 pied; feuilles ailées, à folioles arrondies, dentées; glabres; fleurs blanches; ombelles de 2-4 rayons inégaux. ♂. Parmi les moissons çà et là, dans beaucoup de localités.

5. Sison amome (*S. amomum*, L. sp. 362).

Tige presque simple, dressée, grêle, haute de 1-2 pieds; feuilles radicales ailées, à 5-7 folioles, ovales, grandes, denticulées, incisées, les supérieures à folioles semi-pinnatifides; fleurs blanches; ombelles de 4-5 rayons inégaux. ♂. Croît dans les buissons et les terrains humides. (Assez rare.) Les *S. bulbosum*, *inundatum*, *repens* et *nodiflorum*, sont du genre *Helosciadium* de Koch.

Genre BUBON (*Bubon*, Linné).

Calice presque entier; pétales lancéolés, recourbés, presque égaux; fruit ovale, strié, velu.

Espèce. Bubon de Macédoine (*Bubon Macedonicum*, L. sp. 364).

Tige dressée, pubescente, branchue, haute de 2-3 pieds; feuilles tripinnées, à folioles ovales, rhomboïdales, à dents aiguës; fleurs petites, blanchâtres; ombelles peu fournies. ♂. Italie et Piémont. Cette plante, dont les feuilles, ressemblent au persil, est appelée vulgairement *persil de Macédoine.*

Genre ÉNANTHE (*OEnanthe*, Linné).

Calice à 5 dents peu marquées; pétales des fleurs centrales cordiformes, courbés, presque égaux; pétales des fleurs de la circonférence très grands et irréguliers; fruit oblong ou ovale, sillonné et surmonté par les dents calicinales.

Espèce 1. Énanthe phellandrie (*OEnanthe phellandrium*, DC. *Phell. aquaticum*, L. sp. 366).

Tige très grosse, fistuleuse, crénelée, très rameuse, à articulations produisant des racines; feuilles bi ou tripinnées, glabres, à folioles ovales, incisées; fleurs blanches; point d'involucre. 2/. Habite les étangs et les fossés pleins d'eau.

2. Énanthe fistuleuse (*OE. fistulosa*, L. sp. 365).

Tige cylindrique, lisse, striée, fistuleuse, haute de 1-2 pieds; feuilles à pétioles fistuleux, tripinnées, à découpures petites, pointues, les supérieures à folioles linéaires; fleurs blanches, ramassées; ombelles à 3-4 rayons. 2/. Commune dans les marais.

3. Énanthe globuleuse (*OE. globulosa*, L. sp. 365).

Racine napiforme; tige peu rameuse, glabre; feuilles bipinnées, à folioles linéaires, entières; fleurs blanches; ombelles à 4-6 rayons; fruits réunis en tête globuleuse. 2/. Habite les étangs des départemens méridionaux. (Rare.)

4. Énanthe a feuilles de peucedan (*OE. peucedanifolia*, Poll. pal. n. 192. f. 3).

Racines tuberculeuses, ovoïdes; tige droite, glabre, presque simple; feuilles bi ou tripinnées, à folioles linéaires, longues, divariquées; fleurs blanches; ombelles à 8-10 rayons. 2/. Prairies humides.

5. ÉNANTHE·PIMPRENELLE (*OE. pimpinelloides*, L. sp. 366).

Tige glabre, cannelée, fistuleuse, haute de 2-3 pieds; feuilles bi ou tripinnées ? à folioles un peu cunéiformes, incisées; fleurs blanches; ombelles de 10-12 rayons. ♃. Prairies marécageuses.

6. ÉNANTHE DU RHIN (*OE. Rhenana*, POLL. pal. n. 291)..

N'est peut-être·qu'une variété de la précédente; tige grêle, peu striée; feuilles radicales ailées, à folioles cunéiformes, dentées; feuilles caulinaires bipinnées, à folioles linéaires; fleurs blanches. ♃. Je l'ai reçue du Palatinat, de M. Held.

7. ÉNANTHE CERFEUIL (*OE. chœrophylloides*, POURR. act. toul. 3. p. 323).

Tige cannelée, glabre, haute de 1-2 pieds; feuilles radicales, bi ou tripinnées, à folioles arrondies, cunéiformes; fleurs blanches. ♃. Habite les environs de Narbonne.

8. ÉNANTHE RAPPROCHÉE (*Æ. approximata*, MÉRAT, fl. par. 115).

Tige·dressée, un peu sillonnée, haute de 10-15 pouces; feuilles radicales ailées, à folioles partagées en 3 lobes obtus, entiers; feuilles caulinaires à lobes linéaires; fleurs blanches; ombelles à 8-10 rayons. ♃. Habite les lieux marécageux, à Marcoussis et à Montmorency.

9. ÉNANTHE A FEUILLES D'ACHE (*OE. apiifolia*, BROT. fl. lus. 1. p. 420).

Tige glabre, peu rameuse; feuilles bi ou tripinnées; folioles incisées, lobées, cunéiformes à leur base, à segmens aigus; fleurs blanches; ombelles à rayons nombreux. ♃. Corse.

10. ÉNANTHE SAFRANÉE (*OE. crocata*, L. sp. 365).

Racines tuberculeuses; tige cannelée, branchue, haute de 2-3 pieds, d'un vert roussâtre, pleine d'un suc jaunâtre, très délétère; feuilles bipinnées, à folioles deltoïdes, incisées au sommet; fleurs blanches, nombreuses; ombelles à 10-15 rayons. ♃. Croît au bord des étangs et des rivières, en Basse-Normandie, Belgique, Bretagne, etc. On ne peut trop se méfier de cette plante.

Genre CICUTAIRE (*Cicutaria*, Juss. *Cicúta*, Lin. Koch).

Calice entier; pétales cordiformes, courbés en dedans; fruit presque globuleux, muni de 5 côtes en forme de crénelure crispée; point d'involucre. (Voyez *Atl.*, pl. 71.)

Espèce. CICUTAIRE AQUATIQUE (*Cicutaria aquatica*, DC. *Cicuta virosa*, L. fl. dan. t. 208).

Racine napiforme, imprégnée de suc jaunâtre; tige rameuse, haute de 2-3 pieds; feuilles ailées, à folioles lancéolées, réunies trois à trois, dentées en scie, à dents aiguës; fleurs blanches. ♃. Habite çà et là au bord des étangs. Je l'ai reçue de M. Spach, comme venant de Strasbourg. (Rare.) Très vénéneuse.

Genre ÉTHUSE (*Æthusa*, Linné).

Calice entier; pétales inégaux, cordiformes, fléchis en dedans; fruit ovoïde, strié ou cannelé; point d'involucre; involucelles de 2-3 folioles.

Espèce 1. ÉTHUSE PETITE CIGUE (*Æthusa cynapium*, L. sp. 367).

Tige très branchue, glabre, cannelée; feuilles ailées; folioles pinnatifides, d'un vert noirâtre, luisantes; fleurs blanches. ☉ Plante vénéneuse, trop commune dans les lieux cultivés.

2. ÉTHUSE BUNIUS (*Æ. bunius*, Murr. syst. veg. 236. *Carum bunius*, L.).

Tige menue, rameuse, haute d'un pied; feuilles

inférieures bipinnées, à folioles cunéiformes, incisées-pinnatifides; caulinaires à segmens étroits, linéaires; fleurs blanches; ombelles médiocres, de 8-10 rayons. ☉. Pyrénées, Piémont, Dauphiné. Je l'ai trouvée au bord du Drac.

Genre CORIANDRE (*Coriandrum*, Linné).

Calice à 5 dents; pétales fléchis, cordiformes, les extérieurs plus grands; fruit sphérique ou à 2 globules; involucre nul.

Espèce 1. Coriandre commune (*Coriandrum sativum*, L. sp. 367).

Tige glabre, rameuse, haute de 2-3 pieds; feuilles inférieures bipinnées, à folioles larges, arrondies, dentées, les caulinaires finement découpées; fleurs blanches; ombelles peu fournies. ☉. Croît aux environs d'Orléans, de Paris, en Suisse, en Piémont, etc. On la cultive pour ses graines, qui sont aromatiques, très agréables, tandis que ses feuilles ont une odeur détestable de punaise.

2. Coriandre testiculée (*C. testiculatum*, L. sp. 367).

Tige rameuse, cannelée, haute de 1-2 pieds; feuilles ailées ou bipinnées, à folioles finement découpées; fleurs blanches; ombelles petites; graine géminée, à 2 bosses. ☉. Croît dans les champs, en Provence, en Italie. Cette espèce est du genre *Bifora*, Hoff.

Genre SCANDIX (*Scandix*, Linné).

Calice entier; pétales inégaux, échancrés en cœur; fruit légèrement strié, un peu hispide, se terminant par un long bec aciculaire; point d'involucre.

Espèce 1. Scandix peigne-de Vénus (*Scandix pecten Veneris*, L. sp. 368).

Tige dressée, branchue, pubescente, haute d'un pied; feuilles pinnatifides, à folioles très découpées;

fleurs blanches; ombelles de 3 rayons, ombellules de
6 à 8; fruits à angles hispides. ⊙. Très commun dans
les moissons.

2. SCANDIX AUSTRAL (*S. australis*, L. sp. 369).

Distinct du précédent par ses styles rougeâtres,
ses fruits rudes sur toute leur surface, enfin par sa
tige plus grêle et ses feuilles plus finement découpées.
⊙. Provence, Languedoc, Dauphiné.

Genre CERFEUIL (*Chærophyllum*, LINNÉ).

Calice entier; pétales inégaux, échancrés en cœur;
fruit oblong ou cylindrique, glabre, strié ou lisse;
involucre nul. Genres *Chærophyllum* et *Anthriscus*,
KOCH.

* *Fruits striés.*

Espèce 1. CERFEUIL DORÉ (*Chærophyllum aureum*,
L. sp. 370).

Tige dressée, presque simple, légèrement velue,
haute de 1-2 pieds; feuilles bipinnées, un peu velues,
à folioles incisées; fleurs blanches, à styles persistans,
divergens; fruits d'un beau jaune à la maturité. ♃.
Habite les lieux couverts des montagnes.

2. CERFEUIL HÉRISSÉ (*C. hirsutum*, L. sp. 371).

Tige creuse, branchue, hérissée, haute de 3-4
pieds; feuilles grandes, bipinnées, à folioles larges,
incisées, dentées, glabres; fleurs blanches; ombelles
grandes, de 10-15 rayons; fruits jaunâtres, surmontés
par les deux styles, qui sont presque parallèles. ♃.
Assez commun dans les lieux humides des montagnes.

3. CERFEUIL CICUTAIRE (*C. cicutaria*).

Diffère du précédent par sa tige glabre, plus courte,
par ses feuilles à segmens plus allongés, et par ses pétales plus bifides et ses ombelles plus petites. ♃. Je l'ai
trouvé abondamment à la Chartreuse. Il se retrouve
dans tous les environs de Grenoble.

4. CERFEUIL ODORANT (*C. odoratum*, DC. *Scandix odorata*, L. sp. 368).

Tige cannelée, épaisse, fistuleuse, légèrement velue; feuilles très odorantes, grandés, tripinnées, le plus souvent maculées de blanc ; fleurs blanches; graines profondément cannelées. ♃. Habite les prés de la Provence et du Dauphiné. Il est commun à la Grande-Chartreuse. Genre *Myrrhis*, SCOP. KOCH. HOFF.

5. CERFEUIL PENCHÉ (*C. temulum*, L. sp. 370).

Tige droite, rameuse, rude au toucher, maculée de rouge, un peu renflée aux articulations; feuilles bi ou tripinnées, à folioles ovales-lancéolées; fleurs blanches, penchées avant la fécondation. ♂. Très commun dans les buissons.

✶✶ *Fruits lisses.*

6. CERFEUIL SAUVAGE (*C. sylvestre*, L. sp. 469).

Tige droite, creuse, branchue, glabre, striée, un peu renflée aux articulations; feuilles bi ou tripinnées, à folioles ovales-lancéolées, pointues, glabres, incisées; fleurs blanches ; ombelles de 8-10 rayons; fruits un peu ventrus. ♃. Commun dans les prairies, au bord des haies.

7. CERFEUIL DES ALPES (*C. Alpinum*, VILL. dauph. 2. p. 642).

Ressemble beaucoup au précédent; tige presque simple, haute de 1-2 pieds; feuilles glabres, folioles à découpures plus écartées que dans le *sylvestre*; fleurs blanches, plus serrées; fruits très ventrus. ♂. Alpes du Dauphiné. C'est près de cette espèce que doit être placé le cerfeuil des jardins, *scandix cerefolium*, de Linné.

8. CERFEUIL A COLLIER (*C. torquatum*, DC. suppl. *Myrrhis bulbosa*, ALL. ped.).

Tige dressée, presque simple, haute de 2-4 pieds; feuilles bi ou tripinnées, à folioles ovales-lancéolées, pointues, incisées, glabres, à lobes confluens, un peu mucronées; fleurs blanches; ombelles à 5-7 rayons; fruits luisans, allongés, et entourés à leur base par une rangée de cils réguliers. (♂? DC.) Alsace, Provence.

9. Cerfeuil bulbeux (*C. bulbosum*, L. sp. 370).

. Racine formée par un tubercule charnu ; tige dressée, hérissée inférieurement, glabre supérieurement, fistuleuse, à articulations renflées; feuilles d'un vert clair, découpées en lobes linéaires aigus; fleurs blanches; ombelles de 7-10 rayons; fruits glabres, à côtes saillantes. ♂. Croît en Alsace, dans les buissons. Je l'ai reçu du Palatinat.

Genre IMPÉRATOIRE (*Imperatoria*, Linné).

. Calice entier; pétales presque égaux, fléchis, échancrés en cœur; fruit comprimé, elliptique, entouré d'un rebord membraneux; graines munies sur le dos de 3 côtes saillantes; involucre nul.

Espèce 1. Impératoire ostruthium (*Imperatoria ostruthium*, L. sp. 371).

Racine grosse, tige épaisse, haute de 1-2 pieds; feuilles ternées, à folioles larges, trilobées, dentées; fleurs blanches; ombelles très grandes. ♃. Prairies des montagnes; se retrouve dans nos départemens du Nord.

2. Impératoire sauvage (*Imp. sylvestris*, DC. *Angelica sylvestris*, L. sp. 361, Koch).

Tige droite, glauque, haute de 4-5 pieds; feuilles bipinnées, à folioles ovales, dentées en scie; pétiole à gaîne large; fleurs d'un blanc teinté de rose; ombelles grandes, de 25-30 rayons; point d'involucre. ♃. Commune au bord des ruisseaux.

3. Impératoire des montagnes (*Imp. montana*, DC. *Angelica montana*, Schl. Spreng.).

Tige droite, rameuse, haute de 4-5 pieds; feuilles bipinnées, à folioles décurrentes, très glabres, ovales,

dentées en scie ; fleurs blanches ; ombelles très grandes..
♃. Alpes , Jura. (Rare.)

4. IMPÉRATOIRE NODIFLORE (*Imp. nodiflora*, DC.
Smyrnium nodiflorum , ALL. ped.).

Tige droite, très rameuse, à rameaux verticillés ,
entourés à leur base par 3 folioles simples ; feuilles
3 ou 4 fois ternées, à folioles ovales-lancéolées , acérées ; fleurs blanches. ♃. Lieux ombragés du Dauphiné et du Piémont. Fait partie du genre *Trochis-
canthes* , KOCH. Près de cette espèce doit se placer
l'*imperatoria verticillaris* , qui croît en Italie.

Genre SÉSÉLI (*Seseli*, LAM. *Seseli* et *Carum*, LIN.).

Calice entier ; pétales égaux , fléchis , cordiformes ;
fruit petit, ovale, strié ; graines concaves en dedans ;
involucre nul.

Espèce 1. SÉSÉLI CARVI (*Seseli Carvi*, DC. *Carum
carvi*, L. sp. 378).

Tige rameuse , lisse, striée, haute de 1-2 pieds ;
feuilles bipinnées, folioles à découpures linéaires, disposées en croix autour de la côte moyenne ; fleurs
blanches, à pétales bifides ; ombelles lâches. ♂. Prés
montagneux. Le *Carvi* est employé comme excitant ,
de même que les espèces suivantes.

2. SÉSÉLI VERTICILLÉ (*S. verticillatum*, DESF. atl. 1.
p. 260).

Tige dressée, glabre , menue , haute d'un pied ;
feuilles ailées , à folioles capillaires, disposées autour
d'un axe central ; fleurs blanches, très petites ; ombelles à 5-8 rayons ; point d'involucre. ☉. Corse ,
Italie.

3. SÉSÉLI TORTUEUX (*S. tortuosum* , L. sp. 373).

Tige lisse, striée, semi-ligneuse, très rameuse, tortueuse, à entre-nœuds courts ; feuilles grandes, bipinnées , folioles à segmens linéaires ; fleurs blanches. ♃.
Croît parmi les rochers, en Provence, en Italie, en
Espagne.

4. Séséli saxifrage (*S. saxifragum*, L. sp. 374).

Port du *pimpinella saxifraga ;* tige glabre, grêle, rameuse, haute de 8-12 pouces ; feuilles biternées, à lobes linéaires ; fleurs blanches ; ombelles à 5-7 rayons, penchées avant la floraison. ♃. Croît dans le midi de la France. Cette espèce est du genre *Ptychotis* de Koch.

5. Séséli élevé (*S. elatum*, L. sp. 375).

Tige grêle, peu striée, lisse, rameuse, articulée, haute de 2-3 pieds ; feuilles bipinnées, à folioles étroites, linéaires, les caulinaires écartées, plus petites ; fleurs blanches ; ombelles petites, nombreuses ; fruits chargés de petits tubercules, couronnés par les dents du calice. ♂. Lieux montueux ; à Fontainebleau, en Bourgogne, etc.

6. Séséli de montagne (*S. montanum*, L. sp. 372).

Tige glabre, haute de 12-15 pouces, rameuse ; pétiole des feuilles radicales entier, celui des caulinaires échancré, ventru ; feuilles bi ou tripinnées, à folioles glauques, linéaires ; fleurs blanches ; ombelles à 8-10 rayons égaux. ♃. Montagnes arides. Le *seseli glaucum*, L., est une variété à pétioles entiers et à feuilles plus glauques.

7. Séséli annuel (*S. annuum*, L. sp. 373).

Tige rameuse, flexueuse, rougeâtre, pubescente inférieurement, à articulations renflées ; feuilles à pétioles échancrés ; folioles incisées, linéaires, écartées, terminées par une petite pointe ; fleurs blanches ; ombelles à 15-20 rayons. ♃. Montagnes arides.

8. Séséli hippomaratrum (*S. hippomaratrum*, L. sp. 374).

Tige cylindrique, haute de 8-10 pouces, munie seulement de gaînes ; feuilles toutes radicales, bipinnées, à folioles linéaires, trifides ; ombelles à 5 rayons ; point d'involucres ; involucelles monophylles. ♃. Italie,

Piémont; parmi les rochers, dans le Haut-Rhin, la Belgique.

Genre BOUCAGE (*Pimpinella*, Linné).

Calice entier; pétales entiers, cordiformes, fléchis, presque égaux; fruit strié, ovale-oblong; point d'involucres ni d'involucelles.

Espèce 1. Boucage saxifrage (*Pimpinella saxifraga*, L. sp. 378).

Tige droite, glabre, striée, presque simple, haute de 2-3 pieds; feuilles radicales ailées, à folioles arrondies, à dents aiguës; les caulinaires bipinnées, à folioles linéaires; fleurs blanches; ombelles penchées avant la floraison. ♃. Commun dans les lieux secs.

2. Boucage a grandes feuilles (*P. magna*, L. mant. 217).

Tige striée, rameuse, haute de 2-3 pieds; feuilles d'un vert foncé, luisantes, ailées; folioles lobées, l'impaire trilobée; fleurs blanches; ombelles penchées avant la floraison. ♃. Croît au bord des haies, dans les pâturages gras. J'en ai trouvé à la Grande-Chartreuse une variété à fleurs rouges.

3. Boucage découpé (*P. dissecta*, Retz, obs. 3. p. 30. t. 2).

Diffère des deux précédens par ses folioles toutes allongées-pinnatifides, partagées en segmens aigus, et un peu arquées. ♃. Commun sur les coteaux calcaires.

4. Boucage tragium (*P. tragium*, Vill. dauph. 2. p. 606).

Tiges hautes de 4-12 pouces; feuilles radicales, longuement pétiolées, ailées; folioles cunéiformes, incisées, les supérieures simples; fleurs blanches; ombelles de 6-8 rayons; graines couvertes d'un duvet serré, velouté. ♃. Habite les lieux pierreux du Midi.

5. BOUCAGE HÉRISSÉ (*P. hispida* , Lois. not. 48).

Tige haute de 1-2 pieds; feuilles radicales à pétiole
hérissé, portant 5-7 segmens arrondis, crénelés les
inférieurs échancrés en cœur, celui de l'extrémité
cunéiforme; feuilles caulinaires à segmens partagés
en lobes grêles; fleurs blanches. ♂. Provence, Languedoc, Italie. La *pimpinella peregrina*, L. , est une
variété à folioles plus arrondies, avec la terminale
échancrée en cœur. ☉. Elle croît en Italie.

6. BOUCAGE DIOÏQUE (*P. dioica* , L. mant. 357).

Petite plante, haute de 4-12 pouces, rameuse, paniculée; feuilles à segmens nombreux, multifides,
linéaires; fleurs blanches, dioïques; ombelles petites,
très nombreuses. ♂. Montagnes de la Provence, du
Dauphiné, du Piémont.

Genre ÉGOPODE (*OEgopodium*, Linné).

Calice entier; pétales inégaux, échancrés au sommet, réfléchis en dedans; fruit ovale-oblong, muni de
chaque côté de 3-5 côtes longitudinales; point d'involucres ni d'involucelles.

Espèce. EGOPODE PODAGRAIRE (*OEgopodium poda-
graria*, L. sp. 379).

Tige droite, glabre, haute de 2-4 pieds; pétioles
inférieurs partagés en 3, portant chacun 3 folioles;
les pétioles supérieurs simples, portant aussi 3 folioles inégalement dentées en scie; fleurs blanches. ♃.
Croît au bord des haies.

FAMILLE 44. CAPRIFOLIACÉES (*Caprifolia-
ceæ*, JUSS.).

Calice supère, souvent muni de 2 bractées; corolle
souvent monopétale, régulière ou irrégulière; étamines en nombre correspondant aux parties de la
corolle, alternant avec ses lobes, insérées sur le réceptacle ou sur le milieu des pétales; ovaire simple,
adhérent, surmonté d'un style que termine un styg-

maté simple ou triple, parfois sessile ; fruit capsulaire ou bacciforme, souvent couronné par le limbe du calice, à une ou plusieurs loges monospermes ou polyspermes ; graines pendantes ; embryon placé au sommet d'un périsperme charnu ; fleurs axillaires ou terminales, solitaires ou disposées en panicule, corymbe ou sertule ; tiges ligneuses, rarement herbacées ; feuilles simples.

Genre LINNÉE (*Linnæa*, Gron.).

Calice à 5 divisions, ayant à sa base un calicule persistant à 4 divisions ; corolle monopétale, en forme de cloche, à 5 lobes; 4 étamines, dont 2 plus courtes ; le fruit est une baie sèche, ovale, triloculaire, à loges dispermes.

Espèce. LINNÉE BORÉALE (*Linnæa borealis*, L. sp. 880).

Tiges très grêles, persistantes, rameuses, couchées, feuillées; fleurs blanches ou rougeâtres, géminées. ♄. Croît en Alsace? aux environs de Montpellier? dans le Valais, la Laponie.

Genre CHÈVREFEUILLE (*Lonicera*, Linné).

Calice à 5 dents ; corolle en tube, divisée en 5 parties irrégulières; baie à 2 loges.

* Espèces multiflores.

Espèce 1. CHÈVREFEUILLE DES JARDINS (*Lonicera caprifolium*, L. sp. 246).

Tiges ligneuses, volubiles, à rameaux grêles, verdâtres, flexibles; feuilles opposées, sessiles, ovales-obtuses, d'un vert glauque, les supérieures connées ; fleurs grandes, très odorantes, rougeâtres en dehors, en bouquet terminal. ♄. Provinces méridionales : cultivé dans les jardins.

2. CHÈVREFEUILLE DES BOIS (*L. periclymenum*, L. sp. 247).

Se distingue aisément du précédent par ses feuilles

supérieures. jamais connées. ♄. Commun dans les bois.

3. CHÈVREFEUILLÉ D'ÉTRURIE (*L. Étrúsca*, SANTI, viagg. apud. Lois.).

Distinct des deux précédens, par ses feuilles pubescentes en dessous, et par ses fleurs réunies en 3 têtes, dont celle du milieu est la plus considérable. ♄. Croît dans les baies du Midi.

4. CHÈVREFEUILLE DES BALÉARES (*L? Balearica*, DC. suppl. 3392ª).

Tiges ligneuses, à écorce violâtre, glauque; feuilles oblongues-lancéolées, échancrées en cœur, toujours vertes, les supérieures connées, pointues; fleurs d'un blanc jaunâtre, réunies 4-6 en une petite tête terminale. ♄. Pyrénées orientales.

** *Espèces à fleurs réunies deux à deux* (Xylosteum, LIN.).

5. CHÈVREFEUILLE A BAIES NOIRES (*L. nigra*, L. sp. 247).

Arbrisseau à rameaux flexibles; feuilles ovales-pointues, courtement pétiolées, échancrées en cœur; fleurs de couleur rose, réunies 2 à 2; fruits noirs. ♄. Alpes, Jura.

6. CHÈVREFEUILLE XYLOSTÉON (*L. xylosteum*, L. sp. 248).

Arbrisseau très rameux; feuilles ovales-oblongues, pétiolées, très pubescentes en dessous; fleurs petites, d'un blanc rosé, réunies 2 à 2; fruits rouges, rarement blancs ou jaunes.

7. CHÈVREFEUILLE DES PYRÉNÉES (*L. Pyrenaica*, L. sp. 248).

Arbrisseau très rameux, à bois cassant; feuilles opposées, à pétioles courts, glabres; fleurs blanches, presque régulières; fruits rouges. ♄. Alpes de Provence, Piémont, Pyrénées. ♄.

8. CHÈVREFEUILLE DES ALPES (*L. Alpigena*, L. sp. 248).

Arbrisseau peu élevé, à rameaux nombreux ; feuilles un peu velues, ovales-lancéolées ; fleurs labiées, réunies 2 à 2 ; fruits réunis et rouges. ♄. Commun dans les Alpes.

9. CHÈVREFEUILLE A BAIES BLEUES (*L. cœrulea*, L. sp. 249).

Arbrisseau très rameux ; feuilles ovales, à pétioles courts, très entières ; fleurs blanches, réunies 2 à 2 ; fruit bleuâtre, solitaire. ♄. Alpes, Vosges.

Genre VIORNE (*Viburnum*, LINNÉ).

Calice petit, à 5 divisions ; corolle en cloche, à 5 lobes ; 5 étamines alternant avec les divisions corollaires ; baie monosperme.

Espèce 1. VIORNE LAURIER-THYM (*Viburnum tinus*, L. sp. 383).

Arbrisseau de 3-4 pieds, à rameaux rougeâtres ; feuilles ovales très entières, persistantes, coriaces, à nervures pubescentes en dessous ; fleurs blanches ou rougeâtres, paraissant de fort bonne heure, et disposées en ombelles. ♄. Lieux pierreux et couverts du midi.

2. VIORNE MANCIENNE (*V. lantana*, L. sp. 384).

Arbrisseau à rameaux très flexibles, couverts d'une poussière farineuse ; feuilles pétiolées, opposées, pubescentes en dessus, cotonneuses en dessous ; fleurs blanches, en corymbe. ♄. Commune dans les bois ; on l'appelle vulgairement *maussane*, *cochéne*, etc.

3. VIORNE OBIER (*V. opulus*, L. sp. 384).

Arbrisseau à écorce rougeâtre ; feuilles opposées, arrondies, glabres, à trois lobes, irrégulièrement dentées et pointues ; pétioles glanduleux ; fleurs blanches, en corymbe. ♄. Commune dans les bois et les haies humides. On cultive dans les parcs une variété à fleurs stériles et réunies en boule, sous les noms de *rose de, Gueldre*, *boule de neige*, etc.

Genre SUREAU (*Sambucus*, Linné).

Calice petit, à 5 divisions; corolle en roue, à 5 lobes, 5 étamines; baie à une loge, à 3 graines.

Espèce 1. Sureau noir (*Sambucus nigra*, L. sp. 385).

Petit arbre à rameaux creux et remplis de moelle; feuilles opposées, ailées avec impaire; folioles ovales, glabres, dentées du haut, entières à la base, aiguës; fleurs blanches, en corymbe, imitant une grande ombelle. ♄. Très commun dans les haies. Les fleurs de sureau sont très usitées comme sudorifiques.

2. Sureau a grappes (*S. racemosa*, L. sp. 386).

Ressemble beaucoup au précédent, mais il s'en distingue très facilement par ses fleurs en grappes et par ses fruits rouges. ♄. Croît en Alsace, dans les Alpes, le Jura, etc.

3. Sureau yèble (*S. ebulus*, L. sp. 385).

Tige herbacée, droite, rameuse, glabre; feuilles opposées, ailées avec impaire; folioles lancéolées, dentées en scie, à dents aiguës; fleurs blanches, en ombelle terminale. ♃. Habite au bord des chemins et des fossés humides.

Nota. M. Richard fait de ces deux derniers genres la tribu des *sambucinées*.

Genre CORNOUILLER (*Cornus*, Linné).

Calice dépourvu de bractées, à 4 dents; corolle de 4 pétales; quatre étamines alternant avec les pétales; drupe ovoïde, renfermant un noyau à deux loges, à deux graines.

Espèce 1. Cornouiller male (*Cornus mas*, L. sp. 171).

Grand arbrisseau rameux; feuilles ovales, entières,

opposées, pubescentes en dessous ; fleurs jaunes, axillaires, réunies par paquets, et se développant avant les feuilles ; fruits rouges, oblongs. ♄. Habite les bois. Les *cornouilles* sont très bonnes à manger.

2. CORNOUILLER SANGUIN (*C. sanguinea*, L. sp. 171).

Arbrisseau plus petit que le précédent, à rameaux dressés, rougeâtres en été, très rouges en hiver ; feuilles opposées, ovales-arrondies, pubescentes en dessous, très nervées ; fleurs blanches en corymbe. ♄. Très commun dans les haies et les buissons.

Genre LIERRE (*Hedera*, L.).

Calice à 5 divisions ; corolle de 5 pétales ; 5 étamines alternes, à anthères vacillantes ; fruit bacciforme, à 5 loges monospermes.

Espèce. LIERRE COMMUN (*Hedera helix*, L. sp. 292).

Arbrisseau à tiges grimpantes, sarmenteuses, radicantes ; feuilles pétiolées, coriaces, très luisantes, glabres, à plusieurs lobes sur les jeunes pieds, entières sur les autres ; fleurs blanches, en corymbe ; fruits rouges. ♄. Commun autour des vieux arbres, sur les murailles, etc. Ces deux derniers genres, par leur corolle monopétale, se rapprochent des groseillers. M. Richard en a fait une famille sous le nom d'*hédéracées*.

FAMILLE 45. LORANTHÉES (*Lorantheæ*, JUSS.).

Calice supère, monosépale, à plusieurs divisions, ou formé de plusieurs pétales élargis à leur base ; étamines en même nombre que les divisions corollaires, et placées vis-à-vis d'elles ; anthères sessiles ou portées sur de longs filets ; ovaire infère, adhérent, surmonté d'un style à un stigmate ; fruit charnu, monosperme ; graine pendante ; embryon occupant l'axe du périsperme ; fleurs terminales ou axillaires ; solitaires, en bouquet ou en épi. Plantes vivaces, parasites; tiges ligneuses, feuilles sans stipules.

:Genre GUY (*Viscum*, LINNÉ).

Calice de 4 folioles; fleurs dioïques, les mâles apétales en paquets axillaires; les femelles apétales, à stigmate sessile, en paquets axillaires; baie globuleuse, blanche, très visqueuse.

Espèce 1. GUY COMMUN (*Viscum album*, L. sp. 1451).

Tige presque ligneuse, dichotome, articulée, d'un jaune verdâtre; feuilles opposées, ovales-oblongues; fleurs herbacées. ♄. Parasite sur les peupliers, les épines, les érables, mais presque toujours sur les pommiers. Le guy de chêne des anciens est celui qui croît sur le chêne; je ne l'y ai jamais vu, il doit y être bien rare. Les grives multiplient cette plante en mangeant ses baies.

2. GUY DE L'OXYCÈDRE (*V. oxycedri*, DC. fl. fr. 3400).

Tige jaunâtre, très petite, haute de 2-3 pouces, rameuse, charnue, n'ayant d'autres feuilles que de petites écailles sessiles. ♄. Croît aux environs de Narbonne, sur le genévrier oxycèdre. ?? En Espagne.

FAMILLE 46. RUBIACÉES (*Rubiaceæ*).

Calice monosépale, supère, à limbe à 4-5 divisions; corolle régulière, souvent tubuleuse, divisée en autant de parties que le calice; 4-5 étamines insérées sur le limbe de la corolle; ovaire infère, ordinairement surmonté d'un disque; style rarement bifide; 2 stigmates; fruit composé de deux ou d'un plus grand nombre de loges à valves rentrantes, disposées autour d'un axe central, tantôt formé de deux coques, tantôt bacciforme; graines pendantes; embryon petit, renfermé dans un périsperme corné; inflorescence très variée. Plantes herbacées, frutescentes, ou arborescentes; feuilles toujours verticillées ou opposées, avec des stipules intermédiaires. M. De Candolle y a établi 4 tri-

bus ; mais comme nos espèces européennes n'en forment qu'une seule, nous n'en parlerons pas.

Genre SHÉRARDIE (*Sherardia*, LINN).

Calice à 4 dents ; corolle en entonnoir, à bord divisé en quatre ; 2 graines couronnées par les dents du
calice qui persiste et s'accroît.

Espèce. SHÉRARDIE DES CHAMPS (*Sherardia arvensis*,
L. sp. 149.).

Tiges grêles, rameuses, rudes, longues de 4-6
pouces ; feuilles verticillées, lancéolées ; fleurs bleues,
petites, terminales. ☉. Commune dans les champs.

Genre ASPÉRULE (*Asperula*, LINNÉ).

Calice à 4 dents ; corolle en entonnoir, à 4 divisions ;
2 baies sèches, couronnées par les dents calicinales.

Espèce 1. ASPÉRULE DES CHAMPS (*Asperula arvensis*,
L. sp. 150).

Tige grêle, feuillée, un peu rameuse, droite,
haute de 4-8 pouces ; feuilles linéaires, obtuses, verticillées 6-8 ; fleurs bleues, terminales. ☉. Croît dans
les champs sablonneux d'une grande partie de la
France.

2. ASPÉRULE HÉRISSÉE (*A. hirta*, RAM. bull. phil.
n°. 41).

Tiges grêles, carrées, dressées, hautes de 4-6
pouces ; feuilles nombreuses, linéaires, hérissées,
verticillées par 6, plus longues que les entre-nœuds ;
fleurs d'un blanc rosé en dehors, sessiles, réunies en
têtes plus longues que les bractées. ♃. Hautes-Pyrénées (RAMOND). L'*asperula hexaphylla*, ALL. ped.,
qui est glabre, en est voisine. Elle habite l'Italie.

3. ASPÉRULE ODORANTE (*A. odorata*, L. sp. 150).

Tige simple, glabre, haute de 4-8 pouces ; feuilles
ovales-lancéolées, par verticilles de huit ; fleurs blan-

ches, terminales, réunies, pédonculées. ♃. Commune au printemps, dans les bois ombragés.

4. Aspérule de Turin (*A. Taurina*, L. sp. 150).

Tiges rameuses, dressées, hautes de 8-15 pouces ; feuilles verticillées 4 à 4, larges, lancéolées-ovales, pointues, trinervées ; fleurs blanches, terminales, fasciculées. ♃. Environs de Montpellier, Alpes du Dauphiné. Elle est commune au Bourg-d'Oysans.

5. Aspérule des teinturiers (*A. tinctoria*, L. sp. 150).

Tiges faibles, herbacées, à articulations gonflées ; feuilles linéaires, les inférieures verticillées 6 à 6, les moyennes 4 à 4, et les supérieures opposées ; fleurs blanches, en petits corymbes axillaires. ♃. Croît sur les collines pierreuses. Probablement variété de la suivante.

6. Aspérule a l'esquinancie (*A. cynanchica*, L. sp. 151).

Tiges fermes, rameuses, grêles ; feuilles inférieures verticillées par 4, les supérieures opposées, linéaires, un peu piquantes ; fleurs couleur de chair, en petits corymbes axillaires. ♃. Commune sur les coteaux pierreux.

7. Aspérule lisse (*A. lævigata*, L. mant. 38).

Tiges grêles, rameuses, lisses, carrées, hautes de 12-18 pouces ; feuilles elliptiques plus courtes que les entre-nœuds, uninervées, verticillées 4 à 4 ; fleurs blanches ; fruits scabres. ♃. Croît dans les montagnes du Lyonnais, de l'Alsace, etc.

Genre CRUCIANELLE (*Crucianella*, Linné).

Corolle en entonnoir à 4-5 divisions ; calice à deux divisions très profondes ; fruit formé par deux capsules rétrécies, non couronnées par les dents calicinales.

Espèce 1. CRUCIANELLE A FEUILLES ÉTROITES (*Crucia-nella angustifolia* , L. sp. 157).

Tige très rameuse , ayant le port d'une graminée , quadrangulaire , glabre ; feuilles linéaires , glabres , dressées , par verticilles de 6 ; fleurs petites , blan-châtres , en épi, dépassant peu les bractées. ☉. Dé-partemens les plus chauds , Italie , Espagne.

2. CRUCIANELLE A LARGES FEUILLES (*C. latifolia* , L. sp. 158).

Tige un peu couchée , rameuse , tétragone , glabre ; feuilles lancéolées , verticillées 4 à 4 ; fleurs en épis courts. ☉. Habite les mêmes lieux que la précédente.

3. CRUCIANELLE DE MONTPELLIER (*C. Monspeliaca* , L. sp. 158).

Tige couchée à la base , quadrangulaire , glabre ; feuilles inférieures ovales , par verticilles de 4 , supé-rieures linéaires, par verticilles de 6 ; fleurs en épi. ☉. Environs de Montpellier , midi du Dauphiné.

4. CRUCIANELLE MARITIME (*C. maritima* , L. sp. 158). ·

Plante glauque , à tiges dures , ligneuses , longues de 12-15 pouces ; feuilles rudes , lancéolées-mucro-nées , verticillées 4 à 4 ; fleurs jaunâtres, opposées. ♄. Sables maritimes de la Méditerranée. Près de cette espèce on doit placer la *Crucianella patula* , L., à tiges diffuses et fleurs éparses : elle habite l'Espagne.

Genre GAILLET (*Galium* , LINNÉ).

Calice à 4 dents ; corolle en roue , à 4 divisions ; deux semences ovoïdes , accolées , non couronnées par les dents du calice. (Voyez *Atl.* , pl. 70 , f. 2.)

* *Fruits glabres ; fleurs jaunes.*

Espèce 1. GAILLET JAUNE (*Galium verum* , L. sp. 155).

Tiges tétragones, un peu velues à la base ; feuilles verticillées par 8 , linéaires , sillonnées ; rameaux florifères courts; fleurs jaunes, petites, en épi, nombreuses. ♃. Croît dans les prés.

2. GAILLET DES SABLES (*G. arenarium*, Lois. fl. gall. 85).

Racine longue, rampante; tige couchée, grêle, tétragone, rameuse, lisse; feuilles lancéolées-acuminées, hispides sur les bords, par verticilles de 6, très rapprochées; fleurs jaunes. ♃. Sables maritimes de l'ouest.

3. GAILLET CROISETTE (*G. cruciatum*, DC. *Valantia cruciata*, L. sp. 1491).

Tiges presque simples, velues; feuilles velues, disposées 4 à 4, obtuses, ovales; fleurs axillaires, jaunes, verticillées. ♃. Commun au printemps, dans les haies et les buissons.

4. GAILLET DU PIÉMONT (*G. pedemontanum*, ALL. auct. p. 2).

Se distingue du précédent par ses tiges plus grêles, par ses pédicelles jamais munis de bractées, et enfin parce qu'il est annuel au lieu d'être vivace. ⊙. Habite le Piémont, l'Italie.

5. GAILLET PRINTANIER (*G. vernum*, Scop. *Valantia glabra*, L. 1491).

Tiges presque simples, quadrangulaires, glabres dans le haut; feuilles ovales, obtuses, trinervées, un peu ciliées, verticillées 4 à 4; inflorescence du précédent; les fleurs sont quelquefois blanches. ♃. Pyrénées, Piémont.

** *Fruits glabres ; fleurs rouges.*

6. GAILLET ROUGE (*G. rubrum*, L. sp. 156).

Tige très rameuse, diffuse, tétragone; feuilles linéaires ouvertes, par verticilles de 5 ou de 6, rudes sur les bords; fleurs petites, d'un pourpre foncé, à pédoncules très courts. ♃. Croît en Provence.

7. GAILLET POURPRE (*G. purpureum*, L. sp. 156).

Diffère du précédent par ses tiges moins rameuses, lisses, par ses feuilles acérées et surtout par ses fleurs portées sur des pédoncules rameux, plus longs que les feuilles. ♃. Dans les forêts en Piémont, en Italie, dans la Lozère?

*** *Fruits glabres ; fleurs blanches.*

8. GAILLET DES BOIS (*G. sylvaticum*, L. sp. 155).

Espèce très élégante ; tiges lisses, rameuses., anguleuses, droites, hautes de 1-2 pieds ; feuilles larges, elliptiques, scabres en dessous, par verticilles de 8 ; fleurs blanches, très petites, longuement pédicellées. ♃. Alpes du Dauphiné, Alsace ; commun dans les bois près Grenoble, se retrouve aux environs de Paris.

9. GAILLET A FÉUILLES DE LIN (*G. linifolium*, LAM. D. 2. p. 578. *Galium lævigatum*, VILL. dauph*).

Distinct du précédent, par ses feuilles plus longues, lisses sur les deux faces, par ses fleurs dressées avant la floraison, et à divisions plus aiguës. ♃. Alpes du Dauphiné ; commun dans les bois, près Grenoble.

10. GAILLET GLAUQUE (*G. glaucum*, L. sp. 156).

Tiges grêles, anguleuses, très branchues, à articulations rougeâtres, hautes de 1-2 pieds ; feuilles glauques, linéaires, roulées sûr les bords, par verticilles de 6-8 ; fleurs blanches, grandes, campanulées. ♃. Lieux pierreux de la Provence, du Dauphiné. Près de cette espèce doit être placé le *Galium rubioides* de LIN., qui a les feuilles larges, et verticillées 4 à 4, comme une garance. Il croît en Allemagne. Le *Galium articulatum*, LAM., en est voisin.

11. GAILLET DES MARAIS (*G. palustre*, L. sp. 153).

Variable ; tige grêle, quadrangulaire, lisse ; feuilles glabres, scabriuscules sur les bords, ovales assez larges, obtuses, par verticilles de 4-5 ; fleurs blanches, petites, en manière d'ombelles. ♃. Habite le bord des fossés humides.

12. GAILLET BLANC (*G. mollugo*, L. sp. 155).

Tiges faibles, lisses, tétragones, velues dans le bas, tombantes; feuilles ovales-linéaires, acuminées, réflé- chies, par verticilles de 8; fleurs blanches, disposées en panicules rameuses, étalées, très nombreuses. ♃. Très commun dans les prés, au bord des haies, etc.

13. GAILLET ARISTÉ (*G. aristatum*, L. syst. 127).

Port du *mollugo*, dont il diffère très peu; tige carrée, dressée, couchée à la base; feuilles mucronées, lancéolées-lisses, scabriuscules sur les bords; fleurs blanches, à corolle dont les divisions se terminent en pointe soyeuse. ♃. Habite les bois des montagnes; dans les Pyrénées et les Alpes.

14. GAILLET DRESSÉ (*G. erectum*, SMITH, fl. br. 1. p. 176).

Tige faible, dressée, presque lisse, rameuse; feuilles lancéolées, denticulées, mucronées, par verti- cilles de 6-8; fleurs blanches, petites, en panicule trichotome. ♃. Croît dans les prairies humides des Pyrénées, de la Provence, du Dauphiné; en Angle- terre, etc.

15. GAILLET CENDRÉ (*G. cinerium*, ALL. ped. n. 22. t. 77).

Plante glauque; tige carrée, sous-ligneuse, lisse, glabre, rameuse; feuilles roides, elliptiques, longues, denticulées, acérées, par verticilles de 6; fleurs blanches, en panicule terminale. ♃. Suisse, Pié- mont, Provence?

16. GAILLET A FEUILLES MENUES (*G. tenuifolium*, ALL. ped. n. 23).

Plante rigide; tige ferme, rameuse, lisse, tétra- gone; feuilles linéaires, roides, très dures, un peu dentelées sur les bords, roulées en dessous, par verticilles de 6 ; fleurs blanches, en corymbe. ♃. Lyonnais, Dauphiné, Piémont. (Rare.)

17. Gaillet lisse (*G. læve*, Thuill. fl. par.).

Varie beaucoup ; tiges glabres, luisantes, lisses, rameuses, un peu couchées à la base ; feuilles linéaires, denticulées, acérées, par verticilles de 8 ; fleurs blanches, en panicules terminales. ♃. Croît sur les coteaux aux environs de Paris, dans le Jura, le Dauphiné, etc.

18. Gaillet de Boccone (*G. Bocconi*, All. ped. n. 24. *G. nitidulum*, Th. fl. p.).

Tige pubescente inférieurement, glabre dans le haut, faible, tétragone ; feuilles pubescentes, luisantes, scabriuscules sur les bords, linéaires, par verticilles de 6-7 ; fleurs blanches, presque en ombelles, à pédoncules bi ou trifides. ♃. Provence.

19. Gaillet mucroné (*G. mucronatum*, Lam. D. 2. p. 581).

Se distingue du précédent par ses divisions corollaires, terminées en pointe acérée ; du reste, il a à peu près les mêmes caractères, de même ses feuilles sont mucronées, etc. ♃. Alpes, Pyrénées.

20. Gaillet divariqué (*G. divaricatum*, Lam. D. 2. p. 580).

Tige très grêle, rameuse, glabre, lisse, longue de 4-5 pouces ; feuilles linéaires, hispides, par verticilles de 7 ; plus courtes que les entre-nœuds ; fleurs blanches, très petites, à pédoncules longs et grêles. ☉. Croît en Languedoc, aux environs de Paris, etc.

21. Gaillet d'Angleterre (*G. Anglicum*, Smith. fl. br. 1. p. 179).

Tiges faibles, rameuses, couchées, étalées, hispides ; feuilles hispides, denticulées, linéaires-acérées ; fleurs petites, d'un blanc sale, portées sur des pédoncules bi ou trifurqués. ☉. Commun parmi les moissons, aux environs de Paris, etc.

22. **Gaillet fangeux** (*G. uliginosum*, L. sp. 153).

Tiges glabres, très branchues, scabres sur les angles, à rameaux divergens ; feuilles denticulées, linéaires, lancéolées-obtuses, un peu roulées; fleurs blanches, terminales, écartées. ♃. Habite les prairies tourbeuses.

23. **Gaillet sous-épineux** (*G. spinulosum*, Mérat, fl. p. t. 2. p. 220).

Tiges grêles, tétragones, couchées, glabres, à crochets épineux sur les angles, beaucoup plus rapprochés que dans le précédent; feuilles lancéolées, denticulées, acérées, hispides sur les bords; fleurs d'un blanc teinté de rose, en petites grappes latérales. ♃. Croît dans les prés humides, aux environs de Paris.

24. **Gaillet couché** (*G. supinum*, Lam. *G. Jussiæi*, Vill. dauph. 3. p. 323).

Tiges nombreuses, lisses, couchées, étalées par terre, longues de 6-12 pouces; feuilles rigides, glabres, denticulées, acérées, lancéolées-linéaires; fleurs blanches, très petites, pédonculées. ♃. Croît dans les lieux arides et pierreux.

25. **Gaillet des Pyrénées** (*G. Pyrenaicum*, L. F. suppl. 121).

Très jolie petite plante, d'un vert jaunâtre ; tige grêle, très rameuse, haute de 2-3 pouces, très feuillée ; feuilles linéaires très aiguës, dressées, renflées à la base, par verticilles de 6; fleurs petites, blanchâtres, axillaires. ♃. Pyrénées-Orientales ; dans l'Apennin. (Bertol.)

26. **Gaillet nain** (*G. pumilum*, L. D. 2. p. 280).

Voisin du précédent ; tige grêle, très rameuse, en petites touffes d'un vert jaunâtre; feuilles très fines, sétacées, acérées, étalées, par verticilles de 7. Fleurs petites, axillaires, blanchâtres. ♃. Pyrénées, Alpes du Piémont. Le *G. pusillum*, Lin., est une variété pubescente. Les *G. hypnoides*, Vill., et *cœspitosum* Lam., ne sont que des variétés.

27. GAILLET DES ROCHERS (*G. saxatile*, L. sp. 154);

Petite plante couchée, faible, d'un vert foncé, glabre, très rameuse; feuilles obtuses, molles, obovales, par verticilles de 6; fleurs blanchâtres, à pédicelles plus courts que les feuilles. ♃. Pyrénées, Alpes du Piémont. (Rare.)

28. GAILLET DE VILLARS (*G. Villarsii*, DC. suppl. 3375ᵃ. *G. megalospermum*, VILL. dauph.)

Distingué du précédent par ses feuilles linéaires, à peine obtuses, un peu pointues, et surtout par ses fruits très gros; il a du reste le même port. ♃. Croît sur le Glandaz, le mont Ventoux, et ailleurs, en Dauphiné.

**** *Fleurs blanches; fruits glabres, mais tuberculeux.*

29. GAILLET DU HARTZ (*G. harcynicum*, WEIG. ob. p. 25).

Tiges nombreuses, très rameuses, couchées, glabres; feuilles obovées, acérées, par verticilles de 6; fleurs terminales, réunies en paquets; pédoncules multiflores. ♃. Croît en Allemagne, en Alsace, en Suisse, dans les Pyrénées, aux environs de Rouen, etc.

30. GAILLET BÂTARD (*G. spurium*, L. sp. 154).

Tige tétragone, garnie d'aspérités sur les angles, rameuse; feuilles lancéolées, pliées en carène, dont la nervure longitudinale est glabre, et les bords garnis de crochets, par verticilles de 6; fleurs blanches; pédoncules axillaires, plus longs que les feuilles. ⊙. Commun dans les moissons.

31. GAILLET A TROIS CORNES (*G. tricorne*, SMITH. fl. brit. 1. p. 176).

Tige tétragone, garnie d'aspérités sur les angles; feuilles lancéolées, à crochets sur les bords, par verticilles de 7-8; fleurs blanches; pédoncules axillaires, triflores, plus courts que les feuilles; fruits penchés. ⊙. Commun parmi les moissons.

32. GAILLET SUCRÉ (*G. saccharatum*, ALL. ped. n. 39. *Valantia aparine* , L.).

Tiges faibles, tombantes, rameuses, rudes en les touchant de bas en haut; feuilles linéaires, étalées, hérissées de petites aspérités accrochantes de haut en bas, par verticilles de 6-7; fleurs petites, d'un blanc jaunâtre; fruit gros, très tuberculeux. ⊙. Commun dans les jardins, les lieux cultivés.

***** *Fleurs blanches ou rougeâtres; fruits hérissés de poils.*

33. GAILLET GRATERON (*G. aparine* , L. sp. 157).

Tige rameuse, tétragone, faible, munie d'aspérités, à articulations renflées et velues ; feuilles lancéolées, pliées en carène, qui est, ainsi que la feuille, garnie d'aiguillons renversés vers la base, par verticilles de 8 ; fleurs petites, blanches ; pédoncules axillaires ; fruit très hérissé.

34. GAILLET DE VAILLANT (*G. Vaillantii*, DC. fl. fr. 3381).

Diffère du précédent par sa tige roide, rameuse, non grimpante, longue de 1-2 pieds, par ses feuilles plus étroites, par ses articulations moins velues, et par son fruit moitié plus petit. ⊙. Croît dans les moissons, aux environs de Paris, en Hongrie, etc.

35. GAILLET DE PARIS (*G. Parisiense*, L. sp. 157. *G. litigiosum*, DC.).

Il a le port de l'*Anglicum* ; tiges faibles, rameuses, hautes de 8 pouces, denticulées; feuilles glabres, lancéolées, oblongues-aiguës, par verticilles de 6-8 ; fleurs d'un blanc rougeâtre, paniculées, à pédicelles bi ou trifides. ⊙. Environs de Paris, de Toulon, de Nice, de Montpellier, etc. (Rare.)

36. GAILLET SÉTACÉ (*G. setaceum* , L. D. 2. p. 584).

Tige très grêle, droite, branchue; feuilles très fines, capillaires, plus courtes que les entre-nœuds, par verticilles de 4-6 ; fleurs très petites , d'un blanc rougeâtre , en petits corymbes lâches. ⊙. Croît dans les lieux secs de la Provence , de l'Italie.

37. GAILLET DES MURAILLES (*G. murale*, ALL. ped. *Sherardia muralis*, L. sp. 149).

Tiges nombreuses, rameuses, grêles, quadrangulaires, longues de 4-6 pouces ; feuilles linéaires, planes, par verticilles de 5 dans le bas, de 4 au milieu, et de 3 au sommet ; fleurs d'un blanc jaunâtre, axillaires, très petites. ⊙. Croît sur les murs, en Provence, en Languedoc, en Italie, en Espagne.

38. GAILLET VERTICILLÉ (*G. verticillatum*, DANTH. in LAM. D. 2. p. 585).

Très voisin du précédent ; s'en distingue par ses fleurs sessiles, et ses feuilles opposées dans le haut, au lieu d'être ternées. ⊙. Croît dans les lieux arides, en Provence, Languedoc, Roussillon.

39. GAILLET MARITIME. (*G. maritimum*, L. mant. 38).

Tige grêle , hérissée, tétragone, dichotome, couchée, longue de 12-15 pouces ; feuilles oblongues , rétrécies aux extrémités , par verticilles de 6 dans le bas, de 4 au milieu, et opposées dans le haut ; fleurs petites, rouges. ♃. Croît aux environs de Montpellier, de Narbonne, en Italie, etc.

40. GAILLET BORÉAL (*G. boreale*, L. sp. 156).

Tiges dressées, scabriuscules sur les angles, rameuses ; feuilles glabres, lancéolées, trinervées, scabriuscules sur les bords ; fleurs blanches, axillaires. ♃. Habite les lieux pierreux de la Provence, du Dauphiné, du Piémont.

41. GAILLET A FEUILLES RONDES (*G. rotundifolium*, L. sp. 156).

Tiges simples, tombantes, hautes de 4-8 pouces ; feuilles ovales-arrondies, trinervées, ciliées sur les bords ; fleurs petites, blanches, pédoncules bi ou trifurqués. ♃. Habite les bois couverts des hautes montagnes. Le *G. Barrelieri*, Salzm., a les feuilles plus ovales et la tige dressée. Il croît en Corse.

Genre VAILLANTIE (*Vaillantia*, DC.).

Corolle campanulée ; à 4-5 lobes ; 4-5 étamines ; deux fruits bacciformes, accolés, glabres, arrondis.

Espèce. Vaillantie des murailles (*Vaillantia muralis*, L. sp. 1490).

Tiges grêles, menues, feuillées, peu rameuses, longues de 3-5 pouces ; feuilles quaternées, petites, ovales - obtuses ; glabres ; fleurs petites, jaunâtres, disposées 3 à 3, entre les verticilles ; fruit couronné par 3 petites cornes. ☉. Commune dans la France méridionale, sur les murs et les rochers.

Genre GARANCE (*Rubia*, Linné).

Calice à 4 dents ; corolle à 4-5 divisions ; 2 baies presque rondes, accolées, renfermant une semence.

Espèce 1. Garance des teinturiers (*Rubia tinctorum*, L. sp. 158).

Tiges à angles garnis d'aiguillons, ainsi que la nervure médiane et les bords des feuilles, qui sont lancéolées, et par verticilles de 6; fleurs jaunâtres ; lobes de la corolle oblongs, calleux au sommet ; baies noirâtres. ♃. France méridionale. Cultivée en grand, en Alsace, en Belgique, pour la teinture en rouge.

2. Garance étrangère (*R. peregrina*, L. sp. 158).

Tiges feuillées, rameuses, à angles hérissés de dents crochues ; feuilles persistantes, oblongues-lancéolées, par verticilles de 5-6 ; fleurs jaunâtres, à lobes de la corolle larges, brusquement acérés. ♃. Croît en Dauphiné, aux environs de Paris, etc.

3. Garance luisante (*R. lucida*, L. syst. nat. 12. p. 732).

Tige tétragone, dépourvue d'aiguillons ; feuilles ovales, persistantes, luisantes, à marges rudes au toucher, de bas en haut, et à nervure médiane lisse, par verticilles de 4 ; fleurs blanchâtres. ♃. Environs de Rouen, de Paris, Lyonnais, etc.

FAMILLE 47. VALÉRIANÉES (*Valerianeœ*, JUSS.).

Calice à plusieurs petites dents, roulées avant la fructification ; corolle tubuleuse à 5 divisions, souvent inégales, 1-5 étamines ; ovaire infère, surmonté par un style à 1-3 stygmates ; fruit capsulaire indéhiscent, couronné par les dents du calice qui se déroulent en aigrettes plumeuses ; embryon droit ; périsperme nul. Plantes herbacées, à feuilles opposées.

Genre VALÉRIANE (*Valeriana*, LINNÉ).

Calice à dents roulées et se déroulant en aigrettes après la fructification ; corolle sans éperon, infundibuliforme, à 5 divisions un peu inégales ; 3 étamines ; capsule uniloculaire.

Espèce 1. VALÉRIANE OFFICINALE (*Valeriana offici-nalis*, L. sp. 45).

Tige cannelée, rameuse, haute de 2-4 pieds ; toutes les feuilles ailées, à folioles légèrement velues, dentées ; fleurs blanches ou rougeâtres, en corymbe. ♃. Sa racine, d'une odeur très forte, est un puissant anti-hystérique et emménagogue.

2. VALÉRIANE PHU (*T. phu*, L. sp. 45).

Tige lisse, fistuleuse, rameuse au sommet, haute de 4-6 pieds ; feuilles radicales entières, ovales-oblongues ; caulinaires ailées, à folioles lancéolées ; fleurs blanches, en corymbe. ♃. Croît dans les montagnes, en Alsace, en Allemagne.

3. VALÉRIANE DES PYRÉNÉES (*V. Pyrenaica*, L. sp. 46).

Tige simple, haute de 2 pieds ; feuilles cordiformes, pétiolées, dentées, les supérieures ternées, à impaire très grande ; fleurs blanches, paniculées. ♃. Lieux humides des Pyrénées : je l'ai reçue de Bagnères.

4. Valériane a trois ailes (*V. tripteris*, L. sp. 45).

Tige presque simple, feuillée, haute de 12-18 pouces ; feuilles radicales cordiformes, pétiolées, dentées ; caulinaires courtement pétiolées, formées de trois divisions longues, lancéolées, dentées, impaire plus grande ; fleurs blanches ou rougeâtres, paniculées. ♃. Alpes du Dauphiné, de la Provence; assez commune.

5. Valériane de montagne (*V. montana*, L. sp. 45).

Tige simple, haute de 12-18 pouces ; feuilles radicales pétiolées, caulinaires sessiles, toutes ovales-oblongues; fleurs rougeâtres, paniculées. ♃. Commune dans les lieux couverts des montagnes.

6. Valériane tubéreuse (*V. tuberosa*, L. sp. 46).

Racine napiforme ou fusiforme ; tige glabre, haute de 8-15 pouces ; feuilles glabres, les radicales ovales-lancéolées; très entières, un peu pétiolées ; les caulinaires pinnatifides, à lobes linéaires; fleurs d'un blanc rougeâtre. ♃. Alpes de Provence, du Piémont, du Dauphiné; montagnes du Languedoc?

7. Valériane hétérophylle (*V. heterophylla*, Lois. fl. g. p. 22. *V. globulariæfolia*, DC.).

Tige haute de 8-15 pouces ; feuilles radicales pétiolées, ovales-obtuses, entières ; caulinaires pinnatifides, à lobes oblongs, linéaires; fleurs blanches ou rougeâtres, en corymbe serré; bractées simples. ♃. Hautes-Pyrénées.

8. Valériane nard-celtique (*V. celtica*, L. sp. 46).

Racine très odorante ; tige grêle, haute de 6-12 pouces ; feuilles radicales entières, ovales-oblongues, obtuses; caulinaires peu nombreuses, obtuses, linéaires; fleurs blanches ou rougeâtres. ♃. Croît en Dauphiné;

dans le Valais; sur le Mont-Cénis. La racine du nard-céltique était autrefois employée en médecine.

9. VALÉRIANE SALIUNCA (*V. saliunca*, ALL. ped. n. 9. t. 10).

Racine grosse, ligneuse; tige couchée, en touffe comme une globulaire, longue de 2-4 pouces; feuilles glauques, très glabres, les radicales oblongues, entières, obtuses; les caulinaires lancéolées, linéaires; fleurs rosées, en tête arrondie, entremêlées de bractées. ♃. Alpes du Dauphiné, de la Suisse, du Piémont. Je l'ai trouvée en quantité sur le Lautaret. La *Valeriana supina*, L., qui croît en Tyrol, en Suisse, a les feuilles ciliées, ce qui la distingue de la précédente.

10. VALÉRIANE DES ROCHES (*V. saxatilis*, L. sp. 46).

Tige haute de 12-15 pouces; feuilles radicales denticulées, trinervées, ovales ou oblongues, ciliées sur les bords; les caulinaires entières, sessiles, linéaires-lancéolées; fleurs blanches ou rougeâtres, paniculées. ♃. Croît en Provence, dans le pays de Nice, en Allemagne.

11. VALÉRIANE DIOÏQUE (*V. dioica*, L. sp. 44).

Tige droite, presque simple; feuilles radicales pétiolées, ovées, celles de la tige pinnatifides, à folioles très entières, la terminale très grande; fleurs les unes mâles, les autres femelles, blanches ou purpurines, en corymbe serré. ♃. Commune dans les prés marécageux.

Genre CENTRANTHE (*Centranthus*, DC. *Valeriana*, L.).

Ce genre ne se distingue du précédent, que parce que ses fleurs n'ont qu'une seule étamine, et que la corolle se prolonge en un éperon plus ou moins long.

Espèce 1. CENTRANTHE ROUGE (*Centranthus ruber*, DC. *Valeriana rubra α*, L. sp. 44).

Tige lisse, rameuse, haute de 2-3 pieds; feuilles

glauques, très glabres, larges, ovales-lancéolées; fleurs rouges, en panicule ou en corymbe terminal. ♃. Croît sur les murs et dans les terrains pierreux du centre et du midi. Cultivé dans les jardins, sous le nom de *Behen rouge.*

2. CENTRANTHE A FEUILLES ÉTROITES (*C. angustifolius,* DC. *Val. angustifolia*, ALL. ped. *Val. rubra,* β, L.).

Cette espèce a le même port que la précédente; mais toutes ses feuilles sont linéaires-aiguës, très étroites; ses fleurs sont d'un rouge plus clair. ♃. Elle croît sur les coteaux pierreux et chauds du Dauphiné, de la Lozère, de la Côte-d'Or, etc.

3. CENTRANTHE CHAUSSE-TRAPE (*C. calcitrapa,* DC. suppl. *Val. calcitrapa,* L. sp. 44).

Tige lisse, rameuse, haute de 1-2 pieds; feuilles pinnatifides, molles; fleurs rouges ou blanches, en corymbe; corolle à éperon peu prononcé, très court. ♃. Commun dans les lieux pierreux du Midi.

Genre FÉDIE (*Fedia*, MOENCH. *Valeriana*, L.).

Limbe du calice droit, à 2 lobes échancrés; corolle sans éperon, à 5 lobes inégaux; 2 étamines; ovaire triloculaire; capsule charnue, à 3 loges, souvent monoloculaire par avortement.

Espèce: FÉDIE CORNE D'ABONDANCE (*Fedia cornucopiæ,* GOERT. fr. 2. p. 36. *Val. cornucopiæ,* L.).

Port d'une mâche; tige épaisse, rameuse, haute de 10-15 pouces; feuilles sessiles, ovales, obtuses, denticulées à la base; fleurs rougeâtres, en corymbe serré. ☉. Provence? Italie.

Genre MACHE (*Valerianella*, VAILL. *Valeriana*, L.).

Calice à 5-6 dents très petites; corolle tubuleuse, à 5 lobes réguliers, sans éperon; 3 étamines; capsules à 3 loges, dont 2 souvent avortées, non plumeuses; nue ou couronnée par les dents calicinales.

Espèce 1. Mache cultivée (*Valerianella olitoria*, Mœnch. meth. 493. *Val. locusta a*, L.).

Tige dressée, dichotome, velue à la base, haute de 6-8 pouces; feuilles entières ou un peu dentées, linéaires-lancéolées; fleurs blanches ou bleuâtres, terminales; fruit nu. ☉. Commune dans les lieux cultivés.

2. Mache dentée (*V. dentata*, DC. fl. fr. 3331).

Tige ferme, dichotome, pubescente dans le bas, haute de 10-15 pouces; feuilles entières, lancéolées; fleurs terminales, d'un blanc bleuâtre ou violâtre; fruit couronné par 3 petites dents. ☉. Croît dans les moissons.

3. Mache carénée (*V. carinata*, Lois. not. 149).

Se distingue de l'*olitoria* par ses fruits plus allongés, et marqués d'une impression en forme de carène. ☉. Croît dans les moissons aux environs de Paris, de Rouen, de Montpellier, etc.

4. Mache auriculée (*V. auricula* DC. fl. fr. suppl. 3331ᵇ).

Tige dressée; haute d'un pied; feuilles inférieures oblongues-obtuses; les supérieures oblongues-aiguës et munies de 2-3 dents; fruit couronné; limbe du calice formant une dent allongée en oreille droite. ☉. Environs de Montpellier. Probablement variété de la précédente.

5. Mache mixte (*V. mixta*, L. sp. vég. 82).

Tige dressée, glabre, dichotome, un peu tétragone, ciliée sur les angles; feuilles étroites, oblongues, offrant une ou deux dents à leur base; fleurs blanches, terminales; fruit couronné par 4-5 dents très petites. ☉. Parmi les moissons en Languedoc, en Provence.

6. Mache a fruit velu (*V. eriocarpa*, Desv. journ. bot. 2. p. 314).

Se distingue de la *mixta* par une taille plus petite,

par ses feuilles presque toujours entières, celles de la base plus larges, les supérieures étroites, enfin par son fruit couronné par 6 petites dents, et velu sur les angles. ⊙. Croît aux environs de Paris, en Anjou, en ' Languedoc, etc. On la cultive souvent.

7. MACHE VÉSICULEUSE (*V. vesicaria*, MOENCH. meth. 493).

Très distincte par ses feuilles dentelées, et particulièrement par son fruit vésiculeux, membraneux, et couronné par 6 dents réfléchies en dedans. ⊙. Croît en Dauphiné, Italie.

8. MACHE COURONNÉE (*V. coronata*, DC. fl. fr. 3333).

Tige dichotome, hauté de 1-2 pieds; feuilles lancéolées, dentées, les supérieures semi-pinnatifides; fleurs blanches, terminales; fruits velus, terminés par 6-10 dents. ⊙. Parmi les moissons dans le Midi.

9. MACHE PUBESCENTE (*V. pubescens*, MÉRAT, fl. par. t. 2. p. 213).

Tige pubescente inférieurement, haute de 10-15 pouces; feuilles inférieures semi-pinnatifides; supérieures linéaires, entières; fleurs blanches; fruits pubescens. ⊙ Assez commune dans les moissons entre Neuilly et Saint-Germain.

10. MACHE EN DISQUE (*V. discoidea*, LOIS. not. 148).

Se distingue de la *coronata* par sa tige très glabre, et surtout par ses fruits à 10-12 dents pointues, ouvertes en forme de roue. ⊙. Provence, Languedoc.

11. MACHE EN HAMEÇON (*V. hamata*, DC. suppl. 3333 b).

Se distingue de la précédente par ses feuilles étroites linéaires, offrant seulement une ou deux dents, et surtout par les dents qui couronnent le fruit, qui sont subulées, crochues à leur extrémité. ⊙. Croît en Anjou. (BAST.)

12. MACHE HÉRISSÉE (*V. echinata*, DC. *Val. echi-*
nata, L. sp. 47).

Tige dichotome; feuilles lancéolées, dentées, sessiles; fleurs blanchâtres; fruits munis de trois dents
fortes, piquantes, dont une plus longue, recourbée.
⊙. Provinces méridionales.

13. MACHE NAINE (*V. pumila*, WILLD. sp. DC. fl. fr.).

Tige grêle, striée, dichotome, haute de 6-10 pouces;
feuilles inférieures dentées; supérieures linéaires multifides; fruits lisses, à 3 dents très petites, et portant
une petite impression carénée. ⊙. Croît en Anjou et
dans les départemens méridionaux.

FAMILLE 48. DIPSACÉES (*Dipsaceæ*, JUSS.).

Fleurs terminales, réunies en tête sur un réceptacle
commun, et entourées par un involucre à plusieurs
folioles; calice double; corolle monopétale, à 4-5
dents; 4 étamines à anthères biloculaires à 4 sillons;
ovaire infère surmonté par un style à un stigmate;
fruit monosperme, indéhiscent, couronné par le calice; embryon droit, périsperme nul. Plantes herbacées, à feuilles opposées.

Genre CARDÈRE (*Dipsacus*, LIN.).

Réceptacle hérissé de paillettes longues et épineuses;
calice double, entier sur les bords, persistant; corolle à 4 lobes; 4 étamines saillantes; graine anguleuse.

Espèce 1. CARDÈRE VELUE (*Dipsacus pilosus*, L. sp.
141).

Tige rameuse, cannelée, haute de 4-5 pieds; feuilles
opposées, pétiolées, presque connées, appendiculées
à la base, les radicales pétiolées; fleurs en petites
têtes arrondies, à corolle blanche et étamines noires.
♂. Croît au bord des fossés humides : on l'appelle
vulgairement *verge de pasteur*.

2. Cardère laciniée (*D. laciniatus*, L. sp. 141).

Tige droite, ferme, un peu rameuse, garnie de petites épines; feuilles opposées-connées, sinuées ou laciniées; fleurs en tête, oblongues, à paillettes un peu courbées. ♂. Alsace, Bourgogne, Dauphiné, Italie, etc.

3. Cardère a foulon (*D. fullonum*, Mill. D. n. 2.
Dips. fullonum β, L.).

Tige cannelée, dressée, ferme, un peu rameuse, haute de 3-4 pieds, garnie d'aiguillons forts; feuilles connées, formant autour des tiges des entonnoirs qui conservent l'eau; fleurs en têtes oblongues, à paillettes fortes, aiguës et recourbées en crochet. ♂. Cultivée sous le nom de *chardon à foulon, à bonnetier*.

4. Cardère sauvage (*D. sylvestris*, Mill. D. n. 1.
Dips. fullonum α, L.).

Diffère de la précédente par ses feuilles plus longues, et surtout par les paillettes qui sont droites et non en crochet. ♂. Commune au bord des chemins et des haies.

5. Cardère féroce (*D. ferox*, Lois. fl. gall. 719. t. 3).

Tige droite, peu rameuse, haute de 1 pied, hérissée d'aiguillons coniques très serrés; feuilles radicales ovales-oblongues, rétrécies à la base, un peu dentelées; les caulinaires oblongues, semi-pinnatifides. ♂. Corse.

Genre SCABIEUSE (*Scabiosa*, Linn.).

Involucre ou calice commun à plusieurs feuilles, sur un ou plusieurs rangs; réceptacle garni de paillettes convexes; calice particulier double; l'extérieur persistant; corolle à 4-5 divisions inégales; 4-5 étamines; fruits comprimés, ovoïdes, couronnés par le calice.

* *Espèces à corolle quadrifide.*

Espèce 1. SCABIEUSE DES ALPES (*Scabiosa Alpina*, L. sp. 141).

Tige velue, ferme, rameuse, haute de 4-6 pieds; feuilles ailées, à folioles lancéolées, dentées, la terminale plus grande; fleurs jaunes, en tête, presque globuleuses, hérissées de paillettes velues. 2. Alpes du Dauphiné, de la Provence : je l'ai recueillie à la Grande-Chartreuse.

2. SCABIEUSE CENTAURÉE (*S. centauroides*, LAM. ill. n. 1312).

Tige velue, rameuse, haute de 3-4 pieds; feuilles radicales pétiolées, entières ; les autres grandes, ailées, pinnatifides : lobe terminal plus-grand; fleurs jaunes, en tête, ovoïdes, sans involucre distinct, à corolle à 4 divisions égales. 2. Alpes de Provence. (Rare.)

3. SCABIEUSE A FLEURS BLANCHES (*S. leucantha*, L. sp. 142).

Se distingue de la *centauroides* par ses fleurs blanches, par sa tige plus haute et ses feuilles toutes pinnatifides, etc. 2. Croît aux environs de Montpellier, en Provence, en Italie, en Espagne.

4. SCABIEUSE DE SYRIE (*S. Syriaca*, L. sp. 141).

Tige rameuse, velue, haute de 4-5 pieds ; feuilles dentées en scie, entières ou lancéolées; fleurs d'un bleu rougeâtre, pédonculées ou sessiles à la dichotomie; point d'involucre général. 2. Environs de Nîmes. (Rare.) Près de cette espèce on doit placer la *scab. Transylvanica*, à feuilles radicales lyrées, les caulinaires pinnatifides; elle croît en Transylvanie, en Italie. Elle est aussi indiquée en Provence. Les espèces précédentes font partie du genre *Cephalaria*; SCHR.

5. SCABIEUSE SUCCISE (*S. succisa*, L. sp. 142).

Racine tronquée à son extrémité; tige feuillée, rameuse; velue, haute de 2-4 pieds ; feuilles radicales pétiolées ; caulinaires sessiles, lancéolées, un peu dentées; supérieures linéaires; fleurs bleues, en tête. ♃. Commune à l'automne, dans les bois et les pâturages humides.

6. Scabieuse des champs (*S. arvensis*, L. sp. 143).

Tiges rameuses, velues, ainsi que les feuilles, qui sont pinnatifides, à lanières quelquefois incisées (rarement les feuilles sont entières); fleurs blanches, en tête; corolles extérieures inégales. ♃. Commune partout dans les champs. Cette espèce et les quatre suivantes sont du genre *Knautia*, Coult.

7. Scabieuse des collines (*S. collina*, DC. sup. 3301).

Tiges velues, rameuses; feuilles radicales, velues, pinnatifides, à 7-9 lobes oblongs; fleurs pourpres. ♃. Collines du Roussillon, environs d'Avignon. La *scab. hybrida*, All. ped., a les feuilles inférieures lyrées, avec le lobe terminal arrondi; les supérieures sont oblongues; elle croît en Italie et en Provence.

8. Scabieuse des forêts (*S. sylvatica*, L. sp. 142).

Tige rameuse, feuillée, poilue, haute de 2-3 pieds; feuilles grandes, ovales, dentées; fleurs grandes, d'un bleu rougeâtre. ♃. Commune dans les prés des montagnes.

9. Scabieuse a longues feuilles (*S. longifolia*, pl. rar. hung. 1. p. 4. t. 5).

Diffère de la précédente par ses feuilles non dentées et sa tige glabre : elle en est bien peu distincte. ♃. Croît dans le Jura, en Hongrie.

10. Scabieuse a feuilles entières (*S. integrifolia*, L. sp. 142).

Tige légèrement velue, rameuse, haute de 2 pieds; feuilles inférieures spatulées, pinnatifides à leur base; feuilles caulinaires lancéolées, ciliées, denticulées; fleurs en petites têtes rougeâtres. ☉. Provinces méridionales : la *scabiosa amplexicaulis*, L., qui croît en Suisse, a toutes les feuilles très entières.

✱✱ Espèces à corolle quinquéfide.

11. SCABIEUSE COLOMBAIRE (*S. columbaria*, L. sp. 143).

Tige rameuse, branchue, presque glabre, haute de
2 - 3 pieds ; feuilles radicales ovales, crénelées ou
ciliées, les caulinaires pinnatifides, celles du sommet linéaires ; fleurs d'un bleu cendré ; fruits à 8
cannelures. ♃. Commune sur tous les coteaux calcaires.

12. SCABIEUSE DE GRAMONT (*S. Gramuntia*, L.
sp. 143).

Très peu distincte de la *columbaria* ; elle en diffère
par ses feuilles caulinaires bipinnées, à lobes très
grêles ; le reste comme dans la précédente. ♃. Départemens du Midi.

13. SCABIEUSE LUISANTE (*S. lucida*, VILL. dauph. 2.
p. 293).

Diffère de la *columbaria* par sa tige et ses feuilles
glabres et même luisantes ; le reste comme dans la
columbaria. ♃. Elle croît dans les montagnes du
Dauphiné.

14. SCABIEUSE ODORANTE (*S. suaveolens*, DESF. cat.
hort. par. 110).

Voisine de la *columbaria* ; tige haute d'un pied, pubescente ; feuilles radicales lancéolées, entières ; caulinaires lancéolées, pinnatifides, à lobes linéaires
entiers, nœuds de la tige verts ; fleurs d'un bleu
cendré, odorantes ; bractées spatulées et non linéaires.
♃. Dans les lieux secs, à Fontainebleau. La *scab. ur-*
ceolata, DESF., croît en Sardaigne.

15. SCABIEUSE DES PYRÉNÉES (*S. Pyrenaica*, ALL.
ped. n. 512).

Voisine de la *columbaria* ; s'en distingue par ses
fruits turbinés, non marqués de 8 cannelures, et par
les poils grisâtres qui couvrent tout le bas de la plante ;

le reste comme dans son analogue. ♃. Lieux rocailleux, des montagnes.

16. SCABIEUSE VELOUTÉE (*S. holosericea,* BERTOL. dec. 3. p. 49).

Voisine de la *columbaria ;* plante toute couverte d'un duvet blanc, cotonneux, soyeux, très abondant ; feuilles inférieures ovales-oblongues., dentées ou entières ; caulinaires pinnatifides ; pédoncules très longs ; corolle velue en dehors. ♃. Pic d'Ereslids, Italie, Carare (De Cand.). Toutes ces espèces ne sont peut-être que des modifications de la *columbaria.*

17. SCABIEUSE TRÈS MOLLE (*S. mollissima,* DC. suppl. 3308b).

Très voisine de la *pyrenaica ;* plante couverte d'un duvet velouté blanc ; feuilles radicâles, ovales-oblongues, dentées ; supérieures bipinnées ; folioles de l'involucre linéaires ; têtes de fleurs quelquefois prolifères. ♃. Provence, Italie.

18. SCABIEUSE JAUNATRE (*S. ochroleuca,* L. sp. 146).

Ressemble encore à la *columbaria ;* tige rameuse, haute de 1-2 pieds, grêle ; folioles connées, profondément pinnatifides, à découpures linéaires ; fleurs d'un jaune pâle. ♃. Départemens du Midi.

19. SCABIEUSE MARITIME (*S. maritima,* L. amœn. 4. p. 304).

Tige droite, presque glabre, grêle, rameuse ; feuilles radicales pinnatifides, à lobes oblongs, incisées ; caulinaires linéaires, étroites ; fleurs en petite tête, d'un bleu cendré. ♃. Languedoc. La *scabiosa sicula,* L., a les feuilles inférieures lyrées et les supérieures pinnatifides. Elle croît en Sicile.

20. SCABIEUSE DE GMELIN (*S. Gmelini,* ST.-HIL. bul. phil. n. 61. *S. Ukranica,* DC. GMEL.).

Tige rougeâtre, grêle ; haute de 1-2 pieds, velue ; feuilles inférieures pinnatifides, supérieures à 3-5 découpures, terminales, linéaires, velues ; fleurs jaunâtres, blanchâtres ou bleuâtres, en petites têtes; folioles de l'involucre longues, linéaires. ♃. Environs de Paris, à Roncevaux (St.-Hil.). Italie, Hongrie.

21. Scabieuse étoilée (*S. stelláta*, L. sp. 144).

Tige velue, rameuse, haute de 2 pieds; feuilles molles, velues, profondément pinnatifides, à lobes incisés; fleurs grandes, blanches; semences en tête, globuleuses, velues, à aigrettes campaniformes, au milieu de laquelle il y a une étoile noirâtre. ⊙. Lieux maritimes de la Provence, de l'Italie, de l'Espagne. La *S. Monspeliensis*, Jacq., est une variété de la précédente.

22. Scabieuse a tige simple (*S. simplex*, Desf. atl. 1: p. 125).

N'est probablement qu'une variété de la précédente; elle n'en diffère que parce qu'elle a constamment la tige simple et une seule tête de fleurs. ⊙. Alpes, Espagne.

23. Scabieuse graminée (*S. graminifolia*, L. sp. 118).

Tige haute de 12-15 pouces, uniflore; blanchâtre; feuilles linéaires, longues, d'un blanc soyeux; fleur grande, terminale. ♃. Croît au pied du Lautaret, à Saint-Eynard, etc., en Dauphiné; en Provence, en Piémont.

Genre PANICAUT (*Eryngium*, Linné).

Calice à 5 folioles sétacées, persistantes; corolle de 5 pétales, 5 étamines à filet d'abord courbé; 2 pistils; fruit ovoïde-oblong, écailleux, couronné par 5 dents épineuses; fleurs en tête, entremêlées de paillettes épineuses.

Espèce 1. Panicaut des champs (*Eryngium campestre*, L. sp. 337).

Tige diffuse, très branchue, haute de 8-12 pouces; feuilles coriaces, les radicales bipinnées, à folioles décurrentes, obtuses; fleurs blanches. ♃. Commun au bord des chemins. Cette plante, appelée *chardon roland*, est employée comme diurétique.

2. PANICAUT MARITIME (*E. maritimum*, L. sp. 337). ✓

Tige blanchâtre, branchue, feuillée, haute de 2 pieds; feuilles inférieures pétiolées, larges-arrondies, coriaces, plissées, à dents épineuses; les caulinaires trilobées. ♃. Fleurs blanches. Bord de l'Océan et de la Méditerranée. •

3. PANICAUT DE BOURGAT (*E. Bourgati*, GOUAN. ill. p. 7. t. 3.).

Tige glabre, violette supérieurement, haute de 2 pieds; feuilles épineuses, très découpées, à lobes divergens, les radicales arrondies, ternées; involucre d'un beau bleu. ♃. Pyrénées.

4. PANICAUT ÉPINE-BLANCHE (*E. spina-alba*, VILL., dauph. 2. t. 17)

Tige glabre, branchue, haute de 1-2 pieds; feuilles roides, coriaces, épineuses, très découpées; les radicales digitées; têtes de fleurs très grosses, ovoïdes; involucre bleuâtre, pinnatifide. ♃. Alpes du Dauphiné, de la Provence.

5. PANICAUT DES ALPES (*E. Alpinum*, L. sp. 337).

Tige droite, feuillée, simple, haute de 2 pieds; feuilles radicales cordiformes, entières; caulinaires découpées, épineuses; fleurs grosses, oblongues; involucre d'un bleu violet, pinnatifide, cilié. ♃. Alpes.

6. PANICAUT PLANE (*E. planum*, L. sp. 336).

Tige simple, feuillée, haute de 2 pieds; feuilles radicales, cordiformes-elliptiques, pétiolées, planes, dentées; fleurs bleuâtres; folioles de l'involucre étroites. ♃. Alpes de Provence, Italie.

Ce genre, que la plupart des botanistes placent à la suite des ombellifères, me semble avoir une certaine affinité avec les dipsacées : je crois cependant qu'il pourra devenir le type d'une nouvelle famille.

Composées ou Synanthérées, Rich.

Groupe nombreux du règne végétal dans lequel on réunit toutes les plantes qui ont entre elles un grand trait de ressemblance, dont toutes les fleurs sont réunies dans un calice commun, et dont chaque petite fleur a les anthères soudées en un seul faisceau.

Les fleurs particulières sont petites, hermaphrodites, unisexuées ou neutres, réunies en tête, portées sur un plateau charnu, dans la substance duquel elles sont souvent nichées dans des alvéoles. A l'extérieur, elles sont entourées par une ou plusieurs rangées d'écailles, quelquefois épineuses, qui constituent un involucre. Chaque petite fleur a une corolle monopétale régulière, irrégulière ou infundibuliforme, 5 étamines soudées par leurs anthères : ovaire infère à une seule loge, surmonté d'un style qui traverse le tube formé par les anthères, et que termine un stigmate bifide. Le fruit est un akène tantôt nu, tantôt aigretté : embryon droit; périsperme nul. Plantes herbacées, rarement frutescentes. Cette grande section se partage en 3 familles. Comprises dans la *syngénésie* de Linné.

FAMILLE 49. **CHICORACÉES** (*Chicoraceæ*, Juss. SEMI-FLOSCULEUSES, Tourn.).

Toutes les petites fleurs hermaphrodites, terminées en languette, dépourvues de calice propre; feuilles alternes; plantes lactescentes.

† Graine sans aigrette.

Genre **LAMPSANE** (*Lapsana*, Linné).

Involucre simple, avec des écailles à la base, formant un calicule; réceptacle nu; graines lisses, sans aigrettes.

Espèce 1. **Lampsane commune** (*Lapsana communis*, L. sp. 1141).

Tige droite, velue, rameuse, striée; feuilles pubescentes, les inférieures lyrées, à lobe terminal, arrondi, anguleux, à dents simples; supérieures ovées; fleurs jaunes, nombreuses, disposées en panicule; pédoncules rameux, glabres, ainsi que le calice. ☉. Commune dans les lieux cultivés.

2. LAMPSANE FÉTIDE (*L. fœtida*, Scop. carn. n. 989. *Hyoseris fœtida*, L.).

Tige dressée, glabre, haute de 6-8 pouces; feuilles radicales, glabres, un peu étroites, pinnatifides, et ayant des lobes nombreux, pointus; fleur jaune, terminale. ♃. Cette plante ressemble au pissenlit. Alpes, Piémont.

3. LAMPSANE TRÈS PETITE (*L. minima*, LAM. D. 3. p. 414. *Hyoseris minima*, L.).

Tige grêle, branchue, à rameaux renflés supérieurement; feuilles radicales, ovales-oblongues, denticulées; fleurs petites, d'un jaune pâle. ☉. Habite les pâturages secs et les lieux sablonneux.

Genre RHAGADIOLE (*Rhagadiolus*, Juss. *Lapsana*, L.).

Involucre caliculé; les folioles internes, enveloppant les graines à la maturité; réceptacle nu; graines sans aigrettes, ne tombant point d'elles-mêmes.

Espèce 1. RHAGADIOLE ÉTOILÉE (*Rhagadiolus stellatus*, GOERTN. fr. 2. p. 354. *Lapsana stellata*, L.).

Tiges pubescentes à la base, rameuses, diffuses, hautes de 2-3 pieds; feuilles caulinaires, lancéolées, dentées; fleurs jaunes, assez petites; graines glabres, formant avec leur réceptacle une espèce d'étoile. ☉. Provinces du Midi.

2. RHAGADIOLE COMESTIBLE (*R. edulis*; GOERTN. fr. 2. p. 354. *Lapsana rhagadiolus*, L. sp.).

Très voisine de la précédente; mais elle est distincte par ses feuilles lyrées, à lobes obtus, avec l'impaire beaucoup plus grand. ☉. Croît en Provence.

†† Graiue couronnée d'une aigrette sessile.

Genre PRENANTHE (*Prenanthes*, LINNÉ).

Involucre double , cylindrique ; réceptacle nu ; graines lisses ; aigrettes simples , sessiles ; têtes de fleurs petites.

Espèce I. PRENANTHE-DES MURS (*Prenanthes.muralis*, L. sp. 1121).

Tige rougeâtre , droite, rameuse , glabre ; feuilles glabres , glauques en dessous , lyrées, pinnatifides , à lobes dentés , le terminal à 5 angles ; fleurs jaunes , petites, paniculées; pédoncules capillaires. ☉. Habite les vieux murs et les lieux ombragés.

2. PRENANTHE A FEUILLE D'ÉPERVIÈRE (*P. hieracifolia*, WILLD. *Crepis pulchra*, L. *Phœcasium lapsanoides*, CASS.

Tige droite, rameuse, velue inférieurement; feuilles radicales oblongues , roncinées, obtuses , hispidiuscules ; caulinaires lancéolées; fleurs jaunes, petites, paniculées. ☉. Croît au bord des chemins, aux environs de Paris, de Rouen, et dans tout le Midi.

3. PRENANTHE OSIER (*P. viminea*, L. sp. 1120. *Phœnixopus decurrens*, CASS.)

Tige visqueuse, branchue, à rameaux divergens ; feuilles décurrentes, les inférieures pinnatifides, lisses, à lobes terminaux grands, les supérieures linéaires ; fleurs jaunes, disposées le long des rameaux. ♃. Dans tous nos départemens méridionaux.

4. PRENANTHE BULBEUX (*P. bulbosa*, DC. *Leontodon bulbosum*, L. *Ætheorisa bulbosa*, CASS.

Racine portant çà et là quelques tuberculés; tige uniflore , glabre , glanduleuse au sommet; feuilles toutes radicales, glabres, lancéolées-oblongues, légèrement dentées; fleur jaune, terminale; involucre glabre. ♃. Pyrénées, environs de Montpellier. (Rare.)

5. Prenanthe pourpre (*P. purpurea*, L. sp. 1121).

Tige rameuse, haute de 4-6 pieds; feuilles oblongues-lancéolées, cordiformes, dentées, embrassantes, glauques en dessous; fleurs purpurines, assez petites, un peu pendantes. ☉. Dans les forêts des montagnes.

6. Prenanthe a feuilles menues (*P. tenuifolia*, L. sp. 1120).

Tige presque simple, haute de 4-5 pieds; feuilles très entières, linéaires, embrassantes, assez étroites; fleurs comme dans la précédente. ♃. Commune dans les bois, en Dauphiné, en Piémont.

Genre CHONDRILLE (*Chondrilla*, Linné).

Involucre simple, cylindrique, écailleux à sa base; réceptacle nu; graines presque épineuses; aigrette simple, stipitée. (Voyez *Atl.*, pl. 66, f. 1.)

Espèce. Chondrille jonc (*Chondrilla juncea*, L. sp. 1120).

Tige droite, très branchue, presque nue, garnie inférieurement d'épines courbes; feuilles radicales roncinées; caulinaires linéaires, rares; fleurs jaunes. ♃. Habite les lieux sablonneux.

Genre LAITERON (*Sonchus*, Linné).

Involucre oblong, renflé à la base, imbriqué; réceptacle nu; graines striées longitudinalement; aigrette simple, sessile.

Espèce 1. Laiteron maritime (*Sonchus maritimus*, L. sp. 1116).

Tige lisse, rameuse au sommet; feuilles indivises, lancéolées, embrassantes, à dents aiguës, dirigées en arrière, pédoncules souvent cotonneux; fleurs jaunes. ♃. Bords de la Méditerranée et de l'Océan.

2. LAITERON TRÈS TENDRE (*S. tenerrimus*, L. sp. 1117).

Tige grêle, rameuse, haute de 12-15 pouces; feuilles bipinnatifides; fleurs jaunes; pédoncules et involucres cotonneux. ☉. Départemens les plus méridionaux.

3. LAITERON DES POTAGERS (*S. oleraceus*, L. sp. 1116).

Tige rameuse, fistuleuse, lisse, très lactescente; feuilles oblongues-lancéolées, embrassantes, comme sinuées, denticulées, munies à la base d'auricules arrondies; fleurs jaunes; involucres cotonneux. ☉. Commun dans les lieux cultivés.

4. LAITERON PECTINÉ (*S. pectinatus*, DC. rapp. 2. p. 78).

Tige glabre, anguleuse; feuilles glabres, lancéolées-oblongues, découpées profondément en lobes réguliers, pointus et arqués en arrière; les supérieures appendiculées à la base; fleurs jaunes, en panicule lâche. ♃. Sables maritimes du Roussillon.

5. LAITERON DES CHAMPS (*S. arvensis*, L. sp. 1116).

Tige creuse, légèrement velue, haute de 3-4 pieds; feuilles roncinées, échancrées en cœur, dentées, ciliées; fleurs jaunes; pédoncules hispides. ♃. Croît dans les champs d'une grande partie de la France.

6. LAITERON DES MARAIS (*S. palustris*, L. sp. 1116).

Tige haute de 2-3 pieds, rameuse du haut, glabre; feuilles sagittées, glabres, roncinées, denticulées; fleurs jaunes, en corymbe; pédoncules et involucres garnis de poils glanduleux, noirâtres. ♃. Croît dans les marais, au bord des fossés.

7. LAITERON DES ALPES (*S. Alpinus*, L. fl. dan. t. 182).

Tige dressée, haute de 4-6 pouces; feuilles roncinées, sagittées à la base, glabres, glauques en dessous; fleurs bleues, munies de bractées et disposées en grappes; pédoncules et involucres pointus. ♃. Cette belle espèce habite les hautes montagnes.

8. Laiteron de Plumier (*S. Plumieri*, L. sp. 1117).

Ressemble un peu au précédent; tige haute de 3-4 pieds; feuilles grandes, roncinées, offrant 4-5 grandes dentelures; fleurs bleues, en espèce de corymbe, munies de bractées; pédoncules et involucres glabres. ♃. Lieux ombragés des hautes montagnes.

Genre LAITUE (*Lactuca*, Linné).

Involucre cylindrique, imbriqué de folioles membraneuses sur les bords; graines comprimées, elliptiques, pubescentes au sommet; aigrette simple, stipitée.

* *Tiges et feuilles sans épines.*

Espèce 1. Laitue cultivée (*Lactuca sativa*, L. sp. 1118).

Tige droite, glauque, haute de 2-3 pieds; feuilles inférieures ovales-arrondies, glabres, ondulées, entières; supérieures sessiles, cordiformes; fleurs d'un jaune pâle, petites, paniculées. ☉. Patrie inconnue : cultivée. La *laitue* est très employée comme calmante; la *tridacie* est une espèce d'extrait de laitue montée. La *L. laciniata*, Roth., paraît en être distincte.

2. Laitue vivace (*L. perennis*, L. sp. 1120).

Tige glabre, haute de 2 pieds, rameuse au sommet; toutes les feuilles pinnatifides, à découpures linéaires, dentées du côté supérieur; fleurs d'un bleu pourpre, grandes, paniculées. ♃. Croît dans les vignes et les fentes des rochers. La *lactuca cichoriifolia*, DC. suppl., est peut-être une variété à feuilles oblongues-lancéolées, incisées, dentées, presque entières. Je l'ai trouvée en Dauphiné. Il en est de même de la *lactuca tenerrima*, Pourr. act. toul., qui ne se distingue de la *perennis* que par un port plus grêle et par ses feuilles supérieures, qui sont entières, un peu sagittées. Cette dernière variété croît en Provence. Près de cette espèce doit être placée la *lactuca segusiana*, BALBIS. C'est une espèce piémontaise, qui a les feuilles inférieures roncinées, sessiles, et les supérieures linéaires, sagittées.

** *Tiges ou feuilles épineuses.*

3. LAITUE VIREUSE (*L. virosa*, L. sp. 1119).

Tige droite, rameuse, glabre, avec des piquans à la base; feuilles roncinées-pinnatifides, glabres, denticulées, horizontales, embrassantes et sagittées à la base, obtuses au sommet, à nervures garnies de piquans; fleurs jaunes, paniculées. ♂. Croît sur les murs et dans les lieux secs.

4. LAITUE TRÈS RUDE (*L. asperrima*, MER. fl. p. t. 2. p. 234).

Tige haute de 6-8 pieds, d'un rouge noirâtre, glabre, munie d'aiguillons dans toute sa longueur; feuilles grandes, entières, dentées, ciliées sur les bords, à nervures médianes, aiguillonnées des deux côtés; fleurs petites, jaunes, nombreuses, paniculées. ☉. Trouvée par M. Mérat dans le parc de Bougival, près Paris.

5. LAITUE SCARIOLE (*L. scariola*, L. sp. 1119. *L. sylvestris*, DC.).

Tige rameuse, droite, haute de 2-3 pieds; feuilles pinnatifides-roncinées, denticulées, ciliées, épineuses sur la nervure médiane en dessous, embrassantes, sagittées; fleurs jaunes, paniculées. ♂. Commune au bord des chemins, presque par toute la France.

6. LAITUE A FEUILLES DE SAULE (*L. saligna*, L. sp. 1119).

Tige branchue, dressée, haute de 2-3 pieds; feuilles radicales lancéolées-pinnatifides, glabres, ainsi que les caulinaires, qui sont linéaires, entières, sessiles, un peu sagittées; toutes sont munies de quelques aiguillons sur la nervure médiane; fleurs jaunes, en espèce d'épi. ☉. Au bord des champs et des vignes.

Genre PICRIDIE (*Picridium*, DESF. *Scorzonera*, L.).

Involucre imbriqué, renflé à sa base, à folioles membraneuses, sur les bords ; réceptacle nu ; graines tétragones, un peu courbées, tuberculeuses transversalement; aigrette sessile, à poils simples.

Espèce 1. PICRIDIE VULGAIRE (*Picridium vulgare*, DESF. atl. 2. p. 221. *Sc. picroides*, L.).

Tige peu rameuse, striée, haute de 12-15 pouces; feuilles caulinaires oblongues, presque entières, embrassantes ; radicales roncinées-lyrées ; fleurs jaunes ; pédoncules garnis de squammes cordiformes. ☉. Croît au bord des chemins, dans les départemens les plus méridionaux.

2. PICRIDIE BLANCHATRE (*P. albidum*, DC. *Crepis albida*, VILL. *Paleya albida*, CASS.).

Tige simple, haute de 1-2 pieds, cannelée, pubescente ; feuilles blanchâtres, rudes au toucher, les radicales roncinées-dentées ; les caulinaires oblongues-lancéolées, dentées, demi-embrassantes ; fleurs grandes, d'un jaune pâle. ♃. Cette belle plante habite les Alpes du Dauphiné, de la Provence et du Piémont.

Genre ÉPERVIÈRE (*Hieracium*, LINNÉ).

Involucre imbriqué ; réceptacle nu ou à peine muni de quelques poils épars, très courts ; graines couronnées d'une aigrette sessile, à poils peu nombreux, souvent d'une couleur roussâtre. (V. *Atl.*, pl. 66, f. 3.)

Ce genre est extrêmement nombreux, et les espèces assez difficiles à bien déterminer.

* *Espèces qui ont le port des Léontodons, les hampes nues, presque uniflores; feuilles glabres, jamais glauques ni coriaces.*

Espèce 1. EPERVIÈRE DORÉE (*Heracium aureum*, VILL. dauph. *Leont. aureum*, L.).

Tige grêle, un peu velue au sommet, haute de 10-15 pouces, chargée d'une ou deux feuilles très étroites;

feuilles glabres, lancéolées-spatulées, roncinées, dentées; fleurs d'un jaune rougeâtre. ♃. Prairies des
Hautes-Alpes. Elle est commune sur le Lautaret.

2. EPERVIÈRE RONGÉE (*H. præmorsum*, L. sp. 1126).

Racine courte, tronquée, tige nue, haute de 12-18
pouces; feuilles glabres, ovales, un peu dentées;
fleurs jaunes, assez petites, en une espèce de grappe
dont les supérieures fleurissent les premières. ♃. Environs de Montpellier, Alsace, Lorraine.

3. EPERVIÈRE ORANGÉE (*H. aurantiacum*, L. sp.
1126).

Tige haute de 1-2 pieds, hispide; feuilles oblongues, un peu pointues, velues, hispides; fleurs d'un
orangé très vif, réunies 5-6 au sommet. ♃. Habite
les prairies des Alpes du Dauphiné, de la Savoie, des
Vosges. On la cultive souvent dans les jardins.

4. EPERVIÈRE DES ALPES (*H. Alpinum*, L. sp. 1124).

Tige de 2-6 pouces, très velue; feuilles oblongues,
entières; à peine dentées, velues, un peu pointues;
fleur terminale, jaune, assez grande; involucre très
velu, à écailles fort lâches. ♃. Prairies des Alpes du
Dauphiné, de la Provence, du Piémont, etc.

5. EPERVIÈRE GLABRE (*H. glabratum*, DC. fl. fr.
WILLD.).

Très voisine de l'*alpinum*, dont elle n'est peut-être
qu'une variété; le seul caractère qui l'en sépare con-
siste dans ses feuilles entièrement glabres, lancéolées-
linéaires, pointues. ♃. En Dauphiné, en Piémont. Je
l'ai recueillie sur le Lautaret.

6. EPERVIÈRE DE HALLER (*H. Halleri*, VILL. dauph.
3. p. 104).

Tige portant une seule feuille; feuilles pétiolées,
un peu velues, ovales-oblongues, roncinées, dentées
à la base; 1-3 fleurs jaunes, terminales; involucre

muni de poils noirs. ♃. Prairies des Hautes-Alpes du Dauphiné, de la Savoie et de la Suisse.

7. Epervière naine (*H. pumilum*, Wild. sp. 3. p. 1562).

Tige très courte, portant 2-3 feuilles à sa partie inférieure, hérissée de poils noirâtres; feuilles oblongues, offrant quelques dents et des poils longs; fleur jaune, solitaire; involucre chargé de poils noirâtres. ♃. Habite les rochers des plus hautes montagnes.

** *Espèces qui ont le port des Andryales, couvertes de poils blancs et longs qui rendent leurs feuilles cotonneuses.*

8. Epervière de Schrader (*H. Schraderi*, Schl. cent. exs. n. 82).

Tige nue, velue; feuilles pétiolées-oblongues, très entières, munies de longs poils laineux; fleur jaune, solitaire; involucre lâche, hérissé de poils blancs. ♃. Hautes-Alpes de la Savoie. (Rare).

9. Epervière velue (*H. villosum*, L. sp. 1130).

Tige un peu rameuse, velue, haute de 6-10 pouces, munie de quelques feuilles; les radicales garnies de longs poils, oblongues-lancéolées, dentées; les caulinaires ovales, embrassantes; fleurs jaunes, en petit nombre; involucre lâche, hérissé de poils blancs. ♃. Commune dans les montagnes. Varie beaucoup.

10. Epervière allongée (*H. elongatum*, Lapeyr. abr. 476).

Tige un peu rameuse, velue, munie de quelques feuilles; les radicales velues, oblongues, un peu obtuses, rétrécies en pétiole; caulinaires échancrées en cœur, embrassantes; supérieures lancéolées-ovales; fleurs jaunes, peu nombreuses; involucre très lâche. ♃. Pyrénées orientales. (Lapeyr.)

11. Epervière flexueuse (*H. flexuosum*, Willd. sp. 3. p. 1581).

Tige droite, un peu flexueuse, simple, velue, mu-

nie de quelques feuilles inférieurement; feuilles radicales, glauques, un peu fermes, glabres, oblongues-
lancéolées, dentées; caulinaires sessiles, munies de
quelques poils; fleur jaune, solitaire; involucre hérissé de poils longs. ♃. Alpes du Dauphiné.

12. EPERVIÈRE COTONNEUSE (*H. eriophorum*, St.-Am.
bull. ph. n. 52).

Tige rameuse, extrêmement garnie de poils longs
laineux; haute de 2-3 pieds; feuilles abondamment
cotonneuses; les inférieures lancéolées, un peu dentées; les supérieures ovales, entières; fleurs jaunes, à
pédicelles courts; involucre velu à la base. ♃. Trouvée aux environs de Bordeaux par St.-Amans.

13. EPERVIÈRE COUCHÉE (*H. prostratum*, DC. rapp.
voy. 78).

Tiges couchées, un peu ascendantes, presque simples, velues, longues de 1 pied; feuilles très laineuses, ovales-oblongues, entières, ou à peine dentées;
fleurs jaunes, en panicule lâche; involucres et pédoncules presque glabres. ♃. Trouvée par De Candolle
aux environs de Bayonne.

14. EPERVIÈRE LAINEUSE (*H. lanatum*, Vill. dauph.
Andryala lanata, L. sp. 1137).

Tige dressée, peu rameuse, très laineuse ainsi que
toute la plante; feuilles radicales ovales-oblongues,
sinuées; caulinaires sessiles, lancéolées; fleurs jaunes,
solitaires sur les pédoncules. ♃. Cette belle plante
croît dans les Alpes du Dauphiné, de la Provence,
du Piémont. Je l'ai recueillie au Galibier.

15. EPERVIÈRE FAUSSE (*H. andryaloides*, Lam. D. 2.
p. 364).

Ressemble un peu à la précédente, mais ses feuilles
inférieures sont roncinées, dentées à leur base; le
reste comme dans le *lanatum*. ♃. Elle croît dans les
mêmes lieux.

16. Epervière des roches (*H. saxatile*, Vill. dauph. 3. p. 118).

Hampe courte, garnie de poils noirs; feuilles très laineuses, ovales, entières, un peu sinuées et à peine pétiolées; fleurs jaunes, au nombre de 3-4; involucre glabre. ♃. Pyrénées, Alpes du Dauphiné, de la Provence, du Piémont.

17. Epervière piloselle (*H. pilosella*, L. sp. 1125).

Hampe nue, dressée, pubescente, uniflore; jets rampans et feuillés partant de la racine; feuilles ovales, entières, tomenteuses en dessous, à marge poilue; fleurs d'un jaune brillant; involucres velus, blanchâtres. ♃. Commun au bord des bois, dans les lieux arides. Le *hieracium peleterianum*, Mérat, est une variété à fleurs plus grandes, et à involucre couvert de longs poils soyeux.

18. Epervière auricule (*H. auricula*, L. sp. 1126).

Hampe simple, haute de 12-18 pouces, n'ayant qu'une feuille au milieu; feuilles radicales, oblongues, très entières, glabres en dessous, hérissées de quelques poils en dessus; fleurs jaunes, terminales, rapprochées. ♃. Croît dans les lieux stériles un peu humides. Le *H. dubium*, L., n'en est pas distinct.

19. Epervière a feuilles étroites (*H. angustifolium*, Willd. sp. 3. p. 1565).

Très voisine de la précédente; hampe trois fois plus longue que les feuilles, chargée de quelques poils; feuilles en rosette, presque sessiles, oblongues, obtuses ou un peu pointues, garnies de poils épars, longs et soyeux; fleurs jaunes, réunies 3-4; involucres hérissés de poils noirs. ♃. Pyrénées; dans les Alpes de la Savoie, à Chamouny.

20. Epervière a tige courte (*H. breviscapum*, DC. suppl. 2914b).

, Hampe de la longueur des feuilles, cotonneuse, garnie de poils soyeux au sommet; feuilles oblongues-

linéaires, très entières, obtusiuscules, munies de
poils longs sur les deux faces.; fleurs jaunes, réunies
3-5; involucres chargés de longs poils soyeux. ♃. Pelouses sèches des Pyrénées orientales.

21. Epervière en cyme (*H. cymosum*, L. sp. 1126). ﹀

Tige haute de 12-18 pouces, garnie de quelques
feuilles ; feuilles oblongues-lancéolées, entières, hérissées de poils longs ; fleurs jaunes, assez petites, réunies 15-20 en un corymbe serré ; involucres hérissés
de longs poils glanduleux au sommet. ♃. Assez commune dans les prairies des Alpes du Dauphiné.

22. Epervière des collines (*H. collinum*, DC. suppl.
H. cymosum, Willd. sp.).

Peut-être une variété de la précédente; racine émettant des jets rampans ; tige haute de 10-15 pouces,
garnie inférieurement de poils blancs soyeux, et de
poils noirs au sommet ; feuilles oblongues-lancéolées ;
fleurs petites, jaunes, réunies 15-20; pédicelles hérissés ; involucres velus, noirâtres. ♃. Hautes-Alpes.
Je l'ai trouvée à Villars-Eymont.

23. Epervière élancée (*H. præaltum*, Vill., voy.
t. 2, f. 1).

Racine sans jets rampans ; tige haute de 12-15 pouces ; feuilles presque glabres, lancéolées-linéaires,
aiguës, très entières ; feuilles caulinaires, linéaires,
au nombre de 2-3 ; fleurs petites, jaunes, en corymbe
lâche ; involucres hérissés ; pédoncules rameux. ♃.
Fréquente dans les prairies des Alpes du Dauphiné.

24. Epervière fausse-piloselle (*H. piloselloides*,
Vill. dauph. 3. p. 100).

Point de jets rampans ; tige glabre, grêle, haute de
8-15 pouces, portant 2-3 feuilles ; feuilles radicales,
courtes, pointues, oblongues-linéaires, très entières,
hérissées de poils épars ; fleurs jaunes, nombreuses,
très petites, en panicule lâche ; involucres presque
glabres. ♃. Alpes du Dauphiné.

25. EPERVIÈRE TROMPEUSE (*H. fallax*, WILLD. enum. 822. *H. cymosum*, POLL.).

Point de jets rampans; tige grêle, haute de 8-15 pouces; feuilles radicales, rétrécies à leur base, ovales-oblongues, hérissées de poils nombreux; fleurs jaunes, petites, nombreuses, paniculées; involucres presque glabres; pédicelles cotonneux. ♃. Prairies élevées des Alpes.

26. EPERVIÈRE HYBRIDE (*H. hybridum*, VILL., voy. t. 2, f. 1).

Point de jets rampans; tige haute d'un pied, portant 1-2 feuilles; feuilles radicales, oblongues, très entières, très velues, rétrécies à leur base; 2-3 fleurs terminales; involucre hérissé de poils blancs. ♃. Je l'ai recueillie dans les Hautes-Alpes. Le *H. brachiatum*, BERT.; en diffère par ses jets rampans. Il croît en Italie.

27. EPERVIÈRE A FEUILLES DE STATICE (*H. staticæfolium*, VILL. dauph. 3. p. 116).

Tige haute de 6-12 pouces, grêle, striée, un peu rameuse; feuilles glabres, lancéolées-linéaires, un peu dentées, d'un vert glauque; fleurs d'un jaune pâle; folioles de l'involucre noirâtres. ♃. Très commune dans les sables au bord des torrens; à Lyon au bord du Rhône, etc.

28. EPERVIÈRE A FEUILLES DE POIREAU (*H. porrifolium*, L. sp. 1128).

Tige grêle, haute de 10-15 pouces, striée, rameuse, presque nue; feuilles linéaires, entières, très glabres; fleurs jaunes, petites; involucres pulvérulens, ♃. Je l'ai trouvée à la Grave, dans les Alpes. Rare. Commune en Autriche, en Hongrie. Très peu distincte de la suivante.

29. Epervière glauque (*H. glaucum*, All. ped.
n. 781, t. 28).

Tige rameuse, velue inférieurement, garnie de
feuilles; feuilles glauques, sessiles, lancéolées, un peu
dentées, atténuées aux deux extrémités, hérissées sur
la nervure médiane; fleurs jaunes; pédicelles longs,
écailleux. ♃. Hautes-Alpes du Dauphiné, du Piémont.

30. Epervière des rocailles (*H. rupestre*, All. auct.
p. 12. t. 1. f. 2).

Tige simple, portant une seule feuille ; feuilles lancéolées, roncinées-dentées, munies de poils épars en
dessous; fleurs jaunes, solitaires ou au nombre de 2-3 ;
involucre hérissé. ♃. Alpes voisines du Piémont, Italie. Les espèces de cette division sont difficiles à distinguer, et il existe à leur égard une grande confusion
dans les auteurs.

*** *Espèces à tige feuillée, à involucre le plus ordinairement
hérissé de poils noirs.*

31. Epervière faux-melinet (*H. cerinthoides*, L.
sp. 1129).

Tige simple, garnie de poils blancs, cotonneux ;
feuilles molles, poilues, denticulées, les radicales obovées, un peu spatulées; caulinaires ovales, embrassantes; fleurs jaunes, en corymbe. ♃. Alpes, Pyrénées. Nous l'avons trouvée au Bourg-d'Oysans, ainsi
que la suivante.

32. Epervière faux-prenanthe (*H. prenanthoides*,
Vill. dauph. 3. p. 108).

Cette belle espèce est d'une consistance faible, cotonneuse; tige grêle, dressée, simple, à rameaux divergens au sommet, haute de 2-3 pieds; feuilles lancéolées-cordiformes, embrassantes, denticulées ;
fleurs jaunes, petites, paniculées. Elle varie pour la
grandeur des fleurs et la forme de la tige. ♃. Alpes
du Dauphiné, du Piémont, Jura, Savoie, etc.

33. Epervière composée (*H. compositum* , Lapeyr.
abr. 476).

Tige dressée, très velue, striée, haute de 1-2 pieds;
feuilles radicales, ovales, pétiolées, dentées en scie;
caulinaires sessiles, embrassantes, cordiformes; supérieures lancéolées; fleurs jaunes, petites, paniculées.
♃. Pyrénées orientales.

34. Epervière fausse lampsane (*H. lapsanoides* ,
Gouan. ill. p. 57. t. 21).

Tige simple, rameuse au sommet, un peu velue,
haute de 3-4 pieds; feuilles inférieures lyrées; feuilles
supérieures ovales-cordiformes, dentées, munies de
poils courts; fleurs jaunes, paniculées; aigrettes très
blanches. ♃. Pyrénées.

35. Epervière a feuilles de succise (*H. succisæfo-*
lium , All. péd. n. 786).

Tige glabre, simple, dressée; haute de 1-2 pieds,
feuilles entières, à peine velues; les radicales obtuses,
ovales-oblongues, pétiolées; caulinaires sessiles, oblongues-lancéolées, aiguës; fleurs jaunes, assez grandes;
aigrettes très blanches. ♃. Jura, Alpes du Dauphiné, Piémont. Je l'ai récoltée au Lautaret. (Rare.)

36. Epervière de montagne (*H. montanum* , Jacq.
aust. t. 190. *Hypochœris pontana* , L.).

Tige simple, velue, haute de 1-2 pieds; feuilles
ovales-lancéolées, sessiles, denticulées, linéaires,
très étroites au sommet; fleur jaune, grande, solitaire; involucre hérissé de poils jaunes. ♃. Alpes,
Piémont, Savoie. Commune à la Grande-Chartreuse.

37. Epervière des murs (*H. murorum* , L. sp. 1128).

Tige simple, dressée, velue, haute de 10-15 pouces; feuilles radicales, échancrées en cœur, souvent
maculées, pétiolées, sinuées, dentées; caulinaires
presque sessiles, plus étroites; fleurs jaunes, terminales, paniculées; involucres velus, noirâtres. ♃. Très
commune sur les murs et dans les bois.

38. ÉPERVIÈRE DES BOIS (*H. sylvaticum*, GOUAN. ill. p. 56).

Tige simple, peu feuillée, très velue dans le bas, haute de 2-3 pieds; feuilles un peu molles, velues; les radicales oblongues, dentées; caulinaires ovales-lancéolées; fleurs jaunes, en corymbe; involucres hérissés de poils noirâtres. ♃. Dans les bois du Midi.

39. ÉPERVIÈRE DE SAVOIE (*H. Sabaudum*, L. sp. 1131).

Tige haute de 2-3 pieds, très feuillée, velue; feuilles ovales-oblongues, éparses, presque glabres, pointues, demi-embrassantes, les supérieures courtes et étroites, toutes dentées à la base; fleurs jaunes, en corymbe. ♃. Commune dans les bois et les prairies des montagnes. Plusieurs auteurs ont pris pour cette espèce des variétés de la suivante.

40. ÉPERVIÈRE EN OMBELLE (*H. umbellatum*, L. sp. 1131).

Tige droite, simple, rougeâtre et velue inférieurement; feuilles lancéolées; les radicales presque pinnatifides; les supérieures sessiles, étroites, dentées, presque glabres; fleurs jaunes, en espèce d'ombelle. ♃. Très commune partout dans les bois.

41. ÉPERVIÈRE EMBRASSANTE (*H. amplexicaule*, L. sp. 1129. *Catonia amplexicaulis*, CASS.).

Tige rameuse, à poils glanduleux, haute de 1-2 pieds; feuilles ovales, échancrées en cœur, embrassantes, dentées à leur base, toutes hérissées de poils glutineux; fleurs jaunes, assez grandes; pédoncules et involucres hérissés. ♃. Alpes, Pyrénées.

42. ÉPERVIÈRE BLANCHATRE (*H. albidum*, VILL. dauph. 3. t. 31).

Tige simple, feuillée, chargée de poils visqueux, rameuse; feuilles lancéolées-dentées, sessiles, atténuées aux deux extrémités; fleurs d'un jaune très

pâle ; pédoncules renflés; involucres lâches, velus. ♃.
Alpes du Dauphiné , Vosges , Savoie , Piémont.

43. EPERVIÈRE TUBULEUSE (*H. tubulosum*, LAM. D.
2. p. 367).

Tige rameuse, hispide, visqueuse, haute de 2-3
pieds; feuilles lancéolées, sessiles, profondément dentées, atténuées en pétiole; fleurs d'un jaune pâle; involucres hispides, un peu visqueux ; les petites fleurs
particulières tubuleuses jusqu'au-delà du milieu. ♃.
Alpes du Dauphiné.

44. EPERVIÈRE GRANDIFLORE (*H. grandiflorum*, ALL.
ped., t. 29, f. 2).

Variable : tige peu rameuse, ascendante, haute de
2-3 pieds , sillonnée, garnie de poils visqueux ; feuilles
lancéolées-oblongues, sinuées, dentées; les caulinaires
sagittées, un peu dentées ; fleurs jaunes, grandes ; involucres hérissés ; aigrette très blanche. ♃. Prairies
des Alpes.

45. EPERVIÈRE FAUSSE BLATTAIRE (*H. blattarioides*,
L. sp. 1129).

Se distingue de la précédente par sa tige plus feuillée, par ses feuilles glabres à oreillettes descendantes,
denticulées; enfin par ses involucres plus lâches et
garnis de poils longs. ♃. Commune dans les hautes
montagnes.

46. EPERVIÈRE DES MARAIS (*H. paludosum*, L. sp.
1129).

Tige glabre, haute de 1-2 pieds, rameuse ; feuilles
glabres, oblongues, atténuées à la base, roncinées-
dentées ; les caulinaires embrassantes ; fleurs jaunes,
paniculées, involucres hispides. ♃. Prairies humides
des montagnes.

47. EPERVIÈRE A FEUILLES DE BRUNELLE (*H. brunel-
læfolium*, GOUAN. ill. p. 57. t. 22. *Omalochine bru-
nellæfolia*, CASS.).

Pédoncules uniflores, longs de 3-6 pouces; plante

couchée, rougeâtre; feuilles ovales, échancrées en
cœur, dentées, épaisses., velues; à pétioles ailés,
dentés; fleur jaune; involucre cotonneux. ♃. Dans les
rocailles des hautes montagnes. Je l'ai observée dans
l'Oysans.

48. Épervière de Jacquin. (*H. Jacquini*, Vill.
dauph. 3. t. 28. Var. *H. lyratum*, Vill. dauph.).

Tige très courte, un peu rameuse, velue; feuilles
plus ou moins velües, tantôt arrondies-oblongues, le
plus souvent pinnatifidés à leur base; à lobes divergens; fleurs jaunes, grandes; involucres hérissés de
poils brunâtres. ♃. Alpes.

Genre ANDRYALE (*Andryala*, Linné).

Involucre imbriqué; réceptacle portant des poils
plus longs que les graines; aigrette sessile. Port des
hieracium.

Espèce 1. Andryale a feuilles entières.(*Andryala
integrifolia*, L. sp. 1136).

Tiges cotonneuses; feuilles inférieures oblongues,
un peu dentées., supérieures lancéolées, toutes garnies d'un duvet d'un blanc sale; fleurs jaunes, en corymbe; involucres très laineux, réfléchis après la
floraison. ⊙. Croît dans les départemens du Midi et
de l'Ouest.

2. Andryale sinuée (*A. sinuata*, L. sp. 1137).

Tiges dressées, un peu rameuses, peu velues;
feuilles radicales pinnatifides, à lobes linéaires, les
moyennes sinueuses-dentées, les supérieures entières;
fleurs jaunes, en corymbe. ♂. Languedoc.

3. Andryale lyrée (*A. lyrata*, Pourr. act. toul.
3. p. 308).

Plante couverte d'un duvet blanc très serré; tiges
ascendantes peu rameuses; feuilles radicales lyrées,
les moyennes pinnatifides à leur base, les supérieures

entières ; fleurs jaunes , assez grandes. ♃. Croît en Roussillon.

4. ANDRYALE BLANCHE (*A. incana* , DC. fl. fr. suppl. 2939 b).

Tiges dressées, rameuses., hautes de 8-10 pouces, cotonneuses; feuilles oblongues, pointues, bordées d'une à deux dents, couvertes d'un duvet blanc ; fleurs jaunes ; pédicelles longs, munis de petites bractées ; aigrette très blanche. ♃. Pyrénées. (Rare.)

5. ANDRYALE DE NÎMES (*A. Nemausensis* , VILL. dauph. 3. p. 66. *Pterotheca Nemausensis* , CASS.).

Tige nue , garnie de poils légèrement glanduleux , haute de 10-15 pouces ; feuilles radicales , allongées , un peu spatulées, dentées ou lyrées à leur base ; fleurs jaunes. ☉. Provinces méridionales.

Genre CRÉPIS (*Crepis* , MOENCH).

Involucre double, l'extérieur à folioles lâches , écartées ; réceptacle nu ; graines cannelées , lisses ou tuberculeuses ; aigrette simple , sessile.

Espèce 1. CRÉPIS.DIFFUS (*Crepis diffusa* , DC. fl. fr. n. 2943).

Tige étalée , diffuse , longue de 8-15 pouces ; feuilles glabres , les radicales pinnatifides, roncinées, à lobe terminal, long ; supérieures demi-sagittées , presque entières ; fleurs petites, jaunes, paniculées ; involucre pubescent. ☉. Commun aux environs de Paris et dans presque toute la France.

2. CRÉPIS VERT (*C. virens* , L. sp. 1334).

Tige droite , haute de 1-2 pieds, feuillée ; feuilles glabres , les inférieures lancéolées , roncinées ; les supérieures presque entières ; fleurs d'un jaune pâle , assez grosses ; calice pubescent. ☉. Commun dans les prairies.

3. Crépis roide (*C. stricta*, DC. fl. fr. 2942ª).

Peu distinct du précédent , diffère par sa tige presque nue , ses feuilles inférieures étroites , presque entières, et les supérieurs linéaires. ☉. Croît dans les
moissons.

4. Crépis bisannuel (*C. biennis*, L. sp. 1136).

Tige grosse , dressée , sillonnée , hispide , haute de
3-4 pieds ; feuilles hispides , à dents éloignées , les
supérieures étroites ; fleurs jaunes , grandes , paniculées. ♂. Très commun dans les prairies fertiles.

5. Crépis rude (*C. scabra*, Willd. sp. 3. p. 1603).

Peut-être une variété du précédent ; il ne s'en distingue que parce que ses rameaux sont lisses et sa tige
moins sillonnée ; le reste comme dans la précédente. ☉.
Commun dans les prés secs.

6. Crépis dés toits (*C. tectorum*, L. sp. 1135).

Tige droite , grisâtre , à rameaux divergens , haute
de 6-12 pouces ; feuilles glabres , les inférieures sinuées-pinnatifides ; les supérieures presque entières ;
fleurs jaunes , grosses , paniculées ; involucre conique. ☉. Croît dans les lieux arides et sur les murs.
Le *crepis lachenalii*, Gochn. , a les feuilles radicales
presque entières : c'est à peine une variété.

7. Crépis de Dioscoride (*C. Dioscoridis*, L. ? DC.
fl. fr. 2944).

Tige droite , un peu anguleuse , haute de 12-18
pouces ; feuilles glabres , ciliées , les radicales lyrées-
roncinées , les caulinaires hastées - lancéolées , les
moyennes simplement dentées ; fleurs jaunes , grandes ,
paniculées ; involucre cotonneux , devenant globuleux. ☉. Suisse , Piémont , Allemagne.

8. Crépis ambigu (*C. ambigua*, Balb. dis. p. 4. t. 1.
Schmidtia ambigua, Cass.).

Tige glabre , sillonnée , branchue , haute de 4-5

pieds; feuilles inférieures dentées, oblongues-linéaires ;
les supérieures linéaires, entières ; fleurs jaunes;
involucres farineux. ⊙. Corse, Provence? Piémont.

Genre BARKHAUSIE (*Barkhausia*, Moench).

Diffère du genre précédent, par ses graines surmontées d'une aigrette pédicellée.

Espèce 1. Barkhausie alpine (*Barkhausia alpina*,
DC. *Crépis alpina*, L. sp. 1134).

Tige scabre inférieurement, striée, peu rameuse ;
haute de 2 pieds; feuilles inférieures dentées, rétrécies en pétiole; supérieures sessiles, demi-embrassantes; fleurs terminales, d'un jaune pâle, longuement
pédonculées; involucre hispide, les folioles extérieures
scarieuses. ⊙. Alpes de Provence.

2. Barkhausie rouge (*B. rubra*, DC. *Crepis rubra*,
L. sp. 1132).

Tige haute de 12-15 pouces, peu rameuse ; feuilles
radicales, roncinées-lyrées; caulinaires lancéolées,
embrassantes; fleurs roses, terminales; involucre externe, scarieux. ⊙. Environs de Montpellier.

3. Barkhausie fétide (*B. fœtida*, DC. *Crepis fœtida*,
L. sp. 1133).

Racine jaunâtre, d'une odeur très forte; tige d'un
aspect blanchâtre, rameuse ; feuilles rudes, blanchâtres, les inférieures roncinées-pinnatifides, sessiles ;
caulinaires lancéolées et profondément incisées à la
base; fleurs jaunes, terminales, penchées avant la floraison; involucres velus, anguleux. ⊙. Commune dans
les lieux incultes, au bord des chemins.

4. Barkhausie a feuilles de pissenlit (*B. taraxacifolia*, Thuil., fl. p.).

Tige dressée, glabre, striée, haute de 12-18 pouces;
feuilles rudes, les radicales lyrées-roncinées; les cau-

linaires lancéolées, pinnatifides, sagittées-embrassantes; fleurs jaunes, en corymbe irrégulier; involucres farineux, l'extérieur un peu scarieux. ♂. Au
bord des chemins, etc.

5. Barkhausie chicorée (*B. intybacea*, DC. cat. h.
m. 82).

Voisine de la précédente; s'en distingue par ses involucres glabres, et par ses feuilles qui ont à leur
base une oreillette dentée. ♂. Trouvée près Montpellier par De Candolle.

6. Barkhausie léontodon (*B. leontodon*, DC. fl.
fr. 2950).

Glabre; tige peu feuillée, droite, haute de 1-2
pieds; feuilles roncinées-dentées; fleurs jaunes, de
moyenne grandeur; involucre un peu cotonneux, à
folioles extérieures rapprochées. ♂. Piémont, Suisse.

7. Barkhausie paquerette (*B. bellidifolia*, DC.
Crep. bellidifolia, Lois.).

Glabre; tiges ascendantes, longues de 4-5 pouces;
feuilles radicales obtuses, spatulées; caulinaires-oblon-
gues, sagittées-embrassantes; fleurs jaunes, petites;
involucres farineux. ☉. Corse. Je ne crois pas que le
Crepis apargioides, Willd., qui est une vraie *Bar-*
khausia, croisse dans les Alpes françaises. Sa hampe
est nue, pauciflore, et son involucre hérissé de poils
noirs.

8. Barkhausie de Suffren (*B. Suffreniana*, DC. cat.
h. m. 83).

Tige très peu rameuse, dressée, velue, hispide vers
la base; feuilles radicales, sinuées-oblongues, rétrécies
à leur base; les caulinaires très étroites, entières, linéaires et en très petit nombre; fleurs jaunes, solitaires, penchées avant la floraison; écailles de l'involucre farineuses-hispides. ☉. Lieux arides de la Provence et du Languedoc.

9 Barkhausie hérissée (*B. setosa*, DC. fl. fr.

Tige hérissée çà et là, ainsi que toute la plante, de poils soyeux, droits; feuilles inférieures pinnatifides-dentées, caulinaires simplement dentées, supérieures linéaires; involucre hérissé de soies droites, à folioles extérieures ouvertes. ♂. Corse, Italie, Espagne.

Genre PISSENLIT (*Taraxacum*, Haller).

Involucre double, l'extérieur souvent déjeté en dehors; réceptacle nu, ponctué; aigrette pédicellée, hampe uniflore.

Espèce 1. Pissenlit commun (*Taraxacum dens leonis*, Lam. *Leontodon taraxacum*, L.).

Hampe uniflore; feuilles glabres, plus ou moins roncinées; fleur jaune, grande, solitaire; involucre extérieur réfléchi. ♃. Commun partout.

2. Pissenlit a feuilles ovales (*T. obovatum*, DC. cat. h. m. 150).

Se distingue par des feuilles ovales-obtuses, moins dentées, et surtout par son involucre externe, qui est étalé, non réfléchi, et qui porte sur le dos de chaque foliole une protubérance calleuse. ♃. Départemens du Midi.

3. Pissenlit des marais (*T. palustre*, DC. fl. fr. *Leontodon palustre*, Smith).

Ressemble beaucoup au commun, mais il s'en distingue aisément par son involucre extérieur qui est relevé sur l'intérieur et jamais réfléchi. ♃. Croît çà et là dans les marais.

4. Pissenlit lisse (*T. lævigatum*, DC. *Leontodon lævigatus*, Willd.).

Feuilles minces, pinnatifides, à lobes aigus, un peu recourbés vers la base; involucre extérieur moitié dressé et moitié étalé. ♃. Croît au bord des chemins, en Languedoc.

Genre ZACINTHE (*Zacintha*, GOËRTN.).

Involucre de 8·folioles, caliculé à sa base, devenant coriace et sillonné à la maturité; réceptacle nu; aigrette sessile.

Espèce. ZACINTHE VERRUQUEUSE (*Zacintha verrucosa*, GOERTN. *Lapsana zacintha*, L. sp. 1141).

Tige branchúe, striée, glabre, haute de 2 pieds; feuilles lyrées, pointues; caulinaires sagittées; fleurs jaunes, petites; calice tuberculeux. ☉. Croît en Provence, en Espagne, en Italie.

Genre DREPANIE (*Drepania*, JUSS.).

Involucre polyphylle; les folioles intérieures droites, les extérieures ouvertes, subulées; réceptacle alvéolé; fleurs de la circonférence, à aigrette sessile; celles du centre portant 2-4 grandes arêtes.

Espèce DREPANIE BARBUE (*Drepania barbata*, DC. *Crepis barbata*, L. sp. 1131).

Tige rameuse, haute de 12-15 pouces; feuilles lancéolées, dentées; fleurs d'un jaune pâle, noires dans le centre. Elles ressemblent un·peu à un souci. ☉. Cette belle plante habite au bord des champs, dans le Midi.

Genre HYOSÉRIS (*Hyoseris*, LINNÉ).

Involucre caliculé; réceptacle nu, ponctué; fleurs centrales portant une aigrette formée de poils inégaux, celles de la circonférence portant une aigrette d'écailles avortées.

Espèce 1. HYOSÉRIS RAYONNÉE (*Hyoseris radiata*, L. sp. 1137).

Tige glabre, un peu farineuse au sommet, haute de 4-8 pouces; feuilles glabres, lyrées-roncinées, dentées, à lobe terminal trifide; fleurs jaunes, solitaires. ♃. Provinces méridionales.

2. HYOSÉRIS RUDE (*H. scabra*, L. sp. 1138).

Lisse, presque glabre ; hampes renflées au sommet ; feuilles lyrées-pinnatifides, dentées, scabriuscules ; fleurs jaunes, assez petites. ☉. Croît en Provence, en Italie.

3. HYOSÉRIS HÉDYPNOÏS (*H. hedypnois*, L. sp. 1138).

Tige rameuse, haute de 1-2 pieds, munie de quelques poils courts ; feuilles inférieures oblongues-dentées, rétrécies à leur base ; les supérieures lancéolées, embrassantes ; fleurs jaunes ; involucres glabres. ☉. Dauphiné, Provence, Languedoc.

4. HYOSÉRIS FAUSSE-RHAGADIOLE (*H. rhagadioloides*, L. sp. 1139).

Très voisine de la précédente ; s'en distingue par ses feuilles plus embrassantes et ses involucres hérissés. ☉. Dauphiné. L'*hyoseris cretica*, L., à pédoncules renflés, fistuleux, habite l'Archipel et l'Italie.

Genre SERIOLE (*Seriola*, L. sp.).

Involucre simple ; réceptacle paléacé ; aigrette pédicellée. (Voy. *Atl.*, pl. 66, f. 2.)

Espèce. SERIOLE DE L'ETNA (*Seriola Æthnensis*, L. sp.).

Tige haute de 6-8 pouces, hispide, ainsi que toute la-plante ; feuilles ovales-dentées ; fleurs jaunes, terminales, de grandeur moyenne. ☉. En Corse, Provence, Italie. La *seriola urens*, L., croît en Sicile ; les *seriola lævigata* et *Cretensis*, L., habitent l'Archipel grec.

† Aigrette plumeuse.

Genre PORCELLE (*Hypochœris*, LINN.).

Involucre oblong, imbriqué ; réceptacle paléacé ; aigrette plumeuse, pédicellée, quelquefois sessile sur les graines de la circonférence.

Espèce 1. PORCELLE TACHÉE (*Hypochœris maculata*,
L. sp. 1140).

Tige nue, droite, presque simple, haute de 12-18
pouces, hispide; feuilles radicales ovales-oblongues,
un peu dentées, ordinairement maculées; feuilles
caulinaires au nombre de 1-3; fleurs jaunes, grandes,
terminales. ♃. Croît sur les collines élevées parmi les
bruyères. L'*hypochœris uniflora*, VILL., qui est assez
commune dans les prairies des Alpes, ne me paraît
être qu'une variété à tige uniflore et à involucre plus
hérissé. Cette espèce et la suivante sont du genre
Porcellites, CASS.

2. PORCELLE RADICANTE (*H. radicata*, L. sp. 1140).

Tige glabre, haute de 10-15 pouces, nue; feuilles
toutes radicales, étalées en rosette, roncinées, obtuses, scabres; fleurs jaunes, grandes, solitaires, terminales; pédoncules écailleux; involucre très glabre.
♃. Commune dans les prairies.

3. PORCELLE A FEUILLES DE PISSENLIT (*H. taraxacifolia*,
LOIS. ann. soc. 1. p. 1827).

Tige rameuse, presque glabre; feuilles radicales roncinées, hispides; les caulinaires linéaires, très entières; fleurs jaunes; involucres un peu cotonneux. ☉.
Croît en Corse. Doit peut-être être rapportée à l'*Hyp.
pinnatifida*, TENORE.

4. PORCELLE GLABRE (*H. glabra*, L. sp. 1141).

Glabre; tige droite, rameuse, haute de 10-15 pouces; feuilles toutes radicales, étalées en rosette, dentées, sinuées; fleurs jaunes, terminales; involucres
glabres; aigrettes de la circonférence sessiles. ☉.
Croît çà et là dans les lieux sablonneux un peu humides. L'*hypochœris balbisii*, LOIS., est probablement
une variété qui a toutes les aigrettes pédicellées : elle
est aussi très voisine de l'*hypochœris minima*.

Genre LÉONTODON (*Leontodon*, Linn. *Leontodon et Thrincia*, DC.).

Involucre imbriqué; réceptacle ponctué; aigrettes sessiles, celles de la circonférence quelquefois avortées.

Espèce 1. Léontodon hérissé (*Leontodon hirtum*, L. sp. 1123).

Hampes uniflores, glabres ou presque glabres; feuilles lancéolées, sinuées-dentées, chargées de poils simples ou bifurqués; fleurs jaunes; involucres glabres. ♃. Commun au bord des chemins, etc.

2. Léontodon hispidé (*L. hispidum*, L. sp. 1124).

Difficile à distinguer du précédent; il en diffère par son involucre chargé de poils blancs et par les poils de ses feuilles, qui sont toujours bifurqués. ☉. Croît dans les mêmes lieux.

3. Léontodon tubéreux (*L. tuberosum*; L. sp. 1123).

Racines fasciculées, renflées à leur base; hampe uniflore, velue au sommet; feuilles lyrées, hérissées, rudes au toucher; fleur jaune; solitaire. ♃. Languedoc, Provence : ces trois espèces appartiennent au genre *Thrincia* de Roth.

4. Léontodon d'automne (*L. autumnale*, L. sp. 1123).

Hampes rameuses, penchées, glabres, écailleuses; feuilles lancéolées, plus ou moins pinnatifides, glabres; fleurs jaunes; pédoncules fistuleux, renflés au sommet; involucres glabres. ♃. Croît au bord des chemins, etc. Cette espèce et les suivantes sont du genre *Apargia*, Schreib.

5. Léontodon écailleux (*L. squamosum*, Lam. D. 3. p. 529).

Hampe uniflore, haute de 3-6 pouces, chargée de petites écailles foliacées, velue au sommet; feuilles oblongues, entières ou dentées, glabres; fleurs d'un jaune un peu rougeâtre. ♃. Prairies des montagnes.

6. Léontodon de montagne (*L. montanum*, DC. *Hieracium taraxaci*, L. sp. 1125).

Hampes uniflores, nues, renflées et velues au sommet; feuilles roncinées-dentées, glabres, ressemblant un peu à celles du pissenlit; fleurs jaunes; involucre velu et paraissant formé de folioles presque d'égale longueur. ♃. Alpes du Dauphiné, du Piémont.

7. Léontodon hasté (*L. hastile*, L. sp. 1123).

Hampe uniflore; feuilles glabres, plus ou moins roncinées-dentées, quelquefois presque entières; fleurs jaunes; involucres glabres. ♃. Habite les lieux secs et arides.

8. Léontodon crépu (*L. crispum*, Vill. dauph. 3. p. 84. t. 2).

Hampe uniflore, glabre; feuilles oblongues, pinnatifides, velues, à poils bi ou trifurqués; fleurs jaunes; involucres couverts des mêmes poils que la tige. ♃. Environs de Grenoble, Bourg-d'Oysans, Vizille, etc.

9. Léontodon de Villars (*L. Villarsii*, DC. *Leont. hirtum*, Vill. dauph.).

Hampe glabre, uniflore; feuilles pinnatifides, hérissées de poils roides, simples; fleurs jaunes; involucre presque glabre. ♃. Dauphiné, Provence, Languedoc.

10. Léontodon blanchâtre (*L. incanum*, L. syst. 522).

Plante à poils rayonnans, d'un aspect blanchâtre; hampe uniflore, pubescente; feuilles oblongues, glabres, un peu dentées; fleurs jaunes; involucre pubescent. ♃. Hautes-Alpes, Palatinat.

Genre ROBERTIE (*Robertia*, DC. suppl. *Seriola*, Lois.).

Involucre à un seul rang de folioles égales; graines entremêlées d'écailles, toutes surmontées d'une aigrette sessile, plumeuse.

Espèce. ROBERTIE FAUX-PISSENLIT (*Robertia taraxa-coides*, DC. suppl. *Seriola taraxacoides*, Lois.).

Glabre ; hampes nues, hautes de 2-3 pouces ; feuilles toutes radicales ; pétiolées, roncinées, à lobes recourbés du côté de la base ; lobe terminal, grand ; fleurs jaunes, solitaires. ♃. Corse, Sicile, Toscane.

Genre PICRIS (*Picris*, LIN.).

Involure caliculé ; réceptacle nu ; graines striées transversalement ; aigrette plumeuse, sessile. (Voy. *Atl.*, pl. 66, f. 4.)

Espèce 1. PICRIS FAUSSE-ÉPERVIÈRE (*Picris hiera-cioides*, L. sp. 115).

Tige droite, ferme, rameuse au sommet, hispide ; feuilles hispides, très rudes, lancéolées, dentées, embrassantes ; fleurs jaunes, en corymbe ; pédoncules écailleux.

2. PICRIS DES PYRÉNÉES (*P. pyrenaica*, L. sp. 792).

Diffère très peu de la précédente, seulement ses rameaux sont allongés et portent chacun une fleur d'un jaune orangé, assez grande. ♃. Pyrénées, environs de Mont-Louis.

3. PICRIS PAUCIFLORE (*P. pauciflora*, WILLD. sp. 3. p. 1557).

Tige droite, hispide, grisâtre, haute de 10-15 pouces, rameuse ; feuilles sessiles, lancéolées, courtes, sinuées-dentées ; les inférieures entières, plus étroites ; fleurs jaunes ; pédoncules allongés, renflés.

Genre HELMINTHIE (*Helminthia*, JUSS.).

Involucre double ; l'intérieur de 8 folioles égales ; l'extérieur de 5, assez larges ; graines striées en travers ; aigrettes plumeuses, pédicellées.

Espèce 1. HELMINTHIE FAUSSE-VIPÉRINE (*Helminthia echioides*, GOERTN. *Picris echioides*, L. sp. 1114).

Tige branchue, dressée, très hispide ; à poils piquans comme ceux des borraginées ; feuilles entières, très rudes, ovales, embrassantes; fleurs jaunes ; folioles de l'involucre externe cordiformes, sous-épineuses. ⊙. Croît au bord des champs.

2. HELMINTHIE ÉPINEUSE (*H. spinosa*, D.C. fl. fr. 2977).

Tige dressée, rameuse, très hispide ; feuilles oblongues, embrassantes, bordées de sinuosités épineuses ; fleurs jaunes, formant une espèce de corymbe irrégulier ; involucre extérieur à folioles épineuses sur les bords. ⊙. Pyrénées. (Rare.)

Genre SCORSONÈRE (*Scorzonera*, LIN.).

Involucre imbriqué ; réceptacle nu ; graines sessiles ; aigrettes plumeuses, très légèrement pédicellées.

Espèce 1. SCORSONÈRE D'ESPAGNE (*Scorzonera hispanica*, L. sp. 1112).

Tige droite, rameuse, haute de 2-3 pieds ; glabre ; feuilles ovales-lancéolées, ondulées, les supérieures embrassantes, denticulées à la base ; fleurs jaunes. ♃. Croît dans nos provinces méridionales : cultivée dans les jardins.

2. SCORSONÈRE BASSE (*S. humilis*, L. sp. 1112).

Tige simple, droite, uniflore, velue à la base ; feuilles longues, linéaires-lancéolées, entières, nervées ; fleurs jaunes, grandes ; pédoncule renflé, écailleux. ♃. Croît dans les prés.

3. SCORSONÈRE D'AUTRICHE (*S. austriaca*, WILLD. sp. 5. p. 1498).

Cette plante n'est probablement qu'une variété de la précédente ; elle n'en diffère que par ses feuilles plus étroites, plus fermes, et par sa tige plus courte. ♃. Croît dans les Landes. (Rare.) La *scorzonera angustifolia*, L., n'est qu'une autre variété à feuilles très étroites, velues à la base et à involucre cotonneux : elle croît dans les montagnes.

4. SCORSONÈRE ARISTÉE (*S. aristata*, DC.).

N'est peut-être encore qu'une variété de l'*humilis ;*
sa tige est presque nue, uniflore; feuilles très étroites,
linéaires, glabres; fleur jaune, assez grande; folioles
de l'involucre extérieur lâches, subulées, aussi longues
que la fleur.

5. SCORSONÈRE A FEUILLES DE GRAMEN (*S. graminifolia*, L. sp. 1112).

Tige droite, un peu cotonneuse au sommet, presque
simple, garnie d'un petit nombre de feuilles linéaires,
très longues, embrassantes, nerveuses et très pointues;
fleur solitaire; écailles externes de l'involucre acuminées et un peu velues, les intérieures glabres et lancéolées. ♃. Provence, Languedoc.

6. SCORSONÈRE PARVIFLORE (*S. parviflora*, JACQ. obs.
4. p. 13. t. 100).

Tige couchée à la base, rameuse, feuillée; feuilles
étroites, lancéolées-ensiformes, glabres, embrassantes,
nerveuses; fleurs jaunes, assez petites; écailles de l'involucre glabres, les extérieures ovales, les intérieures
linéaires pointues. ♃. Croît en Provence, au bord de
la mer. (Rare.)

7. SCORSONÈRE POURPRE (*S. purpurea*, L. sp. 1113).

Tige dressée, roide, tomenteuse, surtout à la base;
feuilles linéaires-subulées, presque triangulaires, légèrement velues; fleurs purpurines, peu nombreuses;
écailles extérieures de l'involucre cotonneuses, ovales-
oblongues. ♃. Habite le département de la Lozère.
(Très rare.)

8. SCORSONÈRE VELUE (*S. hirsuta*, L. mant. 278).

Plante hérissée de poils; tige uniflore; feuilles linéaires, courbées en gouttière; fleur jaune, solitaire;
graines couvertes d'un duvet laineux. ♃. Lieux pierreux et stériles du Languedoc.

Genre PODOSPERME (*Podospermum* , DC. *Scorzo-nera* , L.):

Calice· imbriqué ; réceptacle hérissé de tubercules pointus; graines pédicellées ; aigrettes sessiles, plumeuses.

Espèce 1. PODOSPERME SUBULÉ (*Podospermum subulatum* , DC. fl. fr.).

Petite plante haute de 4-6 pouces; tige simple, grêle, nue supérieurement; feuilles roides, linéaires-subulées, carénées; fleurs jaunes, solitaires. ♃. Environs de Sorrèze.

2. PODOSPERME MURIQUÉ (*P. muricatum* , DC. synop. 2982). ·

Ressemble trop au suivant; il s'en distingue parce que sa tige est souvent velue, et parce que ses feuilles supérieures ont leurs lobes linéaires. ♂. Assez commun dans les lieux secs.

3. PODOSPERME LACINIÉ (*P. laciniatum* , DC. *Scorzonera laciniata* , L. sp.).

Tige anguleuse, rameuse, à peine velue, haute de 1 pied; feuilles glabres, pinnatifides, à découpures linéaires-ovales, subulées; fleurs jaunes, terminales. ♂. Assez commun au bord des routes.

4. PODOSPERME CHAUSSE-TRAPE (*P. calcitrapæfolium* , DC. *Sc. calcitrapæfolia* , VAHL.).

Tige rameuse, un peu couchée à la base, un peu cotonneuse; feuilles linéaires, pinnatifides, à découpures linéaires, les supérieures simples; fleurs jaunes, petites, terminales. ♃. Croît en Languedoc, Dauphiné, Provence, etc.

Genre UROSPERME (*Urospermum* , JUSS. *Tragopogon* , L.).

Involucre simple, à 8 folioles soudées; réceptacle

nu; graines sillonnées transversalement; aigrettes plumeuses, pédicellées.

Espèce 1. Urosperme de Dalechamp (*Urospermum Dalechampii*, Desf. *Tr. Dalech.* L. sp.).

Tige velue, haute de 1-2 pieds; feuilles roncinées, dentées; fleur jaune, grande, terminale; pédoncule long, renflé au sommet. ♃. Provinces méridionales. *

2. Urosperme faux-picris (*U. picroides*, Desf. *Trag. picroides*, L. sp.).

Tige hérissée de quelques poils roides, rameuse, haute de 12-15 pouces; feuilles roncinées-dentées, les caulinaires sagittées, dentées; fleurs jaunes. ☉. Provinces méridionales.

3. Urosperme rude (*U. asperum*, DC. *Trag. asperum*, L. sp.).

Tige haute de 4-5 pouces, simple, hérissée, uniflore; feuilles hérissées, ovales-oblongues, dentées; fleurs jaunes; involucres hispides. ☉. Languedoc, Roussillon, Provence.

Genre SALSIFIS (*Tragopogon*, Linné).

Involucre simple, de 8-12 folioles soudées; réceptacle nu; graines striées-longitudinalement; aigrettes plumeuses, pédicellées.

Espèce 1. Salsifis des prés (*Tragopogon pratense*, L. sp. 1109).

Tige droite, haute de 12-15 pouces, presque simple, glabre; feuilles glabres, élargies, embrassantes, longues, linéaires; fleurs jaunes, grandes; pédoncule cylindrique. ♂. Commun dans les prés.

2. Salsifis majeur (*T. majus*, Jacq. aust. t. 29).

Tige droite, haute de 12-15 pouces, roide, glabre; feuilles embrassantes, élargies, linéaires, entières; fleurs jaunes; pédoncule très renflé au sommet. ♂. Prés secs et montueux.

3. Salsifis velu (*T. hirsutum*, Gouan. *Geropogon hirsutum*, L.).

Tige cotonneuse, haute de 1-2 pieds ; feuilles élargies, embrassantes, entières, linéaires, cotonneuses à la base ; fleurs jaunes ; involucres cotonneux, pas plus longs que la corolle. ♂. Languedoc, Provence, Italie.

4. Salsifis commun (*T. porrifolium*, L. sp. 1110).

Tige rameuse, dressée, glabre, haute de 3-4 pouces ; feuilles linéaires, élargies à la base, glabres ; fleurs violettes ; involucre à 8 folioles. ♂. Croît dans les prés. Cultivé.

5. Salsifis a feuilles de safran (*T. crocifolium*, L. sp. 1110).

Diffère du précédent par sa taille beaucoup plus petite, par ses fleurs violettes, jaunâtres dans leur centre, et dont l'involucre n'a que 5 folioles. ♂. Dauphiné, Provence, Italie.

Genre GÉROPOGON (*Geropogon*, Linné).

Involucre simple ; réceptacle paléacé ; aigrettes pédicellées ; celles du centre plumeuses, celles de la circonférence à 5 poils simples.

Espèce. Géropogon glabre (*Geropogon glabrum*, L. sp. 1109).

Facies du salsifis commun avant la floraison ; fleurs purpurines ; involucres à folioles plus courtes que les fleurs. ⊙. Provence ? Espagne, Italie.

†† Aigrettes écailleuses.

Genre CUPIDONE (*Catananche*, Linné).

Involucre scarieux, imbriqué ; réceptacle paléacé ; aigrettes sessiles, composées de 5 écailles acérées au sommet.

Espèce. CUPIDONE BLEUE (*Catananche cærulca*, L. sp. 1142).

Tiges grêles, pubescentes, hautes de 1-2 pieds ; feuilles très longues, linéaires, un peu dentées, celles de la racine à dents très prononcées; fleurs très belles, bleues, solitaires. ♃. Commune dans les lieux stériles et montueux de la Provence, etc. Le *catananche lutea*, L., a la fleur jaune, plus petite : il croît en Italie. (Rare.)

Genre CHICORÉE (*Cichorium*, LINNÉ).

Involucre caliculé, l'intérieur de 8 folioles réunies à la base, l'extérieur de 5 plus courtes; réceptacle nu ou un peu paléacé; aigrettes courtes, sessiles, écailleuses.

Espèce. CHICORÉE SAUVAGE (*Cichorium intybus*, L. sp. 1142).

Tige droite, rameuse, haute de 2-3 pieds, velue; feuilles roncinées, à lobes distans; fleurs bleues, rarement blanches, sessiles, solitaires ou géminées. ♃. Commune au bord des chemins. Le *cichorium endivia*, L., a les feuilles crénelées ou dentées : on le cultive dans tous les jardins.

Genre SCOLYME (*Scolymus*, LINNÉ).

Involucre épineux, imbriqué; réceptacle paléacé; aigrettes nulles ou formées de poils écailleux.

Espèce 1. SCOLYME TACHÉ (*Scolymus maculatus*, L. sp. 1142).

Tiges rameuses, hautes de 4-5 pieds; feuilles lobées, cartilagineuses sur les bords, souvent tachées de blanc; fleurs jaunes, nombreuses; graines sans aigrettes; involucres pectinés, multifides. ⊙. Provinces du Midi et d'une partie de l'Ouest.

2. SCOLYME D'ESPAGNE (*S. Hispanicus*, L. sp. 1143).

Tiges rameuses, hautes de 4-5 pieds; feuilles gran-

des, sinuées-épineuses, non cartilagineuses; fleurs
jaunes, assez grandes; aigrettes courtes; involucres à
folioles dentées. ♃. Départemens méridionaux.

3. Scolyme a grandes fleurs (*S. grandiflorus*, Desf.
atl. 2. p. 240).

Tige presque simple, ailée, velue; feuilles pinnatifides, à lobes dentés, épineux; fleurs jaunes, assez
grandes, les supérieures très rapprochées. ♃. Environs
de Collioure. (Lois.)

fam. 50. CARDUACÉES (*Carduaceæ*, Rich. CYNAROCÉPHALES, Jussieu. FLOSCU-LEUSES, Tourn.).

Toutes les fleurs partielles en tubes réguliers, ordinairement hermaphrodites; involucre imbriqué, à
folioles souvent épineuses; réceptacle presque toujours
paléacé, charnu; aigrettes ordinairement composées
de poils roides. Plantes herbacées, à feuilles alternes,
souvent roncinées et épineuses.

† Aigrettes nulles.

Genre BOULETTE (*Echinops*, Linné).

Fleurs en têtes sphériques; involucre petit, à folioles
réfléchies; réceptacle nu, globuleux; chaque fleur
partielle, munie d'un involucre imbriqué; graines
pubescentes; aigrettes avortées.

Espèce 1. Boulette a tête ronde (*Echinops sphæro-
cephalus*, L. sp. 1314).

Tige rameuse, cannelée, d'une hauteur très variable; feuilles alternes, grandes, ailées ou pinnatifides, à stipules un peu épineuses, blanchâtres en
dessous; fleurs blanchâtres, terminales. ♃. Commune
sur les collines stériles du Midi.

2. BOULETTE RITRO (*E. ritro*, L. sp. 1314).

Tige peu rameuse, haute de 10-15 pouces; feuilles pinnatifides, à découpures étroites, très blanches en dessous; fleurs bleues, en petites têtes terminales. ♃. Collines sèches du Midi.

Genre CARTHAME (*Carthamus*, LINNÉ).

Involucre renflé à la base, formé de petites écailles acérées; réceptacle paléacé. Le seul *carthamus tinctorius*, L., originaire d'Orient, et naturalisé dans plusieurs contrées d'Europe, fait partie de ce genre. Cultivé pour la teinture. (Voyez *Atl.*, pl. 67, f. 1.)

†† Aigrettes à poils simples.

Genre ONOPORDE (*Onopordum*, LINNÉ).

Involucre renflé, imbriqué, à folioles terminées par une épine simple; réceptacle nu, alvéolé, graines tétragones; aigrettes sessiles.

Espèce 1. ONOPORDE ACANTHE (*Onopordum acanthium*, L. sp. 1158).

Tige dressée, branchue, blanchâtre, haute de 3-4 pieds; feuilles très grandes, ovales, décurrentes, sinuées, dentées-épineuses; fleurs blanchâtres ou rougeâtres; folioles de l'involucre très ouvertes. ♂. Commun au bord des chemins secs.

2. ONOPORDE VERDATRE (*O. virens*, DC. suppl. 3005ᵃ).

Se distingue du suivant par sa taille plus élevée, par ses feuilles verdâtres presque glabres, moins profondément découpées, par ses fleurs plus grosses, et enfin par les folioles de l'involucre, qui sont pubescentes, un peu visqueuses. ♂. Environs de Montpellier.

3. ONOPORDE D'ILLYRIE (*O. Illyricum*, L. sp. 1148).

Tige presque simple, blanchâtre, cotonneuse, haute de 3-5 pieds; feuilles très grandes, sinuées, dentées-épineuses, décurrentes, cotonneuses; fleurs grosses, blanchâtres ou rougeâtres; folioles externes de l'involucre réfléchies. ♃. Provence, Italie, Languedoc, etc.

4. Onoporde d'Arabie (*O. Arabicum*, L. sp: 1159).

Tige dressée, munie d'appendices foliacés, épineux, cotonneux; feuilles tomenteuses, oblongues, pinnatifides, épineuses; fleurs grandes. ♂. Croît en Languedoc.

5. Onoporde Pyrénéen (*O. Pyrenaicum*, DC. cat. h. m. 121).

Tige nulle; feuilles toutes radicales, oblongues, pinnatifides, à épines jaunâtres sur les bords, cotonneuses; fleurs grosses, sessiles, d'un blanc jaunâtre. ♃. Pyrénées-Orientales.

6. Onoporde très épineux (*O. horridum*, Viv. fl. cors. p. 14).

Tige ailée, verdâtre, pubescente ou cotonneuse, épineuse; feuilles grandes, sinuées, dentées-épineuses sur les bords; fleurs grosses, rougeâtres; folioles de l'involucre glabres, ovales-lancéolées, acuminées, épineuses. ♂? Corse. Près de ces espèces doivent être placés les *onopordum acaulon* et *uniflorum*, qui habitent les contrées les plus méridionales de l'Europe.

Genre CARDONCELLE (*Carduncellus*, Adanson. *Carthamus*, L.   ).

Involucre imbriqué, à folioles minces, terminées par une petite épine; les intérieures lacérées; réceptacle paléacé; aigrettes sessiles.

Espèce 1. Cardoncelle doux (*Carduncellus mitissimus*, DC. *Carth. mitissimus*, L.).

Tige nulle; feuilles toutes radicales, à peine épineuses, lancéolées, dentées ou presque pinnatifides; fleur grande, bleue, à hampe courte; involucre res-

serré au sommet. ♃. Collines du Midi. Environs de
Paris. (MÉRAT.)

2. CARDONCELLE DE MONTPELLIER (*C. Monspelien-
sium*, ALL. *Carth. carduncellus*, L.).

Diffère du précédent par ses feuilles plus épineuses
et plus découpées, par sa fleur plus grosse et par son
involucre moins resserré au sommet. ♃. Provence,
Dauphiné, Languedoc.

Genre BÉRARDIE (*Berardia*, VILL. *Arctium*, DC.).

Involucre non épineux, imbriqué; toutes les fleurs
hermaphrodites; réceptacle un peu alvéolé; graines
lisses, prismatiques; aigrettes persistantes.

Espèce 1. BÉRARDIE A TIGE COURTE (*Berardia subacaulis*, VILL. dauph. 3. p. 27. t. 22. *Arctium lanu-
ginosum*, DC.).

Tige tomenteuse, simple, uniflore; feuilles simples,
pétiolées, blanchâtres, décurrentes sur le pétiole,
arrondies; fleur jaunâtre. ♃. Alpes du Piémont et
du Dauphiné, mont de Lans, Bourg-d'Oysans, etc.

Genre BARDANE (*Arctium*, LIN. *Lappa*, DC. LAM.).

Involucre sphérique, imbriqué, à folioles courbées
en manière de hameçon; toutes les fleurs hermaphrodites; réceptacle paléacé; aigrettes courtes,
persistantes. (Voy. *Atl.*, pl. 67, f. 3.)

Espèce. BARDANE COMMUNE (*Arctium lappa*, L.
sp. 1143).

Tige dressée, rameuse, velue; feuilles grandes,
pétiolées, cordiformes entières; fleurs purpurines.
♂. Commune dans les lieux gras et fertiles. Les auteurs en font à tort quatre espèces. La variété qui a les
fleurs plus petites et disposées en tête, est la *lappa
minor*, DC.; celle qui a les fleurs en manière de
corymbe et les involucres filamenteux, est la *lappa
major*, DC.; celle qui a les involucres glabres, la

lappa glabra, Lam. La racine de bardane est très employée comme sudorifique.

Genre SARRÈTE (*Serratula*, Linné).

Involucre imbriqué, à folioles non épineuses; toutes les fleurs partielles hermaphrodites; réceptacle à paillettes simples; aigrettes poilues, roides et persistantes.

Espèce 1. Sarrète des teinturiers (*Serratula tinctoria*, L. sp. 1144).

Tige rameuse, dressée, haute de 2-3 pieds; feuilles glabres, à dents aiguës, un peu pinnatifides à leur base; fleurs purpurines, en corymbe terminal; involucre glabre. ♃. Bois ombragés.

2. Sarrète couronnée (*S. coronata*, L. sp. 1144).

Diffère de la précédente par ses feuilles plus découpées, par ses fleurs de deux, trois fois plus grosses, et par son involucre velu. ♃. Piémont, Savoie. (Rare.)

3. Sarrète a feuilles variables (*S. heterophylla*, Desf. cat. p. 93).

Tige glabre, rameuse; feuilles ovales, pinnatifides-dentées, légèrement épineuses, supérieures sessiles; fleurs purpurines, solitaires; involucre glabre, à folioles ovales. ♃. Dauphiné.

4. Sarrète a tige nue (*S. nudicaulis*, L. sp. 1300).

Tige simple, presque nue; feuilles radicales entières, oblongues; caulinaires lancéolées et un peu dentées; fleur purpurine, solitaire; involucre à folioles ovales-mucronées. ♃. Dauphiné, Piémont.

5. Sarrète humble (*S. humilis*, Desf. atl. 244).

Feuilles toutes radicales, pinnatifides, cotonneuses en dessous; fleur purpurine, portée sur un pédicelle

radical, cotonneux, plus court que les feuilles. ♃.
Pyrénées, Cévennes. (Rare.)

6. SARRÈTE ARTICHAUT (*S. cynaroides*, DC. *S. centauroides*, L. *Stemmachanta cynaroides*, CASS.)

Tige cannelée, épaisse, simple, haute de 2-3 pieds;
feuilles très grandes, pinnatifides, blanches en dessous, ressemblant un peu à celles de l'artichaut; fleurs
très grosses, purpurines; involucre à folioles noirâtres.
♃. Pyrénées, au mont Sacou. (RAM.)

7. SARRÈTE RHAPONTIC (*S. rhaponticum*, DC. *Cent.
rhaponticum*, L. sp. 1294).

Tige presque simple, haute de 2 pieds; feuilles pétiolées, oblongues - cordiformes; dentées, blanches
en dessous; les caulinaires pinnatifides; fleur très
grosse, terminale. ♃. Cette jolie plante croît en Piémont, en Dauphiné, à Grenoble, près Gap, etc.

Genre CENTAURÉE (*Centaurea*, LINNÉ).

Involucre imbriqué de folioles épineuses, foliacées,
scarieuses, ciliées, etc.; fleurs de la circonférence plus
grandes et stériles; réceptacle hérissé de paillettes laciniées; aigrettes à poils roides.

* *Involucre à folioles entières, foliacées, non épineuses.*

Espèce 1. CENTAURÉE COMMUNE (*Centaurea centaurium*, L. sp. 1297).

Tiges glabres, rameuses, hautes de 4-6 pieds;
feuilles grandes, pinnatifides, à lobes oblongs, dentées,
décurrentes; fleurs purpurines, grosses, en corymbes
irréguliers; folioles de l'involucre ovales-obtuses. ♃.
Alpes du Piémont.

2. CENTAURÉE DES ALPES (*C. Alpina*, L. sp. 1286).

Tige presque simple, haute de 3-4 pieds; feuilles
glabres, un peu glauques, pinnatifides, à lobes linéaires dentés dans le bas; fleurs jaunes, terminales.
♃. Alpes de la Savoie, de la Suisse.

3. ·Centaurée crupine (*C. crupina*, L. sp. 1285).

Tige droite, glabre, rameuse, haute de 1-3 pieds;
feuilles radicales, ovales, presque entières, les autres
très découpées, rudes sur les bords; fleurs purpurines, très minces, allongées; involucre à folioles lancéolées. ♃. Collines stériles des Alpes, du Piémont,
du Languedoc, etc.

** *Involucre à folioles ciliées non épineuses.*

4. Centaurée jacée (*C. jacea*, L. sp. 1293).

Tige dressée, haute de 2 pieds, velue, blanchâtre,
rameuse; feuilles lancéolées, entières, rudes; fleurs
purpurines; involucre à folioles luisantes, ciliées,
déchirées au sommet. ♃. Dans les prés et au bord
des bois.

5. Centaurée noiratre (*C. nigrescens*, Willd. sp.
3. p. 2288).

Tige dressée, haute de 1-2 pieds, presque glabre;
feuilles lancéolées, grisâtres, lobées-pinnatifides;
fleurs purpurines; involucre à folioles noirâtres. ♃.
Prés et lieux ombragés.

6. Centaurée noire (*C. nigra*, L. sp. 1288).

Tige de 1-2 pieds, simple, presque glabre; feuilles
lancéolées, les radicales sous-pinnatifides; fleurs purpurines, terminales; involucre à folioles dressées, noirâtres, les plus intérieures entières; toutes les petites
fleurs égales et hermaphrodites. ♃. Commune dans
les prés, au bord des bois.

7. Centaurée variable (*C. mutabilis*, Saint-Amans,
mem. mus. p. 477. t. 24).

Ressemble à la *jacea* par le facies; tige dressée, rameuse, tomenteuse; feuilles cotonneuses, les inférieures entières ou plus ou moins lyrées, les caulinaires toujours entières; fleurs purpurines; involucre
globuleux, à folioles pubescentes, les extérieures

ovales, acuminées et munies de longs cils, les intérieures lancéolées-spatulées, à peine ciliées. ♃. Environs d'Agen. (St.-Am.)

8.. Centaurée flosculeuse (*C. flosculosa*, Willd.
sp. 3. p. 2285).

Tige dressée, simple, hérissée; feuilles lancéolées,
pointues, dressées, d'un vert foncé; fleur purpurine,
terminale; toutes les petites fleurs égales; involucre à
folioles prolongées en une pointe recourbée. ♃. Prairies
des hautes montagnes.

9. Centaurée uniflore (*C. uniflora*, L. mant. 148).

Tige simple, uniflore, haute de 8-12 pouces; feuilles
blanchâtres-cotonneuses, lancéolées, un peu dentées;
fleur purpurine, assez grosse; involucre plumeux. ♃.
Hautes-Alpes. Commune au Lautaret.

10. Centaurée phrygienne (*C. phrygia*, L. sp. 1287).

Diffère de la précédente par la fleur plus grosse, les
feuilles vertes, plus larges et sa tige plus haute. ♃.
Hautes montagnes. Je l'ai recueillie à Villars-Eymont.

11. Centaurée pectinée (*C. pectinata*, L. sp. 1287).

Diffère de l'uniflore par sa tige rameuse, ses fleurs
deux fois plus petites, ses feuilles inférieures lyrées, et
son involucre à folioles verdâtres. ♃. Environs de
Narbonne et de Montpellier.

12. Centaurée pullata (*C. pullata*, L. sp. 1288).

Tiges simples, menues, uniflores, courtes; feuilles
radicales, longues, dentées, sinuées, velues; caulinaires presque entières; fleur assez grande, purpurine
ou blanche; folioles de l'involucre lancéolées, ciliées
au sommet. ⊙. Midi de la France.

13. Centaurée de montagne (*C. montana*, L.
sp. 1289).

Tige simple, dressée, haute de 10-18 pouces, uniflore ; feuilles décurrentes, cotonneuses, allongées, entières, lancéolées-pointues ;. fleur assez grande, d'un beau bleu. ♃. Commune dans les montagnes.

14. **Centaurée bluet** (*C. cyanus*, L. sp. 1289).

Tiges rameuses, hautes de 2-3 pieds ; feuilles cotonneuses , sessiles , linéaires , entières ; les inférieures découpées à la base ; fleurs bleues. ☉. Commune dans les champs. Le *bluet*, appelé vulgairement *barbeau*, *casse-lunette*, passait autrefois pour ophthalmique.

15. **Centaurée tachée** (*C. maculosa*, Lam. D. 1. p. 669).

Tige haute de 2-3 pieds ; feuilles inférieures bipinnatifides, pubescentes, supérieures pinnatifides ; fleurs purpurines ; involucre globuleux , à folioles obtuses , ciliées, et marquées d'une tache noire. ♃. Commune en Roussillon , Languedoc , etc.

16. **Centaurée cendrée** (*C. cinerea* , Lam. D. 1. p. 669).

Tige rameuse, grisâtre , ainsi que toute la plante, haute de 1-2 pieds ; feuilles un peu cotonneuses, les radicales pinnatifides , à lobes linéaires - lancéolés , obtus ; les supérieures pinnatifides à leur base ; fleurs purpurines ; involucre cylindrique. ♃. Languedoc ? Piémont, Italie. La *centaurea candidissima* , Lam., en est voisine.

17. **Centaurée paniculée** (*C. paniculata*, L. sp. 1289).

Tige rameuse, blanchâtre, ainsi que toute la plante, haute de 1-2 pieds ; feuilles inférieures bipinnatifides, supérieures pinnatifides ; fleurs purpurines, assez petites ; folioles de l'involucre ciliées, ovales, pressées. ♂. Commune dans les lieux arides du Dauphiné, de la Provence, etc.

18. **Centaurée scabieuse** (*C. scabiosa*, L. sp. 1291).

Tige dressée , rameuse, haute de 1-3 pieds, glabre ; feuilles inférieures pinnatifides , à folioles allongées,

sous-pinnatifides, glabres ; les supérieures moins découpées ; fleurs grosses, purpurines ; folioles de l'involucre
ciliées, pubescentes. ♃. Assez commune dans les
champs secs et calcaires.

19. CENTAURÉE CHICORÉE (*C. intybacea*, LAM. D. 1.
p. 671).

Tige sous-ligneuse, haute de 2-3 pieds, rameuse ;
feuilles persistantes, fermes, lancéolées-linéaires, pinnatifides ou laciniées à la base, à lobes simples, aigus ;
fleurs solitaires, blanches ou purpurines ; folioles de
l'involucre glabres. ♄. Environs de Narbonne. Près
de cette espèce se place la *centaurea sempervirens*, L.

.+** *Involucre à folioles scarieuses, ni ciliées ni épineuses.*

20. CENTAURÉE BRILLANTE (*C. splendens*, L. sp. 1293).

Tige rameuse, anguleuse, haute de 3 - 4 pieds ;
feuilles inférieures bipinnatifides, linéaires ; les supérieures ailées, à lobes linéaires, un peu dentées; fleurs
purpurines, en corymbe ; folioles de l'involucre mucronées. ♂. Provence ? Italie.

21. CENTAURÉE AMÈRE (*C. amara*, L. sp. 1292).

Tige anguleuse, simple ; feuilles lancéolées, les radicales quelquefois lyrées; fleurs purpurines ou blanches ; involucre à folioles dressées, quelquefois ciliées
au sommet, noirâtres; toutes les fleurs partielles, hermaphrodites. ♃. Commune dans les bois secs, etc.

22. CENTAURÉE BLANCHE (*C. alba*, L. sp. 1293).

Diffère de la précédente par les folioles de l'involucre qui sont blanches, marquées d'une petite tache
noire surmontée par une arête ; par ses feuilles inférieures pinnatifides, à lobes linéaires très aigus; les
caulinaires sont à découpures plus écartées. ♂. Montagnes d'Auvergne ? Espagne.

23. CENTAURÉE DE LIPPIUS (*C. Lippii*, L. sp. 1266).

Tige très rameuse, haute de 1-3 pieds; feuilles ses-

siles, oblongues, dentées, les inférieures pinnatifides; fleurs purpurines, solitaires; folioles de l'involucre un peu cotonneuses, scarieuses au sommet et
très aiguës. ☉. Habite les environs de Montpellier, près
le pont Juvénal.

**** *Involucre à folioles portant des épines palmées.*

24. CENTAURÉE RUDE (*C. aspera*, L. sp. 1296).

Tiges cannelées, rougeâtres, rameuses; feuilles
lancéolées, sessiles, sinuées, dentées, un peu rudes;
fleurs purpurines, petites; folioles de l'involucre portant 3-5 épines rougeâtres. ♃. Départemens les plus
méridionaux.

25. CENTAURÉE GAZONNANTE (*C. cœspitosa*, VAHL.
symb. 2. p. 93).

Tige couchée, rameuse, un peu étalée; feuilles
lancéolées - pinnatifides, à segmens incisés - dentés;
les radicales pétiolées; les supérieures embrassantes;
involucre globuleux, arachnoïdéo - tomenteux, à
folioles ovales, munies d'épines palmées, réfléchies en
partie. ♃. Corse, Sicile.

26. CENTAURÉE SÉRIDE (*C. seridis*, L. sp. 1294).

Tige rameuse, cotonneuse, haute de 10-15 pouces;
feuilles décurrentes, lancéolées-oblongues, blanchâtres,
à dents légèrement épineuses; fleurs purpurines, terminales; folioles de l'involucre portant des épines palmées, jaunâtres, réfléchies. ♃. Provence, Languedoc.

27. CENTAURÉE A FEUILLES DE LAITRON (*C. sonchifo-
lia*, L. sp. 1294).

Diffère de la précédente par ses feuilles à peine cotonneuses, très peu décurrentes; par ses fleurs plus
petites et moins épineuses. ☉. Provence, Italie, Espagne.

28. CENTAURÉE A FEUILLES DE NAVET (*C. napifolia*,
L. sp. 1295).

Tige branchue, dressée; feuilles inférieures pétiolées, lyrées, à lobe terminal, grand, arróndi ; supérieures linéaires, presque entières ; fleurs purpurines, terminales ; folioles de l'involucre portant 5-7 épines dressées, courtes. ☉. Corse, Sardaigne.

***** *Involucre à folioles terminées par une épine rameuse à sa base.*

29. CENTAURÉE CHAUSSE-TRAPE (*C. calcitrapa*, L. sp. 1297).

Tige dressée, étalée, très rameuse ; feuilles pinnatifides, à découpures étroites, pointues, quelques unes seulement dentées ; fleurs partielles, toutes égales ; involucre glabre, dont chaque foliole est terminée par une épine rameuse. ♂. Cette plante, appelée *chardon étoilé*, est commune au bord des chemins.

30. CENTAURÉE FAUSSE CHAUSSE-TRAPE (*C. calcitrapoides*, L. sp. 1297).

Tige très rameuse, dressée, étalée, haute de 3-5 pieds ; feuilles linéaires-oblongues, offrant à peine quelques dents ; fleurs purpurines. ♃. Environs de Nîmes, Gap, etc. (Rare.)

31. CENTAURÉE MYACANTHE (*C. myacantha*, DC. *C. calcitrapoides*, THUIL. fl. p.).

Tige glabre, haute de 6-8 pouces, très rameuse ; feuilles lancéolées, dentées, quelquefois un peu lyrées à la base ; fleurs purpurines, terminales ; involucre glabre, à folioles recourbées au sommet et portant 5-6 épines. ♃. Environs de Paris, à Versailles, Vincennes, etc.

32. CENTAURÉE DE POUZIN. (*C. Pouzini*, DC. cat. h. monsp. 91).

Tiges anguleuses, hautes de 1-2 pieds, presque glabres, étalées ; feuilles embrassantes, oblongues, pubescentes ; les inférieures pinnatifides, les supérieures à dents éloignées ; fleurs purpurines, solitaires ;

involucre ressemblant un peu à celui de la précédente. ♂. Environs de Montpellier, de Narbonne. ·

33. CENTAURÉE BATARDE (*C. hybrida*, ALL. ped.
n. 593).

Tige rameuse, à branches divergentes, anguleuse ;
feuilles radicales, nombreuses, blanchâtres, pinnatifides, à lobes entiers; supérieures linéaires-lancéolées; fleurs jaunes, petites; folioles de l'involucre
ciliées et épineuses. ♂. Provence, Italie.

34. CENTAURÉE CHARDON-BÉNIT (*C. benedicta*, L. sp.
1296).

Tiges laineuses, rameuses, hautes de 2-3 pieds ;
feuilles demi-décurrentes, oblongues, dentées, un peu
épineuses; fleurs jaunes, entourées de bractées; involucre à folioles portant des épines rameuses, jaunâtres.
☉. Provence, Languedoc. Le *chardon-bénit* passe
pour sudorifique.

35. CENTAURÉE BLEUE (*C. cærulea*, *Carth. cæruleus*,
L. sp. 1163).

· Tige simple, uniflore ; feuilles lancéolées, dentées-
épineuses ; fleur bleue, terminale; folioles extérieures
de l'involucre foliacées, les intérieures scarieuses,
dentées au sommet. Environs de Fréjus, Corse. La
· *Centaurea tingitana*, *Carth. tingitanus*, L. sp., qui
a les fleurs bleues, les feuilles radicales ailées, et les
caulinaires incisées épineuses, croît aussi en Corse.

36. CENTAURÉE LAINEUSE (*C. lanata*, DC. *Carthamus
lanatus*, L. sp. 1163).

Tige droite, haute de 2-3 pieds, laineuse dans le
haut; feuilles embrassantes, les inférieures pinnatifides-dentées, les supérieures pinnatifides, dentées-
épineuses ; fleurs jaunes; folioles externes de l'involucre pinnatifides; les internes cartilagineuses, ciliées,
épineuses. ☉. Commune au bord des chemins, dans
les lieux secs.

37. Centaurée du solstice (*C. solstitialis*, L. sp.
1297).

Tige branchue, dressée, ailée; feuilles blanchâtres,
décurrentes, les inférieures pinnatifides, grandes, les
supérieures entières, petites, linéaires; fleurs terminales, d'un beau jaune; involucre glabre, à folioles
terminées par 5 épines. ⊙. Au bord des champs secs,
principalement dans le Midi.

38. Centaurée de la Pouille (*C. apula*, Desf. atl. 2.
p. 300).

Diffère de la précédente par ses fleurs réunies 2-3
ensemble, par ses feuilles presque glabres, les radicales obtuses, et enfin parce que les épines du milieu
sont rameuses. ⊙. Languedoc, Roussillon, Corse.

39. Centaurée de Malte (*C. Melitensis*, L. sp. 1297).

Tige cannelée, pubescente, rameuse; feuilles un
peu blanchâtres, oblongues, profondément dentées
ou pinnatifides, à lobes éloignés, un peu aigus; fleurs
jaunes, sessiles, garnies de 2-3 bractées. ⊙. Languedoc.

40. Centaurée des collines (*C. collina*, L. sp. 1298).

Tige dressée, rameuse, haute de 1-3 pieds; feuilles
rudes au toucher, fermes; les radicales bipinnatifides; les caulinaires pinnatifides, à lobes lancéolés;
fleurs jaunes, solitaires. ♃. Croît dans les moissons,
en Languedoc, Provence, Piémont, Espagne.

41. Centaurée centauroïde *C. centauroïdes*, L. sp.
1298).

Diffère de la précédente par sa taille plus haute,
par ses feuilles inférieures une seule fois pinnatifides, à lobes plus grands; par ses fleurs plus grandes,
et enfin par ses involucres cotonneux à la base et peu
épineux. ♃. Environs de Montpellier.

42. CENTAURÉE DE SALAMANQUE (*C. Salmantica* , L. sp. 1299).

Cette espèce a les folioles de l'involucre terminées par une seule épine; tige grêle, striée, haute de 3-5 pieds; feuilles rudes, les inférieures lyrées, les caulinaires lancéolées, dentées; fleurs purpurines, solitaires. ♃. Languedoc, Provence. Les *centaurea Isnardi*, *eriophora*, croissent en Espagne, et les *centaurea sicula*, *rupestris*, *chicoracea*, *muricata*, en Italie, Sicile, etc.

Genre CHARDON (*Carduus*, LIN.).

Involucre imbriqué, à folioles épineuses; toutes les fleurs partielles hermaphrodites; réceptacle à paillettes soyeuses; aigrettes caduques, pointues; feuilles épineuses, décurrentes. (V. *Atl.*, pl. 67, f. 2.)

Espèce 1. CHARDON MARIE (*Carduus Marianus*, L. sp. 1153).

Tige rameuse, droite, haute de 2 pieds, glabre; feuilles sessiles, embrassantes, oblongues, sinuées-épineuses, souvent tachées de blanc; fleurs purpurines, grandes, solitaires, terminales; involucre à folioles ciliées-épineusés, terminées par une longue épine. ☉. Croît au bord des chemins.

2. CHARDON LEUCOGRAPHE (*C. leucographus*, L. sp. 1149).

Tige rameuse, haute de 2 pieds; feuilles lisses, sinuées-épineuses, oblongues, maculées de blanc, obtuses au sommet; fleurs penchées, purpurines, solitaires, à pédoncules longs, un peu cotonneux. ☉. Provinces méridionales.

3. CHARDON A FLEURS PETITES (*C. tenuiflorus*, SMITH. fl. brit. 849).

Tige cannelée, cotonneuse, ailée, rameuse, haute de 2 pieds; feuilles oblongues, sinueuses, à lobes anguleux, épineux, velues-arachnoïdes; fleurs purpurines, petites, sessiles, agglomérées. ⊙. Au bord des chemins et des murs. Le *carduus pycnocephalus*, L., croît en Italie, Piémont, et se distingue à ses pédoncules, qui ne sont pas ailés.

4. CHARDON DES SABLES (*C. arenarius*, DESF. atl. 2. p. 247).

Tige simple, dressée, ailée; feuilles oblongues, cotonneuses, dentées profondément, à lobes épineux; fleurs roses, peu nombreuses, à pédicelles courts; involucre globuleux. ♂. Italie, Provence.

5. CHARDON A FEUILLES D'ACANTHE (*C. acanthoides*, L. sp. 1150).

Tige rameuse, haute de 3-4 pieds, ailée, munie d'épines sur les ailes; feuilles oblongues, sinuées-épineuses, décurrentes; fleurs purpurines, globuleuses; involucre à folioles linéaires, recourbées. ⊙. Croît dans les champs, où on le distingue aisément à son aspect noirâtre.

6. CHARDON A TÊTES PENCHÉES (*C. nutans*, L. sp. 1150).

Tige peu rameuse, dressée, haute de 2-3 pieds, velue; feuilles décurrentes, lancéolées, pinnatifides, à dents épineuses; fleurs purpurines, grosses, penchées, solitaires; pédoncules blanchâtres, non épineux. ♂. Commun dans les lieux arides.

7. CHARDON NOIRATRE (*C. nigrescens*, VILL. dauph. 3. p. 5).

Diffère du précédent par sa taille plus petite, ses feuilles découpées, plus menues, ses fleurs d'un pourpre noir, et enfin par les folioles de son involucre beaucoup plus étroites. ♂. Dauphiné, Provence, Languedoc.

8. CHARDON DE LA SAINTE-BAUME (*C. Sanctæ-Balmæ*, Lois. an. soc. lin. p. 1827).

Tige dressée, rameuse; feuilles décurrentes, oblon-

gues, sinuées-pinnatifides, cotonneuses, à dents épineuses ; fleurs presque sessiles, terminales, réunies
2-3; folioles de l'involucre roides, subulées, un peu
laineuses. ♃. Environs de Toulon.

9. CHARDON CÉPHALANTHE (*C. cephalanthus*, VIV. fl.
cors. p. 14).

Tige rameuse, ailée, un peu laineuse ; feuilles oblongues-lancéolées, sinuées-pinnatifides, épineuses; fleurs
purpurines, terminales, épineuses, les folioles intérieures non épineuses. — Corse.

10. CHARDON PODACANTHE (*C. podacantha*, DC. fl. fr.
3018).

Ressemble un peu au *nutans*, mais il en est très distinct par ses pédoncules garnis d'appendices foliacés
épineux ; fleurs blanches, grosses. ♂. Dauphiné. Je
l'ai recueilli au Lautaret.

11. CHARDON CRÉPU (*C. crispus*, L. sp. 1150).

Tige glabre, très rameuse, haute de 2-3 pieds;
feuilles décurrentes, oblongues, sinuées-crépues,
très épineuses sur les bords; fleurs purpurines, rapprochées ; folioles de l'involucre peu épineuses. ☉.
Commun au bord des chemins.

12. CHARDON DÉFLEURI (*C. defloratus*, L. sp. 1152).

Tige presque nue, simple, haute de 2-3 pieds;
feuilles décurrentes, pinnatifides-dentées, peu épineuses, ciliées, les. radicales entières ; fleurs petites,
purpurines, terminales, à pédoncules grêles très longs.
♃. Lieux pierreux des montagnes.

13. CHARDON INTERMÉDIAIRE (*C. medius*, GOUAN. ill.
p. 62. t. 24).

Tige simple, haute de 2 pieds ; feuilles décurrentes,
pinnatifides, à découpures trilobées, ciliées et épineuses sur les bords; fleur purpurine, solitaire, penchée, à pédoncule cotonneux très long. ♃. Environs
de Barrèges.

14. CHARDON A FEUILLES DE CARLINE (*C. carlinæfolius,* LAM. D. 1. p. 700).

Tige de 1-2 pieds; feuilles décurrentes, glabres, pinnatifides, à épines jaunâtres; fleur purpurine, solitaire, à pédoncule dressé, cotonneux au sommet. ♃. Croît dans les Pyrénées et les Alpes.

15. CHARDON ARGÉMONE (*C. argemone,* LAM. D. 1. p. 700).

Tige dressée, haute de 1-2 pieds, à ailes épineuses, dentelées; feuilles décurrentes, glabres, sinuées-pinnatifides, ciliées-épineuses; fleur purpurine, solitaire, à pédoncule court, cotonneux; involucre arachnoïde, à folioles épineuses, ciliées. ♂. Pyrénées.

16. CHARDON FAUSSE-CARLINE (*C. carlinoides* GOUAN. *Carlina Pyrenaica,* L. sp.).

Plante blanche, cotonneuse; tige peu rameuse, haute de 12-18 pouces; feuilles décurrentes, pinnatifides, à lobes palmés, épineux; fleurs nombreuses, purpurines, agglomérées. ♃. Je l'ai reçue des Pyrénées.

17. CHARDON FAUSSE-BARDANE (*C. personata,* L. sp. 1144).

Tige rameuse, droite, haute de 2-3 pieds; feuilles blanchâtres en dessous, les radicales pinnatifides à leur base; les supérieures demi-décurrentes, oblongues, dentées, épineuses; fleurs purpurines ramassées plusieurs ensemble; folioles de l'involucre recourbées. ♂. Prairies des Alpes. Il est commun à la Grande-Chartreuse.

††† Aigrette plumeuse.

Genre CIRSE (*Cirsium,* TOURNEF. *Carduus et Cnicus,* L.).

Involucre imbriqué de folioles subulées, acérées ou épineuses au sommet; toutes les fleurs hermaphrodites; réceptacle paléacé, aigrette plumeuse.

* *Feuilles décurrentes; fleurs purpurines ou blanches.*

Espèce 1. Cirse des marais (*Cirsium palustre*, Scop. *Carduus palustris*, L. sp. 1151. *Onotrophe palustris*, Cass.).

Tige simple, droite, haute de 4-5 pieds; feuilles lancéolées, dentées-épineuses sur les bords; fleurs purpurines, en tête, agglomérées; folioles de l'involucre lancéolées, mucronées, serrées. ♃. Commun dans les prés humides.

2. Cirse hybride (*C. hybridum*, DC. suppl.).

Tige sillonnée, hérissée; feuilles très décurrentes comme dans le précédent; fleurs rougeâtres. ♃. Palatinat. MM. Koch et De Candolle regardent cette plante comme un hybride du *palustre* et de l'*oleraceum*.

3. Cirse lancéolé (*C. lanceolatum*, Scop. *Carduus lanceolatus*, L. sp. 1149. *Eriolepis lanceolata*, Cass.).

Tige grosse, rameuse, haute de 3-4 pieds, ailée; feuilles grandes, découpées profondément, en lobes étroits, lancéolés, finissant en une longue épine; fleurs grosses, rougeâtres; involucres un peu velus. ♂. Commun au bord des chemins et dans les lieux cultivés.

4. Cirse acarna (*C. acarna*, DC. *Cnicus acarna*, L. sp. 1158).

Tige rameuse, tomenteuse, haute de 2 pieds, fistuleuse; feuilles décurrentes, lancéolées, blanches, laineuses, dentées-épineuses; fleurs petites, purpurines, oblongues, agglomérées, munies de bractées. ♃. Départemens du Midi.

5. Cirse de Montpellier (*C. Monspessulanum*, All. *Carduus Monsp.* L.).

Tige grosse, blanchâtre, haute de 4-6 pieds; feuilles simples, lancéolées, lisses, glauques, munies de cils épineux ; fleurs petites, purpurines, réunies plusieurs ensemble. ♃. Prés humides du Midi.

6. CIRSE DES PYRÉNÉES (*C. Pyrenaicum*, DC. *Carduus Pyrenaicus*, GOUAN.).

Diffère du précédent par ses feuilles blanches, tomenteuses en dessous, et ses fleurs plus ramassées. ♃. Pyrénées.

7. CIRSE DES PRÉS (*C. pratense*, DC. *Carduus tuberosus*, L. sp. 1154).

Tige haute de 3-4 pieds, cotonneuse inférieurement ; feuilles grandes, sinuées-pinnatifides, glabres sur les deux faces, ciliées-épineuses sur les bords ; fleurs purpurines à pédoncules uniflores, cotonneux. ♃. Prairies du Midi. (Rare.)

** *Feuilles embrassantes; fleurs jaunâtres.*

8. CIRSE TRÈS ÉPINEUX (*C. spinosissimum*, SCOP. *Cnicus spinosissimus*, L. sp. 1157).

Tige cannelée, haute de 12-15 pouces ; feuilles allongées, pinnatifides, très épineuses ; fleurs jaunâtres, ramassées, et munies de longues bractées jaunâtres, pubescentes, épineuses. ♃. Commun dans les hautes sommités des Alpes.

9. CIRSE GLABRE (*C. glabrum*, LAPEYR.).

Distinct du précédent par sa surface extrêmement glabre, ses épines plus fortes et plus nombreuses, et ses feuilles moins échancrées en cœur. ♃. Je l'ai reçu des Pyrénées de M. Pouzolz.

10. CIRSE POTAGER (*C. oleraceum*, ALL. ped. n. 545. *Cn. oleraceus*, L. *Onotrophe oleracea*, CASS.).

Tige de 4-5 pieds, presque simple, blanchâtre ; feuilles grandes, pinnatifides, garnies de cils épineux ; fleurs terminales, jaunâtres, agglomérées, sessiles, entourées de bractées jaunâtres, ciliées. ♃. Croît dans les prés marécageux.

11. CIRSE DE TARTARIE (*C. tataricum*, ALL. *Cnicus tataricus*, L. sp. 1155?).

Distinct du précédent par ses feuilles inférieures pinnatifides, les supérieures entières, lancéolées, et par ses fleurs solitaires. ♃. Vallées humides des Alpes.

12. CIRSE ROUSSATRE (*C. rufescens*, DC. fl. fr. 3081).

Tige cannelée, droite, haute de 3-4 pieds, couverte de poils roussâtres, ainsi que toute la plante; feuilles inférieures pétiolées, sinuées-incisées, ciliées-épineuses; fleurs sessiles, jaunâtres, agglomérées 3-4, entourées de bractées. ♄. Hautes-Pyrénées. (RAM.)

13. CIRSE JAUNATRE (*C. ochroleucum*, ALL. *Card. erisithales*, L. sp.?).

Tige cannelée, pubescente, haute de 3-4 pieds; feuilles profondément pinnatifides et munies de cils épineux, les inférieures pétiolées; fleurs jaunâtres, à pédoncules laineux, réunies 2-3. ♃. Prairies humides des Alpes, au Lautaret, au bourg d'Oysans, etc.

14. CIRSE GLUTINEUX (*C. glutinosum*, LAM. *C. erisithales*, WILLD.).

Diffère du précédent par sa tige et ses pédoncules très glabres, ses fleurs penchées à pédoncules longs, et son involucre visqueux. ♃. Aussi commun que l'*ochroleucum* dans les mêmes lieux.

15. CIRSE A FEUILLES DE ROQUETTE (*C. erucagineum*, LAM. *C. erisithales*, ALL.).

Ressemble encore à l'*ochroleucum*; mais M. De Candolle l'en distingue par ses feuilles velues et blanchâtres en dessous, partagées en lanières plus étroites uninervées, et par ses fleurs sessiles. ♃. Alpes, Jura.

16. CIRSE D'ITALIE (*C. Italicum, Cnicus Italicus*, BERT. amœn. ital. 2:5).

Tiges laineuses, rameuses ; feuilles sessiles, embrassantes, pinnatifides, à découpures bifides, divergentes, épineuses; fleurs purpurines, réunies en une sorte de corymbe. ♃ ? Corse.

17. CIRSE A TROIS TÊTES (*C. tricephalodes*, LAM. *C. erisithales*, VILL.)..

Au premier coup d'œil on pourrait confondre cette plante avec l'*ochroleucum*, mais ses fleurs sont purpurines, ainsi que ses bractées et ses involucres ; les feuilles sont pinnatifides, à segmens uninervés. ♃. Pâturages humides des montagnes.

18. CIRSE AMBIGU (*C. ambiguum*, ALL. DC.).

Tige haute de 2-4 pieds, velue inférieurement ; feuilles ciliées-épineuses, un peu cotonneuses en dessous; les inférieures pétiolées, oblongues, sinuées, acuminées; les supérieures auriculées, pinnatifides ; fleurs purpurines; involucre à folioles réfléchies au sommet. ♃. Alpes du Dauphiné. (Rare.)

19. CIRSE HÉTÉROPHYLLE (*C. heterophyllum*, DC. *Card. heterophyllus* β, L.).

Tige droite, presque simple, blanchâtre, haute de 2-3 pieds; feuilles embrassantes, lancéolées-cordiformes, blanches en dessous, dentées-ciliées, les inférieures presque entières; fleurs purpurines; folioles de l'involucre serrées. ♃. Croît au bord des ruisseaux dans les hautes montagnes.

20. CIRSE-BULBEUX (*C. bulbosum*, DC. *Card. bulbosus*, LAM. D. 1. p. 705).

Tige haute de 10-15 pouces, nue, cotonneuse; feuilles embrassantes, pinnatifides, ciliées-épineuses, à dé-

coupures bilobées, cotonneuses en dessous ; fleur souvent solitaire, assez grande, purpurine; folioles de
l'involucre mucronées, ouvertes. ♃. Prés humides.
(Rare.)

21. CIRSE DISSÉQUÉ (*C. dissectum,* THUIL. *C. anglicum ,* DC.).

Tige simple, uniflore, haute de 12-18 pouces, cotonneuse ; feuilles simples, sinuées, peu épineuses,
blanchâtres en dessous, embrassantes; fleur purpurine, assez grande; folioles de l'involucre mucronées,
rapprochées. ♂. Commun dans les prés humides en
Normandie, aux environs de Paris, en Dauphiné, etc.

22. CIRSE SANS TIGE (*C. acaule,* ALL. *Carduus acaulis,* L. sp. 1156. *Onotrophe acaulis,* CASS.)

Toutes les feuilles radicales étalées en rosette, pinnatifides, dentées, ciliées-épineuses; pédoncules radicaux, uniflores ; fleurs purpurines, assez grandes.
♃. Très commun dans les lieux secs, au bord des
chemins.

23. CIRSE DES CHAMPS (*C. arvense,* LAM. *Serratula arvensis,* L. sp. 1149).

Tige dressée, simple ou rameuse, haute de 3-4
pieds, glabre; feuilles sessiles, pinnatifides, crépues,
très épineuses, velues en dessous; fleurs purpurines,
pâles, agglomérées. ♃. Appelé vulgairement *chardon
hémorrhoïdal.* Trop commun dans les champs.

24. CIRSE A TÊTE LAINEUSE (*C. eriophorum,* SCOP.
Card. erioph. L. sp. 1153).

Tige droite, rameuse, haute de 3-4 pieds, velue ;
feuilles embrassantes, laineuses sur la face inférieure,
à découpures bifides, épineuses, divergentes, les radicales très grandes, étalées ; fleurs très grosses; involucre globuleux, arachnoïde, à folioles linéaires-mu-
cronées, réfléchies au sommet. ♂. Croît dans les prairies en Normandie, aux environs de Paris et dans les
lieux montagneux du Midi.

25. Cirse hérissé (*C. echinatum*, DC. *Card. echinatus*, Desf. atl.).

Tige cotonneuse, haute de 10-15 pouces, très branchue; feuilles sessiles, allongées, pinnatifides, à découpures bifides, épineuses; fleur purpurine, assez grosse; involucre ovale, laineux, à folioles terminées par une épine jaune. ♂.

26. Cirse féroce (*C. ferox*, DC. *Cnicus ferox*, L. mant. p. 109).

Se distingue du précédent par son involucre glabre et ses fleurs blanches. ♂. Dauphiné, Languedoc.

27. Cirse de Casabona (*C. Casabonæ*, DC. *Card. Casabonæ*, L. sp. 1153. *Lamyra triacantha*, Cass.).

Tiges de 2-4 pieds, presque simples, glabres; feuilles oblongues-lancéolées, pointues, cotonneuses en dessous, bordées de belles épines jaunes, ternées; fleurs purpurines. ♂. Limagne? Je l'ai reçue de Corse. (Rare.)

28. Cirse de Syrie (*C. Syriacum*, Goertn. fruct. 2. p. 383).

Tige rameuse, feuillée, dressée; feuilles oblongues, incisées, dentées-épineuses, veinées de blanc, embrassantes; fleurs presque sessiles, terminales ou axillaires, munies de bractées pinnatifides, épineuses; folioles de l'involucre rapprochées; épineuses. ☉. Croît en Corse.

29. Cirse étoilé (*C. stellatum*, All. ped. n. 560. *Lamyra stipulacea*, Cass.).

Facies de la *C. calcitrapa*; feuilles sessiles, lancéolées, très entières, sans épines, cotonneuses en dessous; épines axillaires, rameuses; fleurs purpurines, sessiles. ☉. Italie, Corse.

Genre SAUSSURÉE (*Saussurea*, DC. *Serratula*, L.).

Involucre imbriqué, à folioles jamais épineuses;
les extérieures aiguës; les intérieures obtuses; aigrettes
plumeuses.

Espèce 1. SAUSSURÉE DES ALPES (*Saussurea Alpina*,
DC. *Serratula Alpina*, L. sp. 1145).

Tige courte, haute de 3-6 pouces, simple; feuilles
presque entières, velues en dessous; les radicales lancéolées-oblongues, rétrécies en pétiole; les supérieures
sessiles; fleurs purpurines-bleuâtres, réunies 3-5; involucre velu. ♃. Hautes sommités des Pyrénées et
des Alpes. Je l'ai recueillie sur le Galibier et en
Savoie.

2. SAUSSURÉE DISCOLORE (*S. discolor*, DC. *Serratula
discolor*, WILLD.).

Tige haute de 4-8 pouces, simple; feuilles glabres
en dessus, très blanches en dessous, les radicales ovales, pétiolées, fortement dentées; les caulinaires lancéolées, sessiles; fleurs purpurines, réunies 5-6. ♃.
Hautes Alpes du Dauphiné. (Rare.)

Genre CARLINE (*Carlina*, LINNÉ).

Involucre imbriqué, à folioles extérieures lâches,
incisées, épineuses; les intérieures scarieuses, plus
colorées; réceptacle paléacé; aigrette sessile, plumeuse.

Espèce 1. CARLINE ACAULE (*Carlina acaulis*, L. sp.
C. *subacaulis*, DC.).

Tige quelquefois nulle, d'autres fois haute de 4 à 12
pouces, uniflore; feuilles glabres, pinnatifides, à
découpures incisées, dentées-épineuses; fleur grande,
purpurine. ♃. Commune dans les lieux stériles des
régions sous-alpines.

2. CARLINE A FEUILLES D'ACANTHE (*C. acanthifolia*, ALL. ped. n. 571).

Tige presque toujours nulle; feuilles blanchâtres, cotonneuses, larges, pinnatifides, à découpures peu profondes, dentées, anguleuses, épineuses; fleur très grande, garnie d'une couronne blanche. ♂. Cette belle plante habite les lieux secs des Alpes du Piémont, du Dauphiné, des Pyrénées. Je l'ai recueillie à Briançon. On mange son réceptacle. La *Carl.-cynara*, POURR., qui a les feuilles sessiles et les épines de l'involucre simples, est peut-être une espèce distincte.

3. CARLINE VULGAIRE (*C. vulgaris*, L. sp. 1161).

Tige haute de 1 pied, rameuse du haut, glabre; feuilles lancéolées, embrassantes, sinuées-dentées, épineuses, aiguës; supérieures lancéolées; fleurs blanchâtres; involucres à folioles roussâtres. ♂. Commune au bord des chemins.

4. CARLINE LAINEUSE (*C. lanata*, L. sp. 1160. *Mitina lanata*, CASS.).

Tige à suc rougeâtre, rameuse, blanchâtre, couverte de duvet ainsi que toute la plante; feuilles lancéolées, très épineuses; fleurs blanchâtres, assez grandes; folioles intérieures de l'involucre purpurines. ☉. Départemens méridionaux.

5. CARLINE EN CORYMBE (*C. corymbosa*, L. sp. 1160).

Tige simple, un peu cotonneuse; feuilles étroites, lancéolées, pinnatifides-dentées, glabres; fleurs jaunes, réunies 4-5 en corymbe. ☉. Dauphiné, Provence.

Genre ATRACTYLE (*Atractylis*, LINNÉ).

Involucre imbriqué, le plus ordinairement muni de bractées épineuses; fleurs extérieures femelles; les intérieures hermaphrodites, tubuleuses; paillettes étroites; aigrette plumeuse.

Espèce 1. ATRACTYLE GRILLÉE (*Atractylis cancellata*, L. sp. 1162).

Tige tomenteuse, rameuse, haute de 10-15 pouces; feuilles cotonneuses, arachnoïdes, embrassantes, lancéolées, ciliées-épineuses; fleurs terminales, renfermées entre des bractées étroites, épineuses, pinnatifides, qui forment une sorte de grillage. ☉. Montpellier.

2. ATRACTYLE HUMBLE (*A. humilis*, L..sp. 1162).

Tiges dressées, hautes de 8-10 pouces, glabres; feuilles sinuées; oblongues-lancéolées, dentées-épineuses; fleur terminale, renfermée dans les feuilles supérieures. ♃. Roussillon, Espagne. L'*atractylis gummifera* croît en Italie.

Genre ARTICHAUT (*Cynara*, LINNÉ).

Involucre très grand, imbriqué, à folioles mucronées, charnues à leur base; toutes les fleurs hermaphrodites; réceptacle épais, charnu, garni de soies; aigrette très longue.

Espèce. LE CARDON COMMUN (*Cynara cardunculus*, L. sp. 1159).

Tige haute de 4-5 pieds; feuilles grandes, pinnatifides, épineuses, à lobes décurrens; fleurs très grandes, bleues, terminales; involucre très épineux. ♃. Environs de Montpellier. Cultivé comme aliment. Les botanistes pensent que l'artichaut commun, *cynara scolymus*, L., n'en est qu'une variété de culture. Le *Cyn. humilis*, L., qui a les folioles de l'involucre subulées, croît en Corse, VIV.

Genre LEUZÉE (*Leuzea*, DC.).

Involucre sphérique, imbriqué, à folioles non épineuses, arrondies, scarieuses, déchirées au sommet; toutes les fleurs hermaphrodites; réceptacle hérissé de soies soudées à leur base; aigrette longue, sessile.

Espèce. LEUZÉE CONIFÈRE (*Leuzea conifera*, L. sp.
1294. *Cent. conifera*, L.).

Tige cotonneuse, simple, haute de 8-12 pouces;
feuilles tomenteuses en dessous; les radicales petites,
lancéolées, les caulinaires pinnatifides, plus étroites;
fleur grande, purpurine, terminale; involucre scarieux, roussâtre. ♃. Lieux montueux du Dauphiné,
du Lyonnais, de la Provence, etc.

Genre GALACTITE (*Galactites*, MOENCH. *Centaurea*, L.).

Involucre imbriqué, à folioles épineuses au sommet; fleurs du centre hermaphrodites; celles de la
circonférence plus grandes, stériles; réceptacle alvéolé, nu; aigrette plumeuse, caduque.

Espèce. GALACTITE COTONNEUSE (*Galactites tomentosa*, MOENCH. *Centaurea galactites*, L.).

Tige haute de 1-2 pieds, blanchâtre, cotonneuse;
feuilles longues, étroites, décurrentes, sinuées, épineuses, cotonneuses en dessous, chargées de taches
blanchâtres en dessus; fleurs purpurines. ♃. Départemens les plus méridionaux.

††† Aigrette rameuse, à poils droits. Réceptacle paléacé.

Genre STÆHELINA (*Stœhelina*, LINNÉ).

Involucre cylindrique, imbriqué, à folioles acuminées; toutes les fleurs hermaphrodites, à stigmate
simple; réceptacle étroit, paléacé; aigrette rameuse.

Espèce 1. STÆHELINA ARBRISSEAU (*Stœhelina arborescens*, L. mant. 111).

Tige arborescente, haute de 4 pieds, blanchâtre dans
le haut; feuilles très entières, pétiolées, elliptiques,
obtuses, d'un blanc soyeux en dessous; fleurs purpurines, en petits corymbes terminaux. ♄. Iles d'Hyères, Sardaigne; croît aussi dans l'Archipel ainsi que
le *stœhelina fruticosa*, L.

2. STÆHELINA DOUTEUX (*S. dubia*, L. sp. 1176).

Tige ascendante, haute de 1-2 pieds, très rameuse ; feuilles entières, sessiles, linéaires, denticulées, cotonneuses en dessous ; fleurs purpurines, cylindriques ; involucre très long, rougeâtre. ♄.. Provence, Corse.

††††† Réceptacle souvent nu ; graines couronnées d'aigrettes.

Genre CACALIE (*Cacalia*, LINNÉ).

Involucre simple, oblong, écailleux à sa base ; toutes les fleurs tubuleuses, hermaphrodites ; réceptacle nu ; aigrettes poilues.

Espèce 1. CACALIE DES ALPES (*Cacalia Alpina*, ℓ. L. sp. *C. Alpina*, JACQ.).

Tige haute de 6-12 pouces, glabres ; feuilles pétiolées, cordiformes, à larges dentelures, glabres ; fleurs purpurines, en corymbe régulier ; involucre contenant 3-5 fleurs. ♃. Commune dans les lieux pierreux des Alpes.

2. CACALIE PETASITE (*C. petasites*, LAM. D. 1. p. 531).

Tige haute de 1-2 pieds, un peu velue : feuilles grandes, pétiolées, cordiformes, dentées, blanchâtres en dessous ; fleurs purpurines, en corymbes irréguliers ; involucre contenant 3-5 fleurs. ♃. Alpes, Pyrénées, Mont d'Or.

3. CACALIE A FEUILLES BLANCHES (*C. leucophylla*, WILLD. sp. 3. p. 1736).

Cette belle espèce se distingue des deux précédentes par ses feuilles qui sont tomenteuses sur les deux faces, extrêmement blanches en dessous, et par ses involucres qui contiennent 15-20 fleurs. ♃. Hautes montagnes du Dauphiné. Je l'ai recueillie sur le Haut-Richard, en face le Lautaret.

Genre EUPATOIRE (*Eupatorium*, Linné).

Involucre cylindrique, imbriqué, presque simple ; réceptacle nu ; fleurs partielles peu nombreuses, toutes hermaphrodites, tubuleuses ; aigrette à poils simples.

Espèce 1. EUPATOIRE A FEUILLES DE CHANVRE (*Eupatorium cannabinum*, L. sp. 1173).

Tige haute de 4-5 pieds, droite, presque simple, pubescente ; feuilles opposées, presque pétiolées, partagées en 3 segmens, lancéolés, dentés en scie ; fleurs d'un rose blanc, en corymbe bien fourni. ♃. Commun au bord des fossés humides.

2. EUPATOIRE DE SOLEIROL (*E. Soleirolii*, Lois. an. soc. lin. p. 1827).

Tige rameuse ; feuilles opposées, dentées, glabres, simples ou tripartites ; fleurs rougeâtres, en corymbe ; involucres contenant 4-5 fleurs. ♃? Trouvé en Corse par M. Soleirol.

3. EUPATOIRE DE CORSE (*E. Corsicum*, Lois. an. soc. lin. p. 1827).

Tige simple ; feuilles pétiolées, ovales, pointues ; les inférieures opposées ; les supérieures alternes ; fleurs rougeâtres, en corymbe serré ; involucres contenant 5-6 fleurs. — Corse.

Genre PÉTASITE (*Petasites*, Desf. *Tussilago*, L.).

Involucre simple ; réceptacle nu, toutes les corolles tubuleuses ; aigrette simple, sessile.

Espèce 1. PETASITE COMMUN (*Petasites vulgaris*, Desf. *Tuss. petasites*, L., et *Tuss. hybrida*, L.).

Tige haute de 6-10 pouces, blanchâtre, garnie de folioles écailleuses ; feuilles naissant de la racine, très grandes, cordées-réniformes, inégalement denticulées, pubescentes en dessous ; fleurs purpurines, nombreuses , eu thyrse ovoïde. ♃. Prés humides. La variété *hybrida* a les feuilles plus petites et le thyrse oblong.

2. PETASITE BLANC (*P. albus* , GÆRTN. *Tussilago alba* , L. sp. 1214).

Se distingue du précédent par ses feuilles coton‑neuses , plus petites , plus rondes , anguleuses , et par ses fleurs blanches , en thyrse élargi. ♃. Alpes , Jura , Mont‑d'Or.

3. PETASITE BLANC DE NEIGE (*P. niveus* , *Tussilago nivea* , WILLD. sp.).

Feuilles oblongues‑cordiformes , inégalement den‑tées , à lobes divergens , abondamment couvertes de duvet blanc en dessous ; fleurs purpurines , en thyrse oblong. ♃. Croît au bord des ruisseaux, dans les Alpes du Dauphiné.

4. PETASITE ODORANT (*P. fragrans* , *Tussilago fra‑grans* , WILLD. sp.).

Feuilles pétiolées , arrondies‑cordiformes , pubes‑centes en dessous, à dentelures aiguës ; fleurs purpu‑rines, en thyrse corymbiforme ; hampe glanduleuse. ♃. Pyrénées (LAP.). Cultivé sous le nom d'*héliotrope d'hiver* , à cause de l'odeur suave de ses fleurs.

Genre TUSSILAGE (*Tussilago* , LINNÉ).

Involucre simple , réceptacle nu ; fleurs quelquefois radiées ; aigrette simple ; fleur solitaire.

Espèce 1. TUSSILAGE COMMUN (*Tussilago farfara* , L. sp. 1214).

Hampe radicale uniflore , naissant avant les feuilles, munie de bractées ; feuilles cordiformes‑anguleuses, dentées, pubescentes en dessous ; fleur jaune, presque toujours radiée. ♃. Commun au printemps , dans les champs argileux. Cette plante, appelée *Pas d'âne* , est très pectorale.

2. TUSSILAGE DES ALPES (*T. Alpina*, L. sp. 1213).

Tige droite, presque nue, haute de 6-12 pouces, grêle, pubescente; feuilles petites, arrondies-réniformes, les radicales pétiolées; fleur purpurine, terminale. ♃. Commun dans les pâturages des hautes montagnes.

Genre XÉRANTHÈME (*Xeranthemum*, LINNÉ).

Involucre imbriqué, à folioles obtuses, scarieuses, les intérieures plus longues, colorées; toutes les fleurs tubuleuses, hermaphrodites et fertiles au centre; réceptacle paléacé, aigrette à 5-10 paillettes.

Espèce 1. XÉRANTHÈME ANNUEL (*Xeranthemum annuum*, var. *a*, L.).

Tiges un peu ligneuses, rameuses, hautes de 1-3 pieds, cotonneuses, feuillées; feuilles entières, lancéolées, sessiles; fleurs roses ou blanches, grandes, terminales. ⊙. Provinces méridionales. On cultive cette plante sous le nom d'*immortelle*.

2. XÉRANTHÈME FERMÉ (*X. inapertum*, WILLD. *Xeranth. annuum β*, L.).

Tige simple ou rameuse, haute de 3-12 pouces, blanchâtre; feuilles lancéolées-oblongues, tomenteuses; fleurs roses, terminales; folioles extérieures de l'involucre ovales-arrondies, très glabres, acuminées; les intérieures lancéolées, conniventes; aigrette à 5 soies. ⊙. Provence, Dauphiné. Je l'ai trouvée à Briançon. (Rare.)

3. XÉRANTHÈME CYLINDRIQUE (*X. cylindricum*, SMITH. fl. gr. 2. p. 72).

Diffère du précédent par ses fleurs plus fermées, plus cylindracées, par les folioles de l'involucre, qui sont ovales, tomenteuses, obtusiuscules, et surtout par les aigrettes qui ont 10 paillettes. ⊙. Mêmes localités.

Genre ÉLYCHRYSE (*Elychrysum*, Gærtn.).

Involucre imbriqué, à folioles inégales, obtuses, scarieuses, le plus souvent colorées ; toutes les fleurs tubuleuses hermaphrodites ; réceptacle nu ; aigrette poilue ou un peu plumeuse.

Espèce 1. Élychryse des frimas (*Elychrysum frigidum*, Willd. sp. 3. p. 1908).

Petite plante à tige ascendante, longue de 1-3 pouces ; feuilles petites, cotonneuses, imbriquées, serrées ; fleurs solitaires sur chaque rameau, blanches, à fleurons jaunes. ♃. Cette charmante petite plante habite les plus hautes montagnes de la Corse, d'où je l'ai reçue de M. Thomas.

2. Élychryse perlé (*E. margaritaceum*, DC. *Gnaph. margaritaceum*, L.).

Tiges hautes de 2 pieds, simples, blanchâtres, ainsi que toute la plante ; feuilles linéaires-lancéolées, pointues, un peu roulées sur leurs bords ; fleurs blanches, à fleurons jaunes, réunies en corymbe terminal. ♃. Piémont, Mont-Cenis ; Angleterre. Cultivé.

3. Élychryse stæchas (*E. stæchas*, DC. *Gnaph. stæchas*, L. sp.).

Tige sous-ligneuse, grêle, blanchâtre ; feuilles linéaires, blanchâtres en dessous ; fleurs d'un beau jaune, ramassées en corymbes terminaux. ♄. Croît dans les départemens de l'ouest et de l'est.

4. Élychryse a feuilles étroites (*E. angustifolium*, Lois. fl. gall. 556).

Diffère du précédent par son corymbe plus fourni, ses feuilles plus étroites, presque glabres, et par ses pédoncules plus rameux. ♄. Italie, Corse ; dans les Cévennes.

5. ELYCHRYSE DES SABLES (*E. arenarium*, DC. *Gnaph. arenarium* , L.).

Tige cotonneuse , blanchâtre, ainsi que toute la plante ; feuilles éparses , entières , oblongues , les inférieures un peu spatulées ; fleurs d'un jaune brillant , en corymbe terminal. ♃. Croît en Alsace , dans le Palatinat : je l'ai recueilli en Dauphiné.

Genre GNAPHALE (*Gnaphalium*, LAM. *Gnaph. et Filago* , LINNÉ).

Involucre presque simple , à folioles intérieures scarieuses ; réceptacle nu , plane ; toutes les corolles tubuleuses (celles de la circonférence souvent stériles) ; aigrette simple, sessile.

Espèce 1. GNAPHALE JAUNATRE (*Gnaphalium luteo-album* , L. sp. 1196).

Tige très cotonneuse , ainsi que toute la plante , haute de 1-2 pieds, simple , dressée ; feuilles demi-embrassantes , linéaires-lancéolées , les inférieures obtuses , les supérieures pointues ; fleurs d'un jaune-paille , en petits corymbes serrés. ☉. Croît çà et là dans les lieux humides.

2. GNAPHALE REDRESSÉ (*G.-supinum* , L. syst. veg. 623).

Varie pour la taille ; tige petite , grêle , cotonneuse , peu feuillée , tombante ou très courte ; feuilles tomenteuses , linéaires-aiguës ; fleurs roussâtres, en petits corymbes. ♃. Croît communément dans les montagnes , au bord des torrens.

3. GNAPHALE DROIT (*G. rectum*, SMITH. *G. sylvaticum*, DC.).

Tige simple , dressée , haute de 10-18 pouces , velue, blanchâtre ; feuilles entières , linéaires-lancéolées , cotonneuses en dessous ; fleurs blanches ou roussâtres , en long épi terminal. ♃. Croît dans les bois élevés. Le *Gnaphalium sylvaticum*, L. , ne croît point en France.

4. GNAPHALE DES MARAIS (*G. uliginosum*, L. sp. 1200).

Tige très rameuse, cotonneuse, haute de 4-6 pouces ; feuilles molles, linéaires-lancéolées, tomenteuses, rétrécies aux deux extrémités ; fleurs terminales, d'un jaune roux, agglomérées par paquets. ☉. Commun dans les lieux où l'eau a séjourné l'hiver.

5.ᵉ GNAPHALE D'ALLEMAGNE (*G. Germanicum*, LAM. *Filago Germanica*, L.).

Tige dressée, dichotome, cotonneuse ; feuilles cotonneuses, linéaires-lancéolées ; fleurs d'un jaune roussâtre, disposées en têtes, les unes axillaires, les autres terminales ; folioles de l'involucre terminées en pointe acérée. ☉. Commun le long des chemins.

6. GNAPHALE PYRAMIDAL (*G. pyramidatum*, WILLD. sp. 3. p. 1895).

N'est probablement qu'une variété du précédent ; il en diffère par son duvet plus court, ses feuilles inférieures un peu spatulées, et les supérieures obtuses. ☉. Je l'ai recueilli en Dauphiné.

7. GNAPHALE DES CHAMPS (*G. arvense*, LAM. *Filago arvensis*, L. sp. 1312).

Tige dressée, blanche, cotonneuse, paniculée ; feuilles embrassantes, serrées, lancéolées, cotonneuses ; fleurs petites, blanchâtres, en têtes rapprochées, axillaires et terminales, formant une sorte d'épi. ☉. Champs arides.

8. GNAPHALE DE FRANCE (*G. gallicum*, LAM. *Filago gallica*, L. sp. 1312).

Tige très menue, à rameaux diffus, presque glabres ; feuilles blanchâtres, linéaires-pointues ; fleurs roussâtres, en têtes coniques, axillaires et terminales ; folioles de l'involucre plus courtes que les fleurs. ☉. Terrains sablonneux.

9. GNAPHALE DE MONTAGNE (*G. montanum*, LAM.
  Filago montana, L. sp. 1311).

Tige dressée, dichotome ; feuilles cotonneuses,
courtes, linéaires, appliquées sur la tige; fleurs petites, roussâtres, axillaires ou terminales ; folioles
de l'involucre de la longueur des fleurs. ⊙. Commun dans les lieux montueux.

10. GNAPHALE NAIN (*G. minimum*, SMITH. fl. brit.
        2. p. 873).

Tige rameuse, blanchâtre, petite ; feuilles ovales-
lancéolées, pointues, courtes, cotonneuses ; fleurs
terminales, petites, presque solitaires ; folioles de
l'involucre pointues, laineuses. ⊙. Départemens du
centre.

11. GNAPHALE DIOÏQUE (*G. dioicum*, L. sp. 1199).

Tige très simple, haute de 3-5 pouces, blanche,
poussant des jets rampans ; feuilles écartées, linéaires-
pointues, entières, blanches, surtout en dessous,
les radicales spatulées ; fleurs dioïques, les mâles
rouges, les femelles blanches. ♃. Croît sur les bruyères.
Cette plante, appelée *Pied de chat*, passe pour *vulnéraire* et *béchique*.

12. GNAPHALE DES ALPES (*G. Alpinum*, L. sp. 1199).

Diffère du précédent, parce que ses tiges ne pous-
sent jamais de jets rampans, et que les folioles de son
involucre sont scarieuses, luisantes, cotonneuses à
leur base. ♃. Alpes du Dauphiné, de la Savoie : commun sur le Lautaret.

13. GNAPHALE PIED DE LION (*G. leontopodium*, JACQ.
        Filago leontop., L.).

Tige laineuse, blanche, ainsi que toute la plante,
simple, haute de 4-10 pouces ; feuilles linéaires-lancéolées, cotonneuses en dessous ; fleurs blanches ; en
paquets terminaux, entourés de larges bractées, qui

forment une collerette. ☉. Cette belle plante habite les pâturages rocailleux des hautes montagnes.

‾ Genre CONYSE (*Conyza*, LINNÉ).

· Involucre arrondi, imbriqué; réceptacle nu ; toutes les fleurs tubuleuses , hermaphrodites au centre , stériles à la circonférence; aigrette sessile.

Espèce 1. CONYSE RUDE (*Conyza squarrosa* , L. . sp. 1205).

Tige haute de 3-4 pieds, rameuse, dure, velue; feuilles rudes , sessiles , ovales-oblongues , dentées , entières ; fleurs jaunes , en corymbe terminal, involucre squarreux. ♂. Croît au bord des bois.

2. CONYSE DE SICILE (*C. sicula* , WILLD. sp. *Erigeron siculum* , L.).

Tige haute de 1-2 pieds ; rameuse; feuilles radicales oblongues; caulinaires lancéolées, rudes, un peu roulées sur les bords; fleurs jaunes, nombreuses; pédoncules feuillés, uniflores. ☉. Fossés humides du Midi.

3. CONYSE AMBIGUE (*C. ambigua* , DC. suppl. 3127 ª).

‾ Port de l'*erigeron canadense;* tige de 1-2 pieds, presque simple, grisâtre; feuilles lancéolées; les inférieures un peu dentées.; fleurs jaunâtres , plus grosses que dans le *canadense.* ♂. Environs de Montpellier.

4. CONYSE DES ROCHES (*C. saxatilis* , L. sp. 1206).

Tige sous-ligneuse, branchue, cotonneuse; feuilles linéaires, un peu dentées; fleurs jaunâtres; pédoncules uniflores. ♄. Provence , Italie.

5. CONYSE SALE (*C. sordida* , L. mant. 466. *Phagnalon tricephalum* , CASS.).

Tige sous-ligneuse, grêle ; feuilles linéaires, très entières.; fleurs jaunes , à pédoncules triflores, très longs. ♄. Croît sur les murs dans le Languedoc et la Provence; se retrouve près de Nantes.

Genre CHRYSOCOME (*Chrysocoma*, LINNÉ).

Involucre sphérique, imbriqué; réceptacle alvéolé; toutes les fleurs tubuleuses, hermaphrodites; aigrette poilue, ciliée.

Espèce 1. CHRYSOCOME A FEUILLES DE LIN (*Chrysocoma linosyris*, L. sp. 1178).

Tiges simples, hautes de 1-2 pieds; feuilles glabres, linéaires, nombreuses; fleurs jaunes, en corymbe terminal; involucre à folioles lâches. ♃. Croît çà et là dans les terrains secs du midi et du centre de la France.

2. CHRYSOCOME DES ROCHERS (*C. saxatilis*, DC. *Inula saxatilis*, LAM.).

Tiges visqueuses, odorantes, peu rameuses, hautes de 8-12 pouces; feuilles nombreuses, lancéolées-linéaires, aiguës; fleurs jaunes, en corymbe formé par la réunion de rameaux uniflores; involucre à folioles linéaires-aiguës. ♃. Environs de Marseille, Espagne.

†††††† Réceptacle nu; aigrette nulle.

Genre TANAISIE (*Tanacetum*, LINNÉ).

Involucre hémisphérique, peu imbriqué; réceptacle nu; fleurs du centre hermaphrodites, à 5 dents; celles de la circonférence femelles, à 3 dents; graines couronnées par un rebord calleux.

Espèce. TANAISIE COMMUNE (*Tanacetum vulgare*, L. sp. 1184).

Tige droite, haute de 1-2 pieds, pinnatifide, glabre, ponctuée; fleurs jaunes, en corymbe terminal; folioles de l'involucre glabres, obtuses. ♃. Croît dans les lieux montueux, au pied des murs. La tanaisie est aromatique, vermifuge.

Genre CARPÉSIE (*Carpesium*, Linné).

Involucre imbriqué, hémisphérique, à folioles extérieures ouvertes ; fleurs toutes tubuleuses ; celles du centre hermaphrodites, à 5 dents ; celles de la circonférence femelles, à 5 dents ; le réceptacle n'a point d'aigrette.

Espèce. Carpésie penchée (*Carpesium cernuum*, L. sp. 1203).

Tige rameuse, rude au toucher, haute de 1-2 pieds ; feuilles ovales-lancéolées, denticulées ; fleurs jaunes, penchées. ♃. Croît aux environs de Grenoble, en Piémont.

Genre BALSAMITE (*Balsamita*, Desfont.).

Involucre imbriqué de folioles ouvertes ; toutes les fleurs tubuleuses, hermaphrodites ; réceptacle nu ; graines surmontées par une légère membrane.

Espèce 1. Balsamite annuelle (*Balsamita annua*, DC. *Tanacetum annuum*, L.).

Tige tomenteuse, haute de 1-2 pieds, striée, branchue ; feuilles radicales, bipinnatifides ; caulinaires pubescentes, pinnatifides, à lobes linéaires-mucronés ; fleurs jaunes, en corymbe terminal. ☉. Croît dans les lieux sablonneux, en Provence. Plante très aromatique.

2. Balsamite commune (*B. major*, Desf. *T. balsamita*, L.).

Tige haute de 1-2 pieds, ferme, un peu épineuse ; feuilles elliptiques, dentées ; les inférieures pétiolées ; les supérieures sessiles, auriculées ; fleurs jaunes. ♃. France méridionale. Elle porte les noms vulgaires de *baume*, *coq des jardins*, etc. Cultivée.

3. Balsamite effilée (*B. virgata*, Desf. *Chrysanth. flosculosum*, L.).

Tige effilée, haute de 1-2 pieds, rameuse; feuilles sessiles - lancéolées, dentées en scie; fleurs jaunes, solitaires. ♃. Provence, Italie, Espagne.

4. Balsamite d'Audibert (*B. Audibertii*, Req. an. s. nat. p. 382).

Tiges droites, herbacées, rameuses; feuilles pubescentes, bipinnatifides, à découpures linéaires, lancéolées, incisées, aiguës; fleurs jaunes, réunies en petit corymbe peu fourni. ♃. Corse. (Req.)

5. Balsamite a feuilles d'agérate (*B. ageratifolia*, Desf. cat. 1. p. 2).

Tige droite, un peu ligneuse, presque simple; feuilles sessiles, oblongues, cunéiformes à la base, à dents aiguës; fleurs jaunes; pédoncules axillaires, uniflores, en une sorte de corymbe terminal; folioles de l'involucre un peu scarieuses sur les bords. ♃. Corse.

Genre ARMOISE (*Artemisia*, Linné).

Involucre imbriqué, à folioles conniventes; réceptacle nu; fleurs tubuleuses, plus grêles, et femelles à la circonférence; aigrette nulle.

* *Fleurs cylindriques.*

Espèce 1. Armoise bleuatre (*Artemisia cærulescens*, L. sp. 1189).

Frutescente, duvetée, à reflet d'un glauque bleuâtre, rameuse; feuilles étroites, lancéolées, très entières; les inférieures souvent un peu incisées; fleurs jaunes, penchées, paniculées. ♄. Bord de l'Océan, en Bretagne.

2. Armoise commune (*A. vulgaris*, L. sp. 1188).

Tiges dressées, fermes, hautes de 3-4 pieds ; feuilles pinnatifides, incisées, d'un vert foncé en dessus, d'un blanc pur en dessous ; fleurs jaunes, en longues grappes ; involucre cotonneux. ♃. Croît au bord des chemins. Plante emménagogue.

3. Armoise palmée (*A. palmata*, Lam. D. 1. p. 268).

Frutescente, rameuse ; feuilles pinnatifides, blanchâtres, à découpures trifides ; les supérieures entières, obtuses ; fleurs sessiles, paniculées ; involucre glabre. ♄. Plante très aromatique. Roussillon, Espagne.

4. Armoise maritime (*A. maritima*, L. sp. 1186).

Blanche, cotonneuse ; tige rameuse, ascendante ; feuilles très blanches, multifides, à segmens linéaires ; les supérieures simples, linéaires ; fleurs petites, très nombreuses, sessiles, en grappes terminales. ♃. Commune au bord de la Méditerranée et de l'Océan. Cette plante, appelée *sanguenite*, *absinthe de mer*, est un excellent vermifuge dont les charlatans tirent un grand parti.

5. Armoise de France (*A. Gallica*, Willd. sp. 3. p. 1834).

Ressemble beaucoup à la *maritima*, dont elle se distingue par ses fleurs jamais pendantes, par ses feuilles inférieures deux fois plus ailées, et par ses feuilles caulinaires seulement pinnées. ♃. Croît en Roussillon et dans les Pyrénées.

6. Armoise du Vallais (*A. Vallesiaca*, All. ped. n. 614).

Très aromatique ; tiges dressées ou ascendantes ; feuilles cotonneuses, très blanches ; les radicales très découpées ; les caulinaires bipinnées, à lobes linéaires filiformes ; les supérieures simples ; fleurs jaunâtres, en panicule mélangée de feuilles. ♃.Alpes de la Suisse et du Piémont. (Rare.)

7. ARMOISE D'ARRAGON (*A. Arragonensis*, LAM. D. p. 269).

Frutescente, cotonneuse, blanchâtre, rameuse; feuilles bipinnatifides, très petites, à segmens courts, linéaires; feuilles florales, entières; fleurs petites, en panicule longue; involucre tomenteux. ♄. Roussillon, Espagne.

8. ARMOISE AURONE (*A. abrotanum*, L. sp. 1185).

Frutescente, rameuse; feuilles pétiolées; les inférieures bipinnées; les supérieures pinnées, à segmens capillaires; fleurs jaunes, en grappes spiciformes. ♄. France méridionale? Espagne, Italie. Cette plante -aromatique est cultivée sous les noms de *citronelle*, *garde-robe*, etc.

9. ARMOISE PANICULÉE (*A. paniculata*, LAM. D. 1. p. 265).

Frutescente, rameuse dès le bas de la plante; feuilles pétiolées, toutes bipinnées, à segmens capillaires; fleurs jaunes, très nombreuses, en panicule rameuse. ♄. France méridionale.

** *Fleurs globuleuses.*

10. ARMOISE ESTRAGON (*A. dracunculus*, L. sp. 1189).

Tiges ascendantes, peu rameuses; feuilles vertes, glabres, entières, lancéolées; fleurs paniculées, jaunâtres. ♃. Originaire du Nord, spontanée en Lorraine? Cultivée dans tous les jardins.

11. ARMOISE CHAMPÊTRE (*A. campestris*, L. sp. 1185).

Tiges souvent couchées, ascendantes, pubescentes, effilées; feuilles radicales, pinnées, à folioles trifides, blanchâtres; les caulinaires pinnées; fleurs pédonculées, jaunâtres, en grappes simples. ♃. Assez com-

mune dans les lieux secs d'une grande partie de la
France. L'*artemisia crithmifolia*, L., qui croît dans
l'Ouest, n'en est qu'une variété glabre.

12. ARMOISE A FEUILLES DE CAMOMILLE (*A. chamœ-
　　　melifolia*, VILL. dauph. 3. p. 250).

Tiges dressées ou ascendantes, rameuses; feuilles
presque glabres; les inférieures tripinnées; les supérieures bipinnées, à folioles capillaires, linéaires-aiguës; fleurs jaunâtres, en grappe terminale entre-
mêlée de feuilles. ♃. Dauphiné, Piémont, Provence.
(Rare.)

13. ARMOISE A FEUILLES DE TANAISIE (*A. tanacetifo-
　　　lia*, L. sp. 1188).

Tiges très simples, droites, hautes de 6-10 pouces;
feuilles pétiolées, bipinnées, un peu pubescentes, à
segmens linéaires-lancéolés, acuminés, très entiers;
fleurs jaunes, arrondies, penchées, en épi terminal.
♃. Alpes du Piémont et du Dauphiné. Je l'ai recueillie
sur le Galibier, au Lautaret; les montagnards la
nomment *génépi*. (Rare.)

14. ARMOISE DU PONT (*A. pontica*, L. sp. 1187).

Tiges rameuses, droites, hautes de 1-2 pieds; feuilles cotonneuses, blanchâtres en dessous, les inférieures bipinnées, à segmens linéaires; les supérieures
simples; fleurs jaunes, petites, globuleuses, penchées,
en panicule dressée. ♃. Jura? Piémont.

15. ARMOISE DE BOCCONE (*A. Bocconi*, ALL. ped.
　　　n. 616. *A. spicata*, L?).

Tiges hautes de 4-8 pouces, couvertes ainsi que
toute la plante d'un duvet soyeux, blanchâtre; feuilles radicales, palmées, multifides; caulinaires pinnatifides, et supérieures entières, linéaires, obtuses;
fleurs axillaires. ♃. Hautes sommités des Alpes et des
Pyrénées. Les habitans des Alpes nomment cette
plante *génépi noir*, et lui attribuent des propriétés

merveilleuses, de même qu'à toutes celles qu'ils appellent *génépi*.

††††††† Aigrette nulle; réceptacle paléacé.

Genre ABSINTHE (*Absinthium*, LAM. *Artemisia*, LINNÉ).

Involucre globuleux ou ovale, imbriqué; toutes les fleurs tubuleuses, à 5 dents; réceptacle hérissé de poils; point d'aigrette.

Espèce 1. ABSINTHE MUTELLINE (*Absinthium mutellina*, VILL. dauph. 3. p. 244).

Plante soyeuse, blanchâtre; souche un peu ligneuse; tiges rameuses, ascendantes, hautes de 4-8 pouces; toutes les feuilles palmées, multifides; fleurs axillaires; les inférieures pédicellées, ovoïdes, ne renfermant que 10-15 fleurs partielles. ♃. Rochers des Hautes-Alpes. Très souvent employée par les habitans sous le nom de *génépi blanc*.

2. ABSINTHE GLACIALE (*A. glaciale*, *Art. glacialis*, L.).

Tiges blanches, soyeuses ainsi que toute la plante, hautes de 4-8 pouces; toutes les feuilles palmées, multifides, très blanches; fleurs sessiles, terminales, agglomérées: chaque involucre renfermant 30-40 fleurs partielles. ♃. Près des glaciers des Alpes. C'est le plus rare des *génépis*.

3. ABSINTHE CAMPHRÉE (*A. camphoratum*, *Art. camphorata*, VILL. dauph.).

Facies de l'*abrotanum*; tiges naissant d'une souche ligneuse, ascendantes, longues de 2 pieds; feuilles palmées-multifides, à lobes linéaires, tri ou quadrifides; fleurs jaunâtres, globuleuses, penchées, en grappes terminales. ♄. Commune dans les montagnes arides depuis Vizille jusqu'à Briançon.

4. Absinthe commune (*A. vulgare* , . Lam. *Art. absinthium* ; L.).

Tige haute de 3-4 pieds, rameuse, ferme, feuillée; feuilles pétiolées, blanchâtres; les radicales plusieurs fois ailées, à lobes un peu obtus; les caulinaires pinnatifides, à lobes aigus; fleurs jaunâtres, petites, très nombreuses, en grappes terminales. ♃. Habite les terrains pierreux et montueux. Cette plante est très amère, aromatique; on en fait souvent usage. L'*absinthium arborescens*, Lob., est une plante d'Espagne et de Portugal. On l'indique aussi en Corse.

Genre MICROPE (*Micropus*, Desfont.).

•Involucre simple, à folioles lâches; réceptacle paléacé, conique, subulé; fleurs tubuleuses; celles du disque hermaphrodites et stériles; celles de la circonférence fertiles et femelles; aigrette nulle.

Espèce 1. Micrope dressé (*Micropus erectus*, L. sp. 1313).

Facies du *gnaph. germanicum;* tige très cotonneuse, dressée, diffuse, haute de 3-5 pouces; feuilles alternes, lancéolées, cotonneuses; fleurs sessiles, axillaires ou terminales, enveloppées dans une masse cotonneuse. ☉. Champs secs.

2. Micrope pygmée (*M. pygmæus*, Desf. atl. p. 307. *Filago pygmæa*, L.).

Tige nulle; feuilles en rosette, cotonneuses, lancéolées; fleurs sessiles, ramassées en tête. ☉. Provence, Languedoc, Italie, Corse.

3. Micrope couché (*M. supinus*, L. sp. 1313).

Tiges branchues; blanches - cotonneuses, longues de 5-6 pouces; feuilles opposées, un peu spatulées; fleurs sessiles, axillaires. ☉. Provence, Italie.

Genre SANTOLINE (*Santolina*, LINNÉ).

Involucre hémisphérique, imbriqué; toutes les fleurs tubuleuses, hermaphrodites; réceptacle paléacé; graines sans aigrettes.

Espèce 1. SANTOLINE BLANCHE (*Santolina incana*, LAM. *Sant. chamæcyparissias*, L.).

Frutescente; tiges rameuses, cotonneuses ainsi que les feuilles qui sont formées par quatre rangs de dents disposées sur un axe commun; fleurs jaunes; pédoncules uniflores; involucre pubescent. ♄. Habite les collines du Languedoc. La *santolina squarrosa*, WILLD., paraît être une variété à feuilles plus dentées et à involucre glabre. Elle croît en Roussillon.

2. SANTOLINE VERTE (*S. viridis*, WILLD. sp. 3. p. 1798).

Glabre; tige frutescente, rameuse; feuilles linéaires, formées par 4 rangs de dents disposées autour d'un axe; fleurs jaunes; pédoncules grêles, uniflores; involucre glabre. ♄. Environs de Narbonne.

3. SANTOLINE A FEUILLES DE ROMARIN (*S. rosmarini-folia*, L. sp. 1180).

Glabre; tige frutescente, à rameaux lisses; feuilles linéaires, formées de 4 rangs de dents placées autour d'un axe commun, chargées de quelques tubercules peu saillans; fleurs jaunes; involucre glabre. ♄. Provinces méridionales.

4. SANTOLINE PECTINÉE (*S. pectinata*, BENTH. plant. pyr: 117).

Tige rameuse, frutescente; feuilles pinnatifides, à découpures linéaires, obtuses, entières ou trifides; fleurs jaunes; pédoncules uniflores; involucre très légèrement pubescent. ♄. Découverte par M. Bentham aux environs de Prato-de-Mollo. Les trois premières ne pourraient bien être que des variétés locales d'une même espèce.

Genre LONAS (*Lonas*, Gærtn.).

Involucre arrondi, imbriqué de folioles serrées; toutes les fleurs tubuleuses, hermaphrodites; réceptacle conique, à paillettes larges; graines surmontées par un rebord denticulé.

Espèce. Lonas inodore. (*Lonas inodora*, Gærtn. *Athanasia annua*, L. sp. 1182).

Tige glabre, dressée, feuillée; feuilles rétrécies en pétiole, trilobées, dentées, pointues; fleurs jaunes, peu nombreuses, en corymbe serré. ⊙. Roussillon; Espagne.

Genre DIOTIS (*Diotis*, Desf.).

Involucre hémisphérique, imbriqué; toutes les fleurs tubuleuses, hermaphrodites dans le centre, femelles et fertiles à la circonférence; réceptacle conique, paléacé; graines à rebord crénelé.

Espèce. Diotis très blanche (*Diotis candidissima*, Desf. atl. *Athanasia maritima*, L.).

Plante blanche et très cotonneuse; tiges simples, hautes de 4-12 pouces; feuilles nombreuses, obtuses, crénelées, oblongues; fleurs jaunes, solitaires sur chaque branche. ♃. Croît sur les bords de la Méditerranée et de l'Océan jusqu'à Cherbourg.

FAMILLE 51. RADIÉES (*Radiateæ*, Tourn. ASTÉRÉES, Cass.).

Toutes les fleurs tubuleuses dans le disque; celles de la circonférence irrégulières et se terminant en languette; style articulé; stigmate à 2 branches bien distinctes; réceptacle nu ou garni de paillettes, entouré d'un involucre non-épineux; graines sans aigrette ou à aigrette sessile. Plantes herbacées, à feuilles alternes, dépourvues d'épines.

Le groupe des Composées est formé d'un très grand

nombre de plantes si naturelles, et qui ont entre elles tant de ressemblance, qu'il est très difficile d'y établir des genres, et par la même raison des familles bien tranchées. Les fleurons de la circonférence deviennent souvent tubuleux dans les radiées, tandis que, dans certaines plantes que nous avons placées dans les carduacées, ils dégénèrent quelquefois en languettes : tels sont le tussilage, qui est quelquefois radié, tandis que le seneçon offre l'anomalie opposée. Espérons que le beau travail que M. Cassini a entrepris sur cette partie de la botanique, débrouillera la confusion qui existe encore parmi les genres des synanthérées.

† Réceptacle nu, ou rarement paléacé; graines aigrettées.

Genre ERIGERON (*Erigeron*, LINNÉ).

Involucre imbriqué ; réceptacle nu ; fleurs radiées, à languettes très étroites, linéaires, discolores; graines aigrettées.

Espèce 1. ERIGERON ACRE (*Erigeron acre*, L. sp. 1211).

Tige peu rameuse, haute de 10-15 pouces, velue ; feuilles inférieures oblongues-lancéolées, un peu velues ; supérieures lancéolées ; fleurs d'un bleu purpurin, à disque jaune; aigrette roussâtre. ♃. Assez commun dans les lieux arides.

2. ERIGERON DES ALPES (*E. Alpinum*, L. sp. variet. *E. uniflorum*, L. sp.).

Tige tantôt simple, tantôt rameuse, glabre ou velue, haute depuis 2-3 pouces jusqu'à 1 pied ; feuilles oblongues-obtuses, velues en dessous ; fleurs d'un bleu violâtre, à disque jaune, assez grandes, terminales, de 1-4. La variété *uniflorum* est haute de 1-2 pouces et uniflore. ♃. Commun dans les Alpes, le Jura, les Pyrénées.

3. Erigeron de Villars (*E. Villarsii*, Willd. sp.;
E. atticum, Vill.).

Tige de 8-10 pouces, peu rameuse; feuilles un peu
visqueuses', trinervées, scabres, lancéolées, un peu
dentées; fleurs bleuâtres, à rayons de la longueur du
disque; aigrette blanche. ♃. Alpes du Piémont, du
Dauphiné. Je l'ai trouvé sur la Tête-Noire, en Savoie. (Rare.)

4. Erigeron du Canada (*E. Canadense*, L. sp. 1210).

Tige paniculée, dressée, haute de 2-3 pieds, hispi-
diuscule; feuilles nombreuses, linéaires-lancéolées,
ciliées; fleurs nombreuses, jaunâtres, petites, en
longue panicule. ☉. Il est difficile de croire que cette
plante soit originaire du Canada, tant elle est répan-
due partout.

Genre ASTER (*Aster*, Linné).

Involucre imbriqué, à folioles extérieures ouvertes;
réceptacle nu; fleurs radiées, à languettes oblongues;
aigrette poilue.

Espèce 1. Aster des Alpes (*Aster Alpinus*, L. sp.
1226).

Tige simple, haute de 6-12 pouces, uniflore; feuilles très entières; les radicales lancéolées-spatulées;
les caulinaires lancéolées; fleur grande, terminale,
bleue, à disque jaune. ♃. Pâturages des hautes montagnes.

2. Aster amellus (*A. amellus*, L. sp. 1226).

Tige cannelée, dressée, velue, branchue, haute de
1-3 pieds; feuilles scabres, oblongues-lancéolées, très
entières; fleurs grandes, bleues, à disque jaune, en
corymbe. ♃. Provinces méridionales; il n'est pas rare
aux environs de Grenoble.

3. **Aster tripolium** (*A. tripolium*; L. sp. 1226).

Tige rameuse, dressée, haute de 2-3 pieds, glabre; feuilles linéaires-lancéolées, succulentes, trinervées; fleurs en corymbe, bleues, à disque jaune. ♃. Commun dans les sables maritimes, se retrouve dans les terrains salés.

4. **Aster acre** (*A. acris*, L. sp. 1228).

Tige très feuillée, presque glabre, haute de 1-2 pieds; feuilles ponctuées, linéaires-lancéolées, glabres, trinervées; fleurs bleues, à disque jaune, en corymbe; folioles de l'involucre moitié plus courtes que les fleurs du disque. ♃. Provinces du Midi. L'*aster punctatus* est voisin de cette espèce.

5. **Aster a feuilles de saule** (*A. salignus*, Willd. sp. 3. p. 2040).

Tige haute de 1-2 pieds, glabre, rameuse; feuilles glabres, lancéolées-linéaires, uninervées, scabriuscules sur les bords; les inférieures un peu dentées; fleurs d'un bleu pâle, à disque jaune; folioles de l'involucre lâches. ♃. Je l'ai reçu des fortifications de Strasbourg, où il paraît être commun.

6. **Aster des Pyrénées** (*A. Pyrenæus*, Desf. cat. h. p. 102).

- Tige haute de 2-3 pieds, velue, simple; feuilles scabriuscules, embrassantes, oblongues-lancéolées, dentées à leur sommet; fleurs grandes, violettes, à disque jaune; folioles de l'involucre linéaires, velues. ♃. Pyrénées sur le mont Esquierri.

7. **Aster annuel** (*A. annuus*, L. sp. 1229).

Tige de 1-2 pieds, presque glabre, peu rameuse; feuilles pétiolées, ovales, à dents saillantes, les caulinaires sessiles, entières; fleurs blanches, à disque jaune. ☉. Environs de Grenoble, au bord du Drac et de l'Isère.

Genre AUNÉE (*Inula*, LINNÉ).

Involucre imbriqué, à folioles étalées, les extérieures plus grandes ; fleurs radiées, à rayons nombreux ; an- thères fourchues à la base ; réceptacle nu ; aigrette simple, sessile ; fleurs jaunes.

* *Feuilles embrassantes.*

Espèce 1. AUNÉE A DEUX FACES (*Inula bifrons*, L. sp. 1236).

Tige haute de 3-4 pieds, rameuse, pubescente ; feuilles décurrentes, ovales-oblongues, ridées, den- ticulées ; fleurs petites, jaunes, en corymbes serrés. Elle a un peu le faciès d'un *conyza*. ♂. Dauphiné, Provence, Pyérénées, etc.

2. AUNÉE PARFUMÉE (*I. suaveolens*, WILLD. sp. p. 2099).

Tige de 1-2 pieds, velue, simple, scabre ; feuilles embrassantes, lancéolées, entières, velues dans leur contour et sur leur page inférieure, glabres en dessus ; fleurs jaunes, assez grandes, en corymbe ; folioles de l'involucre linéaires. 24. Montagnes de la Corse, de la Provence et de l'Italie.

3. AUNÉE ODORANTE (*I. odóra*, L. sp. 1236).

Tige haute de 2 pieds, simple, velue ; feuilles em- brassantes, très velues, les radicales ovales, les cau- linaires lancéolées ; fleurs jaunes, très grandes. 24. Ha- bite les lieux maritimes de la Provence, de l'Italie et de la Corse ?

4. AUNÉE OFFICINALE (*I. helenium*, L. sp. 1236).

Racines grosses ; tige presque simple, velue, striée, haute de 4-6 pieds ; feuilles radicales très grandes, oblongues, presque entières, pubescentes en dessous ; les caulinaires embrassantes, rugueuses, à dents iné- gales, cotonneuses en dessous ; fleurs jaunes, grandes, en corymbe. 24. France septentrionale. La racine de cette plante, appelée *enula campana*, .aunée, etc., est très employée comme détersive, alexitère.

5. AUNÉE HÉLÉNOÏDE (*I. helenioides*, DC. suppl. 3144ª. *In, oculus Christi*, LAP.).

Tige dressée, haute de 10-15 pouces, simple, velue; feuilles étroites, ovales-oblongues, embrassantes; les inférieures dentées; fleurs grandes, jaunes, en corymbe; involucre très velu. ♃. Pyrénées orientales.

6. AUNÉE DYSENTÉRIQUE (*I. dysenterica*, L. sp. 1237).

Tige velue, rameuse, dressée, haute de 12-18 pouces; feuilles embrassantes, comme sagittées, à bords ondulés, velues, blanches en dessous; rameaux inférieurs plus hauts que les supérieurs; fleurs jaunes, terminales. ♃. Commune au bord des fossés humides. Cette plante, d'une odeur forte, est appelée *herbe de saint Roch.*

7. AUNÉE BRITANNIQUE (*I. britannica*, L. sp. 1237).

Tige droite, velue, branchue du haut; feuilles embrassantes, lancéolées, denticulées, velues, blanches; fleurs jaunes, terminales; folioles de l'involucre blanches, velues, linéaires. ♃. Croît au bord des chemins.

8. AUNÉE PULICAIRE (*I. pulicaria*, L. sp. 1238).

Tige velue, à rameaux tortueux; feuilles petites, oblongues-lancéolées, ondulées, velues, blanchâtres; fleurs jaunes, à peine radiées, presque globuleuses, terminales; involucre laineux. ☉. Croît au bord des chemins et fossés humides.

** *Feuilles seulement sessiles.*

9. AUNÉE ROIDE (*I. squarrosa*, L. sp. 1240).

Tige ferme, roide, peu rameuse, haute de 10-15 pouces; feuilles roides, ovales, scabres, dentelées, veinées, réticulées; fleurs jaunes; folioles extérieures de l'involucre réfléchies. ♃. France méridionale. Elle est commune dans les bois du Dauphiné.

10. AUNÉE HÉRISSÉE (*I. hirta*, L. sp. 1239).

Tige simple, haute de 12-15 pouces, subuniflore,
un peu roide, velue; feuilles luisantes, lancéolées,
poilues, ciliées sur les bords; fleurs jaunes, assez
grandes, peu nombreuses, terminales. ♃. Croît à Saint-
Maur et Fontainebleau, près Paris.

11. AUNÉE A FEUILLES DE SAULE (*I. salicina*, L.
sp. 1238).

Tige simple, un peu paniculée, haute de 12-15
pouces, glabre; feuilles lancéolées, larges, un peu
coriaces, glabres, denticulées-acérées; 3-4 fleurs jaunes, terminales. ♃. Croît en Provence, Dauphiné et
aux environs de Paris.

12. AUNÉE GERMANIQUE (*I. germanica*, L. sp. 1239).

Tige presque simple, haute de 1-2 pieds, un peu
velue; feuilles ovales-oblongues, un peu obtuses,
denticulées, un peu rudes, d'un vert blanchâtre;
fleurs jaunes, assez nombreuses, en corymbe. ♃. Je-
l'ai trouvée dans les environs de Grenoble. (Très
rare.)

13. AUNÉE DE VAILLANT (*I. Vaillantii*, VILL. dauph.
3. p. 216).

Tige de 1-2 pieds, presque simple, munie d'un
duvet grisâtre; feuilles nombreuses, ovales-lancéolées,
un peu dentées en scie, légèrement cotonneuses en
dessous; fleurs en corymbe; involucré velu. ♃. Elle
croît en Savoie, Piémont, Dauphiné. Je l'ai recueillie
près Grenoble, LIN. *Ensifolia*, LIN., a les feuilles linéaires longues. Elle croît en Piémont.

14. AUNÉE VISQUEUSE (*I. viscosa*, DESF. atl. 274.
Erig. viscosum, L.).

Tige de 3-4 pieds, rameuse, velue; feuilles velues,
un peu visqueuses, lancéolées, denticulées en scie;
fleurs jaunes, assez grandes, à pédoncules uniflores,

feuillées; folioles de l'involucre linéaires. ♃. Départemens méridionaux.

15. AUNÉE TUBÉREUSE (*I. tuberosa*, LAM. *Erigeron
tuberosum*, L. sp. 1212).

Tige duriuscule, semi-ligneuse, haute de 4-8 pouces, velue; feuilles linéaires-étroites, quelquefois
dentées, chargées de quelques poils sur les bords;
fleurs jaunes, terminales; involucre à folioles linéaires.
♃. Environs de Montpellier.

16. AUNÉE DES ROCHERS (*I. saxatilis*, LAM. D. 3.
p. 260).

Tiges grêles, simples, velues, hautes de 8-12 pouces;
feuilles très entières, velues, visqueuses, linéaires-
étroites, aiguës; fleurs jaunes, peu nombreuses, terminales. ♃. Montagnes de la Provence, Pyrénées,
Italie, Espagne.

17. AUNÉE DES MONTAGNES (*I. montana*, L. sp. 1241).

Tiges simples, hautes de 6-10 pouces, velues, peu
feuillées; feuilles très entières, rétrécies en pétiole,
lancéolées, velues; fleur jaune, grande, solitaire; involucre velu, à folioles linéaires. ♃. Lieux stériles des
montagnes.

18. AUNÉE A FEUILLES DE MOLÈNE (*I. verbascifolia*,
VILL. dauph. 3. p. 220).

Tige simple, haute de 12-18 pouces, velue; feuilles
très velues, grandes, ovales, rétrécies en pétiole;
fleurs jaunes, grandes; réunies 4-5 en une sorte de
corymbe; involucre très velu. ♃. Montagnes du Dauphiné. (Rare.)

19. AUNÉE CRISTE-MARINE (*I. crithmoïdes*, L.
sp. 1240).

Tige rameuse, haute de 2-4 pieds; feuilles charnues,
linéaires, nombreuses; fleurs jaunes, terminales, à
rayons très étroits. ♃. Croît au bord de la Méditerranée, et de l'Océan jusqu'à Cherbourg.

Genre VERGE D'OR (*Solidago*, Linné).

Involucre imbriqué, à folioles rapprochées ; fleurs jaunes, radiées, à un très petit nombre de rayons ; graines pubescentes ; aigrette simple. (Voyez *Atl.*, pl. 68, f. 1.)

Espèce 1. VERGE D'OR COMMUNE (*Solidago virgaurea*, L. sp. 1935).

Tige dressée, simple, pubescente, haute de 1-2 pieds ; feuilles ovales, un peu spatulées, dentées-crénelées ; les supérieures un peu denticulées ; fleurs jaunes, en épi terminal. ♃. Croît dans les bois, par toute la France.

2. VERGE D'OR NAINE (*S. minuta*, L. sp. 1235).

Distincte de la précédente par sa tige haute de 4-10 pouces, ses feuilles pétiolées, glabres, dentées, incisées ; par ses fleurs moitié plus grandes, à pédicelles pubescens, uniflores et axillaires. ♃. Pyrénées, Espagne.

3. VERGE D'OR FÉTIDE (*S. graveolens*, LAM. *Erig. graveolens*, L. sp. 1210).

Tige velue, diffuse, rameuse, dure, un peu glutineuse au sommet ; feuilles longues, lancéolées, entières, glabriuscules ; fleurs jaunes, petites, très nombreuses, en panicule rameuse ; folioles de l'involucre un peu ouvertes. ☉. Croît çà et là dans les départemens du midi et du centre.

Genre SÉNEÇON (*Senecio*, Linné).

Involucre caliculé, cylindroïde, à folioles sphacélées au sommet ; réceptacle nu ; graines cannelées ; fleurs radiées ; aigrette simple.

* *Feuilles pinnatifides*.

Espèce 1. SÉNEÇON COMMUN (*Senecio vulgaris*, L. sp. 1216).

Tige rameuse, droite, haute d'un pied, glabre ;

feuilles embrassantes, pinnatifides, à lobes linéaires, dentées; fleurs jaunes, paniculées, presque jamais radiées. ⊙. Très commun dans les lieux cultivés.

2. SENEÇON JACOBÉE (*S. jacobæa*, L. sp. 1219).

Tige rameuse, dressée, haute de 1-2 pieds, glabre; feuilles vertes, pinnatifides, à lobes obtus, dentelés, glabres; fleurs jaunes, en corymbe terminal; involucre glabre; graines velues. ♃. Commun dans les prés.

3. SENEÇON A FEUILLES DE ROQUETTE (*S. erucæfolius*, HUDS. angl. 366).

Tige velue, dressée, grisâtre, haute de 1-2 pieds; feuilles pinnatifides, à lobes obtus, divisés, dentés, velus; fleurs jaunes, très petites, en corymbe terminal; involucre hémisphérique.

4. SENEÇON DE FRANCE (*S. Gallicus*, VILL. dauph. 3. p. 230).

Tige dressée, haute de 12-18 pouces, glabriuscule; feuilles sessiles, pinnatifides, auriculées à la base, à lobes écartés, un peu dentelés; fleurs jaunes, peu nombreuses, en corymbe lâche; involucre glabre, hémisphérique. ⊙. Croît dans les champs et sur les murs, dans le Midi.

5. SENEÇON A FEUILLES ÉPAISSES (*S. crassifolius*, WILLD. sp. 3. p. 1982).

Tige dressée, longue de 4-10 pouces, peu rameuse; feuilles charnues, embrassantes, glabres, oblongues, pinnatifides, ou seulement à dents profondes; fleurs jaunes, à pédoncules rameux. ⊙. Environs de Marseille.

6. SENEÇON DES APENNINS (*S. Nebrodensis*, L. sp. 1217).

Tige de 10-15 pouces, rameuse, pubescente; feuilles embrassantes, oblongues, lyrées-sinuées, les inférieures obtuses, les supérieures pointues; fleurs jaunes, en corymbe lâche et irrégulier ; folioles de l'involucre glabres, linéaires-pointues. ☉. Pyrénées, Languedoc. (Rare.)

7. SENEÇON VISQUEUX (*S. viscosus*, L. sp. 1217).

Tige étalée, dressée, haute de 12-15 pouces, pubescente, visqueuse, d'une odeur forte; feuilles pinnatifides, à lobes pinnés-dentés ; velus, visqueux en dessous ; fleurs jaunes, en corymbe terminal; folioles de l'involucre lâches, velues. ☉. Bois sablonneux.

8. SENEÇON HUMBLE (*S. humilis*, DESF. all. 2. p. 271).

Petite plante à tige couchée, à feuilles spatulées, doublement dentées; fleurs jaunes, peu nombreuses, ordinairement solitaires, les unes axillaires, les autres terminales; folioles de l'involucre glabres. ☉. Cette espèce a été trouvée en Corse. Elle croît aussi en Espagne et en Sardaigne.

9. SENEÇON DES BOIS (*S. sylvaticus*, L. sp. 1217).

Tige de 1-3 pieds, glabre, paniculée; feuilles pinnatifides, à découpures linéaires, sinuées-dentées, glabres, légèrement velues en dessous ; fleurs jaunes, petites, en panicule terminale; involucre glabre. ☉. Bois sablonneux.

10. SENEÇON FENOUIL (*S. fœniculaceus*, TEN. fl. nap. t. 78).

Tige dressée, rameuse; feuilles radicales, pétiolées, ovales-oblongues, incisées-dentées ; les supérieures oblongues, embrassantes ; fleurs jaunes, en corymbes peu fournis; folioles de l'involucre glabres, luisantes. ☉? Cette plante, d'une odeur de fenouil, croît dans le royaume de Naples et la Sicile : elle se trouve aussi en Corse.

11. SENEÇON AQUATIQUE (*S. aquaticus*, HUDS. angl. 366).

Faciès du *jacobæa*; tige rameuse, droite, haute de 2-3 pieds, glabre; feuilles glabres, lyrées, à lobe terminal grand, ovale, crénelé, les radicales ovales, presque éntières; fleurs jaunes, terminales. ♃. Prés humides.

12. Seneçon a feuilles d'adonis (*S. adonidifolius*, Lois. fl. gall. 566. *S. abrotanifolius*, Lam.).

, Tige rameuse, dressée, haute de 2 pieds, glabre; feuilles tripinnées, à segmens ovales. ♃. Très commun à Marcoussis, près Paris, dans les environs d'Autun, dans les Pyrénées, etc.

13. Seneçon a feuilles d'aurone (*S. abrotanifolius*; L. sp. 1219).

Tige ascendante, glabre, longue de 6-10 pouces; feuilles pinnatifides, à lobes linéaires, pointus, écartés, dentés au sommet; fleurs d'un jaune doré, assez grandes, terminales, au nombre de 2-3; involucre à folioles linéaires. ♃. Provence, Italie. (Rare.)

14. Seneçon blanchatre (*S. incanus*, L. sp. 1219).

Tige cotonneuse, haute de 2-5 pouces; feuilles blanchâtres, oblongues, un peu pétiolées, pinnatifides, à découpures obtuses; fleurs jaunes, en petit corymbe globuleux. ♃. Croît dans les hautes sommités des Alpes et des Pyrénées. Les habitans des Alpes le nomment *génépi jaune*. .

15. Seneçon a feuilles blanches (*S. leucophyllus*, DC. *S. incanus*, Lap.).

Tige de 10-15 pouces, un peu rameuse, très blanche, ainsi que toute la plante; feuilles lyrées, pinnatifides, à lobes ovales-oblongs demi-soudés vers le sommet de la feuille; fleurs jaunes, terminales. ♃. J'ai reçu cette belle plante des Pyrénées orientales.

16. Seneçon a une fleur (*S. uniflorus*, All. *Inula provincialis*, Gou. p. 68). .

Il diffère de l'*incanus* par sa taille de 1-2 pouces, sa tige portant une seule fleur assez grande. ♃. Hautes sommités des Alpes.

** *Feuilles entières, jamais pinnatifides.*

17. SENEÇON DE TOURNEFORT (*S. Tournefortii*, LAPEYR. abr. 516).

Tige simple, haute de 1-2 pieds, glabre; feuilles oblongues, un peu épaisses, atténuées aux deux extré- mités, glabres, à dentelures en croissant; fleurs jaunes, très grandes, en corymbe peu fourni. ♃. Hautes- Pyrénées.

18. SENEÇON DES MARAIS (*S. paludosus*, L. sp. 1220).

Tige simple, glabre, haute de 3-4 pieds; feuilles très longues, demi-embrassantes, lancéolées, à dents aiguës, velues en dessous; fleurs jaunes, petites, en corymbe irrégulier. ♃. Au bord des grandes rivières et des étangs.

19. SENEÇON DES FORÊTS (*S. nemorensis*, L. sp. 1221).

Tige rameuse, glabriuscule, haute de 2-3 pieds; feuilles ovales - lancéolées, dentées - ciliées sur les bords, à peine pubescentes en dessous; fleurs jaunes, en corymbe feuillé et terminal. ♃. Croît dans les montagnes.

20. SENEÇON SARRASIN (*S. sarracenicus*, L. sp. 1221).

Tige simple, très feuillée, haute de 2-3 pieds; feuilles lancéolées, cunéiformes à leur base, à dents aiguës, presque glabres, presque sessiles; fleurs jaunes, en corymbe. ♃. Croît dans les bois des montagnes et dans les Ardennes. Le *senecio ovatus* est voisin de cette espèce. Il habite l'Allemagne.

21. SENEÇON DORIA (*S. doria*, L. sp. 1221).

Tige simple, droite, haute de 3-5 pieds; feuilles un peu glauques, légèrement décurrentes, oblongues- lancéolées, un peu spatulées, dentées; fleurs jaunes, en corymbe; folioles extérieures de l'involucre ou- vertes. ♃. Bord des ruisseaux dans le Midi. Il est commun au bord du Drac, au-dessus de Claix.

22. SÉNECON CACALIE (*S. cacaliaster*, LAM. *Cacalia sarracenica*, L. sp. 1169).

Faciès du *senecio sarracenicus*; tige simple, glabre ; feuilles glabres ; sessiles, oblongues-lancéolées, dentées ; les inférieures entières, décurrentes ; fleur d'un jaune très pâle, en corymbe terminal. ♃. Bois des montagnes de l'Auvergne.

23. SÉNECON DORONIC (*S. doronicum*, L. sp. 1222).

Tige simple, velue, dressée, haute de 1-2 pieds, presque nue ; feuilles un peu épaisses, dentées ; les radicales pétiolées, ovales, velues en dessous ; les caulinaires sessiles ; fleur très grande, d'un jaune rouge, souvent solitaire. ♃. Alpes, Pyrénées, assez commun.

24. SÉNECON DE BARRÉLIER (*S. Barrelieri*, GOUAN. ill. 68. BARR. ic. 146).

Ressemble beaucoup au précédent, dont il n'est probablement qu'une variété ; tige haute de 1-2 pieds, un peu rameuse au sommet, légèrement cotonneuse ; feuilles radicales ovales, pétiolées, dentées en scie, tomenteuses en dessous ; caulinaires sessiles, ovales-oblongues ; fleurs grandes, d'un jaune orangé, réunies 3-8 en une sorte de corymbe. ♃. Croît dans les Pyrénées orientales.

Genre DORONIC (*Doronicum*, LINNÉ).

Involucre à 2 rangs de folioles égales ; fleurs radiées ; réceptacle nu ; graines cannelées, velues ; celles de la circonférence sans aigrette.

Espèce 1. DORONIC A·FEUILLES DE PLANTAIN (*Doronicum plantagineum*, L. sp. 1247).

Tige simple, haute de 1-2 pieds, un peu velue au sommet ; feuilles radicales, pétiolées, cordiformes, ovales - obtuses, dentées ; les caulinaires spatulées, sessiles ; fleur jaune, grande, terminale ; involucre pubescent. ♃. Croît dans les bois ombragés. Il est impossible de considérer le *doronicum pardelianches*, L., comme une espèce distincte, d'autant plus que les oreillettes n'existent pas toujours.

2. Doronic scorpioïde (*D. scorpioides*, Willd. sp. 3. p. 214).

N'est peut-être qu'une variété de la précédente ; elle en diffère par ses feuilles radicales non échancrées en cœur, sa tige plus glabre et sa racine plus noueuse. ♃. Elle est commune dans les montagnes. Le *doronicum austriacum*, Jacq., me paraît être une autre variété dont la page inférieure des feuilles est munie de petits poils courts : elle croît dans les Pyrénées, l'Autriche, etc. Par une suite d'échantillons, on passe de l'une à l'autre de ces 4 plantes.

Genre ARNICA (*Arnica*, Linné).

Involucre à 2 rangs de folioles égales ; réceptacle nu ; fleurs radiées, à rayons munis de 5 filamens stériles ; toutes les graines aigrettées.

Espèce 1. Arnica des montagnes (*Arnica montana*, L. sp. 1245).

Tige presque simple, haute de 10-18 pouces ; feuilles radicales, étalées en rosette, ovales, entières ; les caulinaires opposées ; fleur grande, solitaire, d'un jaune orangé. ♃. Commun dans les prairies des montagnes. L'*arnica* était autrefois très employé comme vulnéraire et tonique.

2. Arnica doronic (*A. doronicum*, Jacq. aust. t. 82. *Grammarthron biligulatum*, Cass.).

Tige droite, hérissée, ainsi que toute la plante ; feuilles oblongues-lancéolées, à dents éloignées, les radicales pétiolées, les caulinaires alternes ; fleur jaune, solitaire ; involucre hérissé. ♃. Croît au bord des glaciers des Alpes et des Pyrénées. L'*arnica scorpioides*, L., en diffère par ses feuilles radicales plus arrondies, et les caulinaires plus pointues. Il habite les mêmes localités.

3. Arnica de Corse (*A. Corsica*, Lois. fl. gall. 576).

Tige dressée, velue, un peu rameuse au sommet ;

feuilles rétrécies en pétiole, embrassantes, ovales; les inférieures dentées, les supérieures oblongues, entières, velues; fleurs jaunes, grandes, en corymbe terminal. ♃. Croît en Corse, au bord des ruisseaux.

4. ARNICA FAUSSE PAQUERETTE (*A. bellidiastrum*, VILL. *D. bellidiastrum*, L.).

Hampe nue, grêle, uniflore; feuilles radicales, pétiolées, un peu velues, obovales, un peu sinuées: fleur blanche, solitaire, petite, à disque jaune, ressemblant à la paquerette commune. ♃. Croît dans les bois de sapins des hautes montagnes.

Genre BELLIUM (*Bellium*, LINNÉ).

Involucre simple, de plusieurs folioles; réceptacle nu; fleurs radiées; les fleurs du centre à 4 étamines; graines couronnées par une aigrette à 8 poils.

Espèce 1. BELLIUM FAUSSE PAQUERETTE (*Bellium bellidioides*, L. mant. 285).

Hampes nues, filiformes, hautes de 3-4 pouces; feuilles entières, radicales, ovales; fleurs petites, blanches, à disque jaune, ressemblant aux petits individus de la paquerette commune. ☉. Croît dans les lieux herbeux de la Corse.

2. BELLIUM DES NEIGES (*Bellium nivale*, RÉQ. an. s. nat. 383).

Ne me paraît qu'une variété locale de la précédente, dont elle ne diffère que par ses hampes velues, dépassant à peine de deux fois la longueur des feuilles. M. Requien indique encore, comme caractère, 4 paillettes uniques sur chaque graine, tandis que, dans la précédente, elles varient pour le nombre de 4-8. ☉. Croît sur les plus hautes sommités de l'île de Corse.

Genre CINÉRAIRE (*Cineraria*, LINNÉ).

Involucre simple, à folioles nombreuses, égales; réceptacle nu; fleurs radiées; aigrette simple, poilue.

Ce genre, que je mets ici à cause de son involucre simple, a le port des seneçons.

Espèce 1. Cinéraire champêtre (*Cineraria campestris*, Retz. *C. integrifolia*, Thuil.).

Tige cotonneuse au sommet, haute de 1-2 pieds, simple, presque nue; feuilles radicales, entières, très blanches en dessous, ovales-spatulées; caulinaires lancéolées; fleurs jaunes, en ombelle terminale; involucre cotonneux. ♃. Habite les bois humides.

2. Cinéraire des marais (*C. palustris*, L. sp. 1243).

Tige laineuse vers le sommet, haute de 2-3 pieds, feuillée; feuilles grandes, sessiles, oblongues-lancéolées, dentées; fleurs d'un jaune pâle, en corymbe terminal. ♃. Habite les fossés de la Hollande, de la Belgique et des départemens du Nord. La *Cin. alpina*, Willd., est indiquée aux Pyrénées par Lapeyrouse.

3. Cinéraire de Sibérie (*C. Sibirica*, L. sp. 1242).

Tige glabre, striée, haute de 3-4 pieds; feuilles glabres, pétiolées, cordiformes, un peu crénelées, à pétiole élargi; fleurs jaunes, terminales, en grappe feuillée. ♃. Croît au bord des étangs, dans les Pyrénées et l'Auvergne.

4. Cinéraire a feuilles en coeur (*C. cordifolia*, Gou. ill. p. 69).

Tige presque glabre, droite, simple, haute de 1-2 pieds; toutes les feuilles pétiolées, cordiformes, doublement dentées, même à la base des pétioles; fleurs d'un beau jaune, en corymbe. ♃. Croît autour des chàlets dans les plus hautes Pyrénées (Lap.)

5. Cinéraire a feuilles longues (*C. longifolia*, Jacq. aust. t. 181).

Tige simple, haute de 1-2 pieds, feuillée; toutes les feuilles dentées, les radicales spatulées, les caulinaires oblongues - lancéolées; fleurs jaunes, en corymbe. ♃. Alpes du Dauphiné, de la Provence et du Piémont.

6. CINÉRAIRE A FEUILLES ENTIÈRES (*C. integrifolia*, WILLD. sp. 3. p. 2082).

Tige simple, haute d'un pied, cotonneuse; feuilles radicales, spatulées, dentées, glabriuscules; caulinaires, linéaires-lancéolées, cotonneuses; fleurs jaunes, en ombelle. ♃. Alpes, Pyrénées. Peut-être une simple variété de la *Campestris*.

7. CINÉRAIRE ORANGÉE (*C. aurantiaca*, WILLD. sp. 3. p. 2081).

Tige haute d'un pied, velue, simple, pauciflore; feuilles radicales, ovales, crénelées; caulinaires lancéolées, très entières; fleurs d'un rouge orangé. ♃. Croît dans les prairies élevées des Alpes.

8. CINÉRAIRE MARITIME (*C. maritima*, L. sp. 1244).

Plante toute couverte de duvet blanc; tige rameuse, haute de 10-18 pouces; feuilles pinnatifides, à découpures obtuses, tridentées au sommet; fleurs jaunes, paniculées; involucre très cotonneux. ♃. Croît en Provence, en Languedoc, plus particulièrement au bord de la mer.

†† Réceptacle nu; graines dépourvues d'aigrette.

Genre PAQUERETTE (*Bellis*, LIN.).

Involucre hémisphérique simple, de plusieurs folioles; fleurs radiées; réceptacle nu, conoïde; graines sans aigrette.

Espèce. PAQUERETTE COMMUNE (*Bellis perennis*, L. sp. 1248).

Hampe velue, uniflore, nue; feuilles en rosette, obovées, crénelées ou entières, finissant en pétiole; fleurs blanches, à disque jaune. ♃. Très commune dans les prés. On cultive dans les jardins plusieurs variétés de cette plante. La *bellis annua*, L., a la hampe feuillée et les feuilles ovales-obtuses, crénelées au sommet : elle croît dans les bois herbeux du Midi. La *bel. sylvestris*, WILLD., qui a les feuilles couvertes d'un duvet grisâtre, et la fleur plus grande, ne me paraît être qu'une variété.

Genre MATRICAIRE (*Matricaria*, LIN.).

Involucre hémisphérique à un seul rang de folioles; fleurs radiées; réceptacle nu, conoïde; graines sans aigrette.

Espèce 1. MATRICAIRE CAMOMILLE (*Matricaria chamomilla*, LIN.).

Tige glabre, diffuse, haute de 10-18 pouces; feuilles glabres, tripinnées, à découpures capillaires; fleurs blanches, à centre jaune, solitaires; folioles de l'involucre un peu obtuses. ⊙. Commune dans les lieux cultivés.

2. MATRICAIRE ODORANTE (*M. suaveolens*, L. sp. 1256).

Tige glabre, haute de 10-15 pouces; feuilles glabres, tripinnées, à découpures très fines; fleurs blanches à disque jaune, odorantes, petites; involucre à folioles aiguës. ⊙. Roussillon et environs d'Abbeville?

Genre PYRÈTHRE (*Pyrethrum*, HALL.).

Involucre plane, imbriqué de folioles scarieuses au sommet; réceptacle nu, ovoïde; fleurs radiées; graines surmontées par un rebord membraneux, souvent crénelé.

Espèce 1. PYRÈTHRE DES ALPES (*Pyrethrum Alpinum*, WILLD. *Chrysanth. Alpinum*, L. sp. 1253).

Tiges simples, uniflores, un peu couchées, longues de 2-6 pouces; feuilles inférieures pinnatifides, à segmens dentés; supérieures linéaires, très entières; fleur blanche, à centre jaune. ♃. Commune dans les Alpes et les Pyrénées.

2. PYRÈTHRE COTONNEUSE (*P. tomentosum*, LOIS. fl. gall. 580).

Tige grêle, couverte d'un duvet cotonneux, ainsi que toute la plante, ascendante, uniflore; feuilles pétiolées, arrondies, bordées de crénelures profondes; fleur blanche, à disque jaune. ♃. Habite les montagnes de la Corse.

3. PYRÈTHRE DE HALLER (*P. Halleri*, WILLD. sp. 3. p. 2152).

Tige simple, dressée, glabre, haute de 2-4 pouces, uniflore; feuilles radicales, pinnatifides; les caulinaires lancéolées, à dents profondes; fleur blanche, à disque jaune. ♃. Alpes du Dauphiné, de la Savoie et du Piémont.

4. PYRÈTHRE EN CORYMBE (*P. corymbosum*, WILLD. *Ch. corymbosum*, L.).

Tige glabre, haute de 1-2 pieds, peu rameuse; feuilles glabres, grandes, ailées, à folioles pinnatifides, à dents aiguës; fleurs blanches, à disque jaune, en corymbe peu fourni. ♃. Bois montueux des environs de Paris, de la Bourgogne, du Lyonnais, etc.

5. PYRÈTHRE INODORE (*P. inodorum*, SMITH. *Chrys. inodorum*, L.).

Tige presque simple, haute de 10-15 pouces, rougeâtre inférieurement; feuilles tripinnées, à découpures capillaires, glabres; fleurs assez grandes, blanches, à disque jaune, terminales; graines couronnées par une membrane entière. ⊙. Croît dans les champs, les vignes, etc.

6. PYRÈTHRE MATRICAIRE (*P. parthenium*, SMITH. *Matricaria parthenium*, L.).

Tige branchue, un peu paniculée, haute de 12-18 pouces; feuilles pétiolées, les inférieures bipinnées, les supérieures plus grandes, pinnées, à folioles pinnatifides; fleurs blanches, à disque jaune, terminales.

♂. Lieux incultes et pierreux. La matricaire passe pour antihistérique.

7. Pyrèthre maritime (*P. maritimum*, Smith. *Matr. maritima*, L.).

Tiges rameuses, couchées, longues de 4-8 pouces, glabres ; feuilles sessiles, glabres, bipinnatifides, à ségmens charnus, linéaires ; fleurs blanches, à disque jaune ; rayons tridentés. ♃. Croît au bord de l'Océan, dans l'ouest.

Genre CHRYSANTHÈME (*Chrysanthemum*, Lin.).

Involucre hémisphérique, imbriqué, à folioles scarieuses au sommet ; réceptacle plane ; fleurs radiées ; graines dépourvues d'aigrette et de rebord membraneux. (Voyez *Atl.*, pl. 68, fig. 3.)

Espèce 1. Chrysanthème grande marguerite (*Chrysanthemum leucanthemum*, L. sp. 1251).

Tige presque simple, haute de 2 pieds, légèrement hispide inférieurement ; feuilles inférieures spatulées, obovales, glabres, dentées-crénelées ; les supérieures étroites, embrassantes ; fleurs grandes, terminales, blanches, à disque jaune. ♃. Très commune dans les prairies : elle varie beaucoup dans les montagnes. Le *chrys. montanum*, L., est une variété à feuilles supérieures linéaires-lancéolées.

2. Chrysanthème à grande fleur (*C. grandiflorum*, Lapeyr. abr.).

Cette espèce n'est peut-être qu'une variété de la précédente ; elle n'en diffère que par sa fleur beaucoup plus grande et ses graines, qui, suivant Willdenow, sont surmontées d'un rebord membraneux. ♃. Je l'ai reçue de Barrèges : Ramond l'indique à Bagnères.

3. Chrysanthème à feuilles de gramen (*C. graminifolium*, L. sp. 1252).

Tige simple, glabre, haute d'un pied ; feuilles linéaires, les radicales un peu dentées; fleur blanche, à disque jaune, solitaire. ♃. Collines sèches du Languedoc. Le *chrys. heterophyllum*, WILLD., qui a les feuilles sessiles, linéaires, dentées en scie, croît en Italie.

4. CHRYSANTHÈME CÉRATOPHYLLE (*C. ceratophylloides*, ALL. ped. t. 37).

Tige simple, dressée, uniflore, glabre, haute de 10-15 pouces; feuilles ailées, multifides, à découpures linéaires-aiguës; fleur blanche, grande, terminale. ♃. Pyrénées, Piémont.

5. CHRYSANTHÈME DE MONTPELLIER (*C. Monspeliense*, L. sp. 1252).

Tige glabre, simple, haute d'un pied, uniflore; feuilles palmées-multifides, à découpures linéaires, pinnatifides; fleur grande, d'un blanc rougeâtre, à disque jaune, terminale. ♃. Croît dans les Cévennes.

6. CHRYSANTHÈME TRÈS PETIT (*C. perpusillum*, LOIS. not. 128).

Très petite plante, haute de 1-2 pouces, formant une petite touffe; feuilles glabres, charnues, pinnatifides ou lobées; fleurs très petites, blanches, à disque jaune. ☉. Corse.

7. CHRYSANTHÈME DES MOISSONS (*C. segetum*, L. sp. 1254).

Tige rameuse, dressée, un peu étalée, glabre, haute de 1-2 pieds; feuilles glauques, embrassantes, les inférieures subpinnatifides, les supérieures à dents larges; fleurs grandes, entièrement jaunes. ☉. Croît parmi les moissons. Le *chrys. myconis*, L., qui a les feuilles obtuses, dentées, et la fleur plus petite, croît en Corse, en Italie et en Espagne.

8. CHRYSANTHÈME COURONNÉ (*C. coronarium*, L. sp. 1254).

Tige feuillée, rameuse, haute de 2-3 pieds; feuilles

glauques, profondément pinnatifides, à segmens pinnatifides; fleurs d'un jaune pâle, terminales, grandes. ⊙. Provence? Italie. Cultivé.

Genre SOUCI (*Calendula*, Lin.).

Involucre à un seul rang de folioles égales; fleurs radiées, les fleurons du centre mâles, les rayons de la circonférence hermaphrodites, fertiles; graines nues, irrégulières, membraneuses.

Espèce 1. Souci des champs (*Calendula arvensis*, L. sp. 1303).

Tige étalée, rameuse, un peu velue, haute de 4-8 pouces; feuilles ovales-lancéolées, entières ou un peu denticulées; fleurs jaunes; involucre glabre. ⊙. Croît dans les champs et les vignes.

2. Souci officinal (*C. officinalis*, L. sp. 1304).

Diffère du précédent par sa fleur trois fois plus grande et d'une couleur plus foncée, par ses feuilles inférieures spatulées, etc. ⊙. Croît dans les champs des provinces méridionales : cultivé.

††† Graines sans aigrette; réceptacle paléacé.

Genre ANACYCLE (*Anacyclus*, Lin.).

Involucre hémisphérique, imbriqué; fleurs quelquefois dépourvues de rayons; réceptacle conique, paléacé; graines comprimées et bordées d'une membrane. (Pers.)

Espèce 1. Anacycle de Valence (*Anacyclus Valentinus*, L. sp. 1258).

Tige peu rameuse, haute de 6-12 pouces; feuilles velues, multifides; fleurs jaunes, peu nombreuses, rarement radiées; involucres et pédoncules velus. ⊙. Provence, Languedoc. L'*anth. radiata*, L., est une variété à fleurs plus grandes, presque toujours radiées. L'*anacyclus purpurascens*, Pers., est une autre variété dont les rayons sont rougeâtres en dessous. L'*anacy-*

clus tomentosus; DC., paraît être aussi une variété plus velue, à rayons blancs; enfin, l'*anthemis clavatus*, Desf., est une sous-variété de cette dernière, dans laquelle les pédoncules sont très évasés sous le réceptacle. Toutes ces variétés, que quelques botanistes regardent comme des espèces distinctes, croissent sur le littoral de la Méditerranée.

2. ANACYCLE DORÉ (*A. aureus*, L. mant. 287).

Très glabre; tige haute de 4-6 pouces, grêle, rameuse; feuilles très découpées, à segmens très grêles, capillaires; fleurs d'un beau jaune; involucres dorés à la maturité. ⊙. Provinces méridionales.

Genre CAMOMILLE (*Anthemis*, LIN.).

Involucre hémisphérique, à folioles imbriquées, presque égales, un peu scarieuses sur les bords; fleurs radiées; réceptacle convexe, garni de paillettes; graines tétragones; sans rebords membraneux.

Espèce 1. CAMOMILLE DE VALENCE (*Anthemis Valentinus*, L. sp. 1262).

Tige diffuse, branchue, haute de 1-2 pieds; feuilles un peu velues, bipinnatifides; fleurs jaunes, grandes; pédoncules renflés au sommet. ⊙. Provinces méridionales, Espagne, Italie.

2. CAMOMILLE DES TEINTURIERS (*A. tinctoria*, L. sp. 1263).

Tige ferme, dressée, pubescente, haute de 2 pieds; feuilles tripinnatifides, velues, blanchâtres en dessous; fleurs jaunes (les rayons souvent blanchâtres). ♃. Provinces méridionales, Alsace, Belgique, Italie, Allemagne.

3. CAMOMILLE FLOSCULEUSE (*A. discoidea*, WILLD. sp. 3. p. 2188).

Diffère de la *tinctoria* par l'avortement des rayons, par ses graines plus longues et sa surface plus velue. ♃. Provinces méridionales, Italie.

4. CAMOMILLE DE MONTAGNE (*A. montana*, L. sp. 1261).

Variable; tiges ascendantes, longues de 10-15 pouces; feuilles pinnées, pubescentes, à folioles linéaires-trifides; fleurs grandes, terminales, blanches à disque jaune. ♃. Habite les Pyrénées, la Provence, le Piémont, etc. Près de cette espèce doivent être placées l'*anth. austriaca*, JACQ., qui croît en Allemagne, et l'*anth. triumphetti*, ALLION., qui habite le Piémont.

5. CAMOMILLE PUANTE (*A. cotula*, L. sp. 1261).

Tige droite, rameuse, haute de 12-18 pouces, glabre; feuilles deux ou trois fois pinnées, à folioles subulées, trifides; fleurs blanches, à disque jaune; réceptacle conique; paillettes sétacées; graines tuberculeuses. ⊙. Commune dans les champs. Plante fétide, appelée *maroute*.

6. CAMOMILLE DES CHAMPS (*A. arvensis*, L. sp. 1261).

Tige étalée, rameuse, striée; feuilles bipinnées, à folioles trifides, linéaires-lancéolées, pubescentes; fleurs blanches, à disque jaune, terminales, pubescentes; involucres velus; réceptacle conique; paillettes lancéolées; graines lisses. ⊙. Croît dans les moissons. Plante peu odorante.

7. CAMOMILLE ROMAINE (*A. nobilis*, L. sp. 1260).

Tige couchée, rameuse à la base; feuilles bipinnées, à folioles trifides, linéaires-subulées, un peu velues; fleurs blanches, à disque jaune, solitaires; involucre velu, à folioles scarieuses, blanchâtres; paillettes lacérées; graines lisses. ♃. Croît sur les bruyères. La camomille romaine est employée comme excitante, résolutive : on préfère la variété à fleur double, que l'on cultive en grand. L'*anth. alpina*, L., croît en Carinthie.

8. CAMOMILLE DES ROCHERS (*A. saxatilis*, DC. synop. 3258).

Tige dressée, presque nue, uniflore ; feuilles pinnatifides, pétiolées, un peu cotonneuses, à découpures linéaires-aiguës ; fleur terminale, blanche, à disque jaune. ♃. Croît sur les rochers, en Auvergne.

9. CAMOMILLE BRUNATRE (*A. fuscata*, WILLD. sp. 3. p. 2182).

Tiges ascendantes, longues de 5-6 pouces, glabres; feuilles longues, les radicales pétiolées, les caulinaires sessiles, toutes pinnatifides, à segmens grêles, trifides ; fleur blanche, à disque jaune, très grande ; involucre brun. ⊙. Environs de Toulon. (Rare.)

10. CAMOMILLE RENFLÉE (*A. incrassata*, LOIS. n. 129).

Tige étalée, pubescente, rameuse; feuilles petites, pubescentes, pinnatifides, sessiles, à lobes inférieurs très courts ; fleurs blanches, à disque jaune, à pédoncules très renflés sous la fleur; folioles de l'involucre acérés. ⊙. Languedoc, Roussillon.

11. CAMOMILLE MIXTE (*A. mixta*, L. sp. 1260).

Tige rameuse, velue, haute de 12-15 pouces; feuilles allongées, demi-pinnatifides, à lobes un peu dentés; fleurs jaunes, avec les extrémités des rayons blanches ; involucre velu. ⊙. Croît dans le centre et le midi de la France.

12. CAMOMILLE MARITIME (*A. maritima*, L. sp. 1259).

Tiges lisses, rougeâtres, rameuses, couchées; feuilles glabres, charnues, ponctuées en dessous, bipinnatifides, dentées; fleur assez grande, blanche, à disque jaune; involucre cotonneux. ♃. Bord de la Méditerranée.

13. CAMOMILLE ÉTRANGÈRE (*A. peregrina*, WILLD. sp. 3. p. 2182).

Tige droite, presque glabre, haute d'un pied, à

rameaux en corymbe; feuilles bi ou tripinnatifides,
à segmens longs, linéaires; fleurs assez petites, blanches, à disque jaune; folioles de l'involucre pubescentes, blanchâtres. ⊙. Environs d'Avignon; Italie.

14. CAMOMILLE TRÈS ÉLEVÉE (*A. altissima*, L. mant.
464).

Tige rougeâtre, dressée, rameuse, haute de 2-4
pieds; feuilles pinnatifides, à découpures lancéolées,
un peu dentées, rudes au toucher; fleurs assez grandes,
en corymbe terminal; folioles de l'involucre très acérées. ⊙ Croît en Dauphiné, en Languedoc, en Italie,
en Provence. L'*anth. cota*, L., est voisine de cette
espèce, mais elle ne croît point en France.

Genre ACHILLÉE (*Achillea*, LIN.).

Involucre ovoïde, imbriqué; réceptacle paléacé;
fleurs radiées; celles du rayon au nombre de 5-10, à
languette arrondie, échancrée; graines comprimées,
glabres, sans aigrette.

Espèce 1. ACHILLÉE HERBA-ROTA (*Achillea herba-rota*,
ALL. sp. t. 2).

Tiges ascendantes simples, nues au sommet, hautes
de 6-10 pouces; feuilles cunéiformes, atténuées à la
base, dentées en scie, glabres; fleurs blanches, peu
nombreuses, en petit corymbe. ♃. Hautes-Alpes du
Dauphiné, du Piémont.

2. ACHILLÉE PTARMIQUE (*A. ptarmica*, L. sp. 1266).

Tige simple, un peu pubescente au sommet; feuilles
linéaires-pointues, finement dentées en scie, à den-
ticules égales, glabres; fleurs blanches, en corymbes
terminaux; involucres velus. ♃. Croît dans les prés
humides.

3. ACHILLÉE DE CLAVENNA (*A. Clavennæ*, L. sp.
1266).

Tige dressée; folioles blanches, tomenteuses, demi-
pinnatifides, à découpures lancéolées-obtuses, la ter-

minale grande, tridentée; feuilles inférieures pétiolées, les caulinaires sessiles; fleurs blanches, réunies en corymbe ombelliforme. ♃. Cette plante croît dans les montagnes de l'Italie et de l'Espagne. M. Loiseleur Deslongchamps l'indique dans les Cévennes.

4. ACHILLÉE DES ALPES (*A. Alpina*, L. sp. 1266)..

Tige droite; simple; feuilles linéaires, pinnatifides, glabres, à découpures dentées; fleurs blanches, en corymbe terminal. ♃. Alpes.

5. ACHILLÉE A FEUILLES DE CAMOMILLE (*A. chamœmelifolia*, POURR. act. tour. p. 305).

Tige droite, simple, haute de 12-18 pouces; feuilles glabres, pectinées, à découpures linéaires, très entières; fleurs blanches, en corymbe. ♃. Croît dans les Pyrénées.

6. ACHILLÉE A GRANDES FEUILLES (*A. macrophylla*, L. sp. 1265).

Tiges dressées, simples, hautes de 2 pieds; feuilles glabres, pinnées, à folioles lancéolées, incisées-dentées; fleurs blanches, en corymbe terminal. ♃. Alpes du Dauphiné, de la Savoie, du Piémont

7. ACHILLÉE NAINE (*A. nana*, L. sp. 1267).

Petite plante haute de 2-4 pouces; blanchâtre, cotonneuse; tige feuillée; feuilles pinnées; à pinnules dentées-linéaires, les radicales pétiolées, bipinnées; fleurs blanches, en corymbe; involucre brun. ♃. Cette jolie petite plante croît sur les hautes sommités des Alpes. L'*achillea firma*, LOIS., est une variété plus grande, moins velue, que j'ai recueillie sur le Lautaret.

8. ACHILLÉE MUSQUÉE (*A. moschata*, JACQ. aust. app. t. 33).

Plante haute de 10-15 pouces, glabre; feuilles glabres, pectinées, pinnatifides, glabres, à folioles très entières, ponctuées, un peu obtuses ; fleurs blanches, en petit corymbe. ♃. Habite les plus hautes sommités des Alpes.

9. ACHILLÉE NOIRATRE (*A. atrata*, L. sp. 1267).

Tige pubescente, droite, haute de 10-15 pouces ; feuilles glabres, sessiles, pectinées-pinnatifides, à folioles linéaires, trifides ; fleurs blanches, en corymbe ; pédoncules pubescens ; involucre noir. ♃. Hautes-Alpes. (Rare.)

10. ACHILLÉE A FEUILLES DE TANAISIE (*A. tanaceti-folia*, ALL. ped. n. 666).

Tige simple, pubescente au sommet, haute de 12-18 pouces ; feuilles radicales, longues, pétiolées, bipinnatifides, à découpures lancéolées-dentées ; les caulinaires sessiles ; fleurs blanches ou purpurines, en corymbe étalé. ♃. Croît dans les bois des Alpes de la Provence et du Dauphiné.

11. ACHILLÉE COMPACTE (*A. compacta*, LAM. D. 1. p. 27).

Tige simple, droite, haute de 2-3 pieds, pubescente ; feuilles grandes, pubescentes, bipinnatifides, à découpures lancéolées, incisées-dentées ; fleurs blanches ou jaunâtres, en corymbe serré et nivelé. ♃. Bois du Jura, du Dauphiné, de la Provence.

12. ACHILLÉE DENTIFÈRE *A. dentifera*, DC. *Ach. magna*, ALL.).

Tige dressée, velue, haute de 2 pieds ; feuilles grandes, pinnatifides, dentées en scie sur la côte principale ; fleurs blanches ou purpurines, en corymbe serré. ♃. Alpes de Provence et du Piémont.

13. ACHILLÉE MILLEFEUILLE (*A. millefolium*, L. sp. 1125).

Tige dressée, un peu velue ; feuilles deux fois ailées, à folioles linéaires-dentées ; fleurs blanches, quelquefois rougeâtres, en corymbes terminaux. ♃. Commune dans les prés secs, au bord des chemins, etc.

14. Achillée sétacée (*A. setacea*, Wild. sp. 3. p. 2212).

Tige dressée, un peu velue ; feuilles bi ou tripin-natifides, à lobes capillaires très nombreux, glabres ou velues ; fleurs blanches ou purpurines, en corymbe terminal. ♃. Croît aux environs d'Avignon ; dans les Alpes et les Pyrénées.

15. Achillée de Ligurie (*A. Ligustica*, All. ped. n. 660).

Tige presque glabre, droite, haute de 3-4 pieds, peu rameuse ; feuilles sessiles, nombreuses, bipinna-tifides, à découpures linéaires, à dents aiguës ; ner-vure principale ailée ; fleurs blanches, en corymbe nivelé. ♃. Croît en Italie, en Corse.

16. Achillée odorante (*A. odorata*, L. sp. 1268).

Plante aromatique ; tige haute de 3-6 pouces, un peu velue ; feuilles radicales pétiolées, velues, bipin-natifides, à lobes linéaires obtus ; fleurs blanches, en corymbe serré. ♃. Pyrénées, Alpes du Dauphiné. (Rare.)

17. Achillée noble (*A. nobilis*, L. sp. 1268).

Tige haute d'un pied, droite, pubescente ; feuilles un peu velues, bipinnées, à folioles écartées, étroites ; nervure médiane ailée ; fleurs blanches, en corymbe. ♃. Croît en Provence, Languedoc, etc. ; elle est com-mune au bourg d'Oysans. A la suite des *Achillées à fleurs blanches*, on doit ajouter l'*ach. magna*, L., l'*achillea cretica*, L., et l'*achillea thomasii*.

18. Achillée agérate (*A. ageratum*, L. sp. 1264).

Tiges glabres, dressées, hautes de 2 pieds ; feuilles nombreuses, oblongues, obtuses, dentées en scie,

glabres, atténuées en pétiole ; fleurs jaunes, en corymbe
terminal. ♃. Habite les lieux pierreux du Midi.

19. ACHILLÉE COTONNEUSE (*A. tomentosa*, L. sp. 1264).

Tiges droites, hautes de 8-12 pouces, tomenteuses;
feuilles bipinnatifides, cotonneuses; fleurs jaunes, en
corymbe. ♃. Croît dans les champs pierreux, en Provence, en Dauphiné.

Genre BUPHTALME (*Buphtalmum*, LINNÉ).

Involucre imbriqué ; fleurs radiées ; fleurs du centre
hermaphrodites, rayons femelles fertiles ; réceptacle
paléacé ; graine surmontée par une membrane impar-
faite.

Espèce 1. BUPHTALME AQUATIQUE (*Buphtalmum aquaticum*, L. sp. 1274).

Tige pubescente, dichotome, haute de 1 pied ;
feuilles un peu velues, oblongues, obtuses, entières,
alternes ; fleurs jaunes, petites, axillaires et terminales ; feuilles florales nombreuses. ☉. Croît au bord
des eaux, en Provence, en Languedoc.

2. BUPHTALME MARITIME (*B. maritimum*, L. sp. 1274).

Tiges velues, diffuses, rameuses, hautes de 8-10
pouces ; feuilles allongées - spatulées, très obtuses ;
fleurs jaunes, assez grandes, solitaires, terminales,
entourées de bractées. ♃. Bord de la mer, en Provence.

3. BUPHTALME ÉPINEUX (*B. spinosum*, L. sp. 1274).

Tige ferme, velue, cotonneuse, branchue ; feuilles
alternes, les radicales longues, obtuses, dentelées,
rétrécies à la base, les caulinaires embrassantes ; fleurs
jaunes, solitaires ; bractées épineuses. ☉. Provence,
Languedoc, Dauphiné.

4. BUPHTALME A FEUILLES DE SAULE (*B. salicifolium,*
L. sp. 1275). '

Facies de l'*inula salicifolia* : tige droite, presque
simple, haute de 12-18 pouces; feuilles alternes,
oblongues - lancéolées, un peu denticulées; fleurs
jaunes, terminales; point de bractées. ♃. Commun
au pied des montagnes. Le *bupht. grandiflorum*, L.,
n'en est pas même une variété.

Genre BIDENT (*Bidens*, LINNÉ).

Involucre à plusieurs folioles presque égales, dont
les extérieures sont ouvertes; fleurs flosculeuses, très
rarement radiées; réceptacle plane, paléacé; graines
surmontées de 2-5 arêtes persistantes.

Espèce 1. BIDENT TRIPARTITE (*Bidens tripartita*, L.
sp. 1165).

Tige glabre, dressée; feuilles partagées en 3 ou 5
folioles oblongues, glabres; fleurs jaunes, flosculeuses,
munies de bractées plus longues que les fleurs. ⊙.
Commun au bord des fossés humides.

2. BIDENT PENCHÉ (*B. cernua*, L. sp. 1165).

Tige dressée, un peu velue; feuilles glabres, presque connées, ovales-lancéolées; fleurs jaunes, terminales, penchées; bractées à peine plus longues que
les fleurs. ⊙. Croît dans les fossés humides.

FAMILLE 52. CAMPANULACÉES (*Campanu-
laceæ*, JUSS.).

Calice à 5 divisions; corolle monopétale en cloche,
à 5 dents; 5 étamines, libres par leurs anthères; style
à stigmate simple ou trilobé; ovaire semi-infère; capsule à 2-6 loges polyspermes, s'ouvrant par des trous
latéraux. Plantes herbacées, souvent lactescentes;
feuilles alternes.

Genre CAMPANULE (*Campanula*, Linné).

Calice à 5 divisions ; corolle en cloche, à 5 dents, dont le fond est fermé par des valves qui portent les étamines ; stigmate trilobé ; capsule ovale, à 3 loges. (Voyez *Atl.*, pl. 65, f. 1 et 2.) *

* *Capsules recouvertes par les divisions calicinales réfléchies.*

Espèce 1. Campanule d'Allioni (*Campanula Allionii*, Vill. dauph. 2. p. 512).

Tige simple, hérissée, haute de 1-2 pouces ; feuilles hérissées, linéaires-lancéolées, ondulées ; fleur bleue ou blanche, solitaire, assez grande. ♃. Alpes du Dauphiné, de la Provence.

2. Campanule barbue (*C. barbata*, L. sp. 236).

Tige velue, presque nue, haute de 8-15 pouces ; feuilles ovales-oblongues, velues ; fleurs bleues, grandes, réunies 8-10 en panicule ; corolle très barbue. ♂. Alpes du Dauphiné. Commune au Lautaret.

3. Campanule spécieuse (*C. speciosa*, Pourr. act. toul.).

Tiges simples, hérissées, feuillées, hautes de 12-15 pouces ; feuilles longues, crénelées ; fleurs bleues, grandes, axillaires, pédonculées ; style à 3 stigmates, capsules triloculaires. ♃. Pyrénées.

4. Campanule carillon (*C. medium*, L. sp. 236).

Tige hérissée, rameuse, haute de 1-2 pieds ; feuilles sessiles, ovales-lancéolées, hispidiuscules ; fleurs bleues ou blanches, très grandes ; style à 5 stigmates ; capsule à 5 loges. ♂. Bois de la Provence. Commune aux environs de Grenoble. Cultivée.

5. Campanule en épi (*C. spicata*, L. mant. 337).

Tige droite, peu rameuse, haute de 2-3 pieds, hispide ; feuilles entières, longues, linéaires ; fleurs bleues, en un long épi terminal. ♂. Lieux montueux de la Provence et du Dauphiné. Je l'ai recueillie sur les montagnes voisines de Briançon.

6. CAMPANULE DE SIBÉRIE (*C. Sibirica*, CURT. mag. t. 659).

Tige rameuse, hispide, paniculée, dressée; feuilles sessiles, velues, linéaires-lancéolées, un peu ondulées; fleurs bleues, en panicule longue, effilée. ♂. Alpes de Provence et du Piémont.

* * Divisions calicinales non réfléchies.

7. CAMPANULE EN THYRSE (*C. thyrsoidea*, L. sp. 235).

Tige simple, haute de 6-12 pouces, hispide, grosse; feuilles lancéolées-linéaires, hérissées, nombreuses; fleurs blanches, nombreuses, en un gros épi serré. ♃. Alpes du Dauphiné, de la Provence. Cette plante a le port d'une orobanche. Je l'ai trouvée au mont Bovinant, en Savoie, au Lautaret, etc.

8. CAMPANULE EN TÊTE (*C. cervicaria*, L. sp. 235).

Tige hérissée, feuillée, presque simple, haute de 1-2 pieds; feuilles lancéolées-linéaires, ondulées, un peu dentées, très rudes; fleurs bleues, réunies en tête terminale. ♂. Lieux arides des montagnes.

9. CAMPANULE AGGLOMÉRÉE (*C. glomerata*, L. sp. 235).

Tige simple, anguleuse, presque glabre, haute de 10-15 pouces; feuilles radicales, pétiolées, ovales-lancéolées, dentées; caulinaires sessiles, entières; fleurs bleues, en tête terminale, munies à la base de bractées un peu cordiformes. ♃. Coteaux calcaires. La *C. petraea*, DC. synop., a la tige velue et les feuilles cotonneuses en dessous; elle habite le Piémont.

10. CAMPANULE GANTELÉE (*C. trachelium*, L. sp. 235).

Tige haute de 1-2 pieds; feuilles pétiolées; les ra-

dicales cordiformes; les caulinaires ovales-lancéolées,
toutes dentées en scie; fleurs bleues, axillaires; calices ciliés. ♃. Habite dans tous les bois.

11. CAMPANULE FAUSSE-RAIPONCE (*C. rapunculoides*,
L. sp. 234).

Tige rameuse, haute de 1-2 pieds; feuilles radicales, pétiolées, cordiformes, dentées, scabres; caulinaires sessiles; fleurs bleues, tournées du même côté;
calice très ouvert. ♃. Habite les lieux secs et arides.
La *C. simplex*, DC. synop., a la tige simple, pubescente; les feuilles sessiles, ovales, crénelées, et le calice glabre. Elle croît en Italie, en Dalmatie.

12. CAMPANULE A FEUILLES D'ORTIE (*C. urticæfolia*,
WILLD. sp. 1. p. 900).

Tige hispide, anguleuse, haute de 1-2 pieds; feuilles ovales-lancéolées, grossièrement dentées en scie;
fleurs bleues, pendantes, à pédoncules axillaires, uniflores; calice hispide. ♃. Croît dans les Vosges et le
Jura.

13. CAMPANULE A LARGES FEUILLES (*C. latifolia*, L.
sp. 233).

Tiges simples, cylindriques, hautes de 1-2 pieds;
feuilles scabres, ovales-lancéolées, un peu dentées,
grandes, pointues; fleurs bleues, grandes; pédoncules axillaires, uniflores. ♃. Jura, Alpes du Dauphiné.
Elle n'est pas rare à la Grande-Chartreuse.

14. CAMPANULE RHOMBOÏDALE (*C. rhomboidalis*,
L. sp. 233).

Tige très simple, glabre, haute de 8-18 pouces;
feuilles éparses, les inférieures sessiles, un peu rhomboïdales, les supérieures ovales-pointues; fleurs bleues,
en épi court, tournées du même côté. ♃. Commune
dans les prairies des Alpes.

15. Campanule pyramidale (*C. pyramidalis*, L. sp. 233).

Tige rameuse, glabre, en panicule pyramidale, haute de 3-5 pieds; feuilles glabres, les inférieures ovoïdes-cordiformes, les supérieures oblongues; fleurs bleues, extrêmement nombreuses, en longs épis terminaux. ♃. Alpes de Savoie.

16. Campanule a feuilles de pêcher (*C. persicifolia*, L. sp. 232).

Tige glabre, dressée, haute de 12-18 pouces; feuilles radicales obovées, entières, atténuées en un long pétiole; caulinaires sessiles, un peu dentées en scie; fleurs grandes, bleues ou blanches. ♃. Croît dans les bois taillis. On cultive la variété à fleurs doubles dans les jardins.

17. Campanule raiponce (*C. rapunculus*, L. sp. 232).

Racine fusiforme, tige anguleuse, rameuse ou simple, velue à la base, haute de 2-3 pieds; feuilles radicales ovales-obtuses, un peu ondulées; caulinaires linéaires-lancéolées; fleurs bleues, nombreuses, en épis effilés; divisions du calice subulées. ♂. Commune le long des haies, dans les bois. On mange cette plante en salade.

18. Campanule étalée (*C. patula*, L. sp. 232).

Tige rameuse, un peu couchée à la base, haute de 12-15 pouces; feuilles radicales, lancéolées-ovales, dentées-sinuées, légèrement pubescentes; supérieures linéaires, glabres; fleurs bleues, en panicule étalée; divisions calicinales denticulées. ♃. Croît dans les Alpes et le midi de la France; on la retrouve dans la Basse-Normandie.

19. Campanule a feuilles de lin (*C. linifolia*, Lam. D. 1. p. 579).

Tige ferme, glabre, haute de 10-18 pouces; feuilles inférieures et supérieures linéaires lancéolées, étroites, glabres; fleurs bleues, souvent solitaires. ♃. Habite les prairies froides des Pyrénées et des Alpes. La *Campanula valdensis*, ALL., n'en diffère que parce qu'elle est un peu velue. C'est une légère variété que j'ai trouvée mêlée avec la *linifolia*, qui, peut-être elle-même, n'est qu'une variété de la *rotundifolia*.

20. CAMPANULE A FEUILLES RONDES (*C. rotundifolia*, L. sp. 232).

Tige diffuse, rameuse, haute de 12-15 pouces; feuilles radicales pétiolées, en cœur, un peu arrondies-crénelées, ne tardant point à disparaître; caulinaires étroites, linéaires, très entières; fleurs bleues, assez grandes, peu nombreuses. ♃. Commune dans les fentes des murs et les lieux rocailleux.

21. CAMPANULE GAZONNANTE (*C. cæspitosa*, LAM. *C. pusilla*, JACQ.).

Tiges couchées à la base, formant, par leur réunion, de larges gazons; feuilles inférieures pétiolées, ovales, dentées en scie; supérieures étroites, linéaires, entières; fleurs bleues ou blanches. ♃. Commune sur les rochers des montagnes.

22. CAMPANULE A FEUILLES DE LIERRE (*C. hederacea*, L. sp. 240).

Tige couchée, rameuse, très grêle; feuilles glabres, pétiolées, cordiformes-quinquélobées; fleurs petites, bleuâtres. ⊙. Cette jolie petite plante croît dans les lieux humides, en Basse-Normandie, en Bretagne, dans les Landes, l'Auvergne, la Belgique.

23. CAMPANULE DU MONT-CENIS (*C. cenisia*, L. sp. 1669).

Tige grêle, rameuse, étalée, longue de 2-4 pouces, feuillée, uniflore; feuilles glabres, ovales, très entières, ciliées sur les bords; supérieures oblongues; fleur solitaire, d'un bleu foncé, assez grande; calice très velu. ⊙. Cette charmante espèce habite les Alpes du Mont-Cenis, du Saint-Bernard. Je l'ai trouvée

asez abondamment parmi les schistes, au Galibier et
sur la Tête-Noire.

24. CAMPANULE ÉLATINÉ (*C. elatines*, L. sp. 240).

Tiges grêles, tombantes, presque simples, feuillées;
feuilles pétiolées, ovales, échancrées, à dentelures
aiguës; fleurs purpurines, petites, réunies 3-4 sur un
pédoncule rameux, axillaire. ♃. Alpes. (Très rare.)

25. CAMPANULE ÉRINE (*Ç. erinus*, L. sp. 240).

Velue; tige grêle, dichotome, haute de 6-8 pouces;
feuilles sessiles, ovales, à dents aiguës, opposées dans
le haut; fleurs petites, d'un bleu pâle, axillaires
ou terminales, presque sessiles. ⊙. Lieux aridés du
Midi.

Genre PRISMATOCARPE (*Prismatocarpus*, L'HÉR.
Campanula, LIN.)

Calice à 5 divisions; corolle en roue, à 5 lobes; 5
étamines; 1 style à stigmate trilobé; capsule allongée,
prismatique, à 2-3 loges s'ouvrant au sommet.

Espèce 1. PRISMATOCARPE MIROIR DE VÉNUS (*Prismatocarpus speculum*, L'HÉRIT. *C. speculum*, L.
sp. 340).

Tige rameuse au sommet; feuilles sessiles, oblongues, ondulées ou crénelées; fleurs violettes, assez
grandes, terminales, dressées, pédonculées; divisions
calicinales étalées. ⊙. Croît dans les champs.

2. PRISMATIQUE HYBRIDE (*P. hybridus*, L'HÉR. *Camp.
hybrida*, L. sp. 340).

Tige rameuse à la base; feuilles oblongues, un peu
ondulées, crénelées; fleurs violettes, solitaires; divisions calicinales plus longues que la corolle, qu'elles
recouvrent de manière à la cacher. ⊙. Croît dans les
moissons.

3. Prismatocarpe en faux (*P. falcatus*, Tenore, fl. neap. 77. t. 20).

Tige un peu rude, dressée, tétragone ; feuilles inférieures ovales, pubescentes ; supérieures elliptiques ; fleurs bleuâtres, sessiles, axillaires et terminales ; divisions calicinales, linéaires, un peu falquées, et doubles en longueur de la corolle. ⊙. Croît en Corse.

Genre PHYTEUMA (*Phyteuma*, Linné).

Calice à 5 divisions ; corolle à tube court, à 5 lobes aigus, linéaires ; 5 étamines à filamens dilatés à la base ; un style ; un stigmate bi ou trilobé ; capsule ovoïde à 3 loges polyspermes.

Espèce 1. Phyteuma a feuilles de globulaire (*Phyteuma globulariæfolia*, Sternb. s. veg. 5. p. 76).

Tige grêle, simple, haute de 4-6 pouces ; feuilles ovales, dégénérant en pétiole ; fleurs bleues, en capitule globuleux peu fourni ; bractées ovales obtuses, un peu ciliées, plus courtes que l'épi. ♃. Pyrénées.

2. Phyteuma pauciflore (*P. pauciflora*, L. sp. 241).

Tige grêle, haute de 1-3 pouces ; feuilles ovales-oblongues, glabres, rétrécies en pétiole ; feuilles caulinaires un peu ciliées ; fleurs bleues, peu nombreuses, en petit capitule ; bractées arrondies, cordiformes, ciliées. ♃. Hautes sommités des Alpes et des Pyrénées.

3. Phyteuma hémisphérique (*P. hemisphærica*, L. sp. 241).

Tige grêle, haute de 2-6 pouces, glabre ; feuilles linéaires, entières, presque aussi longues que la tige ; fleurs bleues, en un petit capitule arrondi ; bractées ovales, acérées, ciliées. ♃. Prairies des hautes montagnes.

4. Phyteuma denté (*P. serrata*, Viv. cors. app. 1. *Phyteuma carestiæ*, Lois. an. soc. lin. par. 1827).

Hampe courte, à peu près de la longueur des feuilles radicales, qui sont linéaires-lancéolées, denticulées, obtuses, pétiolées ; les caulinaires sessiles ; fleurs bleues, en capitule arrondi ; bractées ovales-lancéolées, échancrées en cœur, dentées, aiguës et un peu plus courtes que les fleurs. ♃. Trouvé en Corse par M. Thomas. Je crois que l'espèce décrite sous le nom de *phyteuma carestiæ*, par M. Loiseleur-Deslongchamps, doit être rapportée au *serrata* de Tenore.

5. Phyteuma orbiculaire (*P. orbicularis*, L. sp. 242).

Tige grêle, simple, haute de 12-15 pouces ; feuilles un peu coriaces, oblongues, lancéolées, dentées ; les inférieures presque toujours cordiformes ; fleurs bleues, en capitule arrondi. ♃. Croît sur les coteaux calcaires. Le *phyteuma comosa*, L., qui a les feuilles glauques et les bractées très longues, habite le Tyrol.

6. Phyteuma de Scheuchzer (*P. Scheuchzeri*, All. ped. t. 39. f. 2).

Tige droite, haute de 12-18 pouces, glabre ; feuilles inférieures pétiolées, oblongues, dentées ; caulinaires sessiles, linéaires, entières, longues ; fleurs bleues ; bractées très longues. ♃. Alpes du Piémont et de la Suisse. Le *phyteuma michelii*, All., diffère du précédent par ses bractées, plus courtes que l'épi ; il croît en Italie.

7. Phyteuma a feuilles de scorzonère (*P. scorzoneræfolia*, Vill. dauph. 2. p. 519).

Tige haute de 12-18 pouces, roide, cannelée, glabre ; feuilles inférieures longues, pétiolées, oblongues ; supérieures linéaires, sessiles ; fleurs bleues, en épi oblong. ♃. Habite les hautes montagnes du Briançonnais.

8. PHYTEUMA DE CHARMEIL (*P. Charmelii* , VILL. dauph. 2. p. 516).

Tige droite, haute de 12-18 pouces ; feuilles infé-rieures pétiolées, cordiformes, un peu dentées ; cau-linaires entières, lancéolées-linéaires ; fleurs bleues, en épi ovale-arrondi ; bractées ciliées, plus courtes que les fleurs. ♃. Alpes du Dauphiné:

9. PHYTEUMA A FEUILLES DE BÉTOINE (*P. betonicæ-folia* , VILL. dauph. 2. p. 518).

Tige haute de 10-15 pouces ; feuilles seulement cré-nelées, les radicales cordiformes, lancéolées ; les cau-linaires lancéolées ; fleurs bleues ou blanches, en épi oblong ; bractées courtes. ♃. Alpes du Dauphiné, de la Savoie et de la Provence.

10. PHYTEUMA EN ÉPI (*P. spicata* , L. sp. 242).

Racine grosse, fusiforme ; tige haute de 12-18 pouces ; feuilles radicales en cœur, pétiolées, doublement dentées, glabres ; supérieures linéaires, sessiles ; fleurs blanches, en épi allongé ; bractées linéaires. ♃. Habite les bois humides. Dans les montagnes, il est presque constamment à fleurs bleues.

11. PHYTEUMA DE HALLER (*P. Halleri* , ALL. ped.).

Ressemble beaucoup au précédent, dont il se dis-tingue par son épi plus raccourci, par ses bractées plus grandes et par ses feuilles supérieures, qui sont lancéolées. ♃. Alpes du Dauphiné et les Pyrénées. Le *phyteuma pinnata* , L., croît dans l'archipel grec.

FAMILLE 53. LOBÉLIACÉES (*Lobeliaceœ* , JUSS.).

Cette famille se distingue des campanulacées, par la corolle irrégulière, les étamines soudées par leurs anthères, le stigmate surmonté d'une couronne mem-

braneuse ou ciliée, par le fruit à deux loges polyspermes, s'ouvrant par son sommet en deux valves, et
les tiges non lactescentes.

Genre LOBÉLIE (*Lobelia*, LINNÉ).

Calice à 5 divisions linéaires ; corolle monopétale,
tubuleuse, irrégulière, à deux lèvres ; 5 étamines formant un canal cylindrique, à anthères réunies ; 1
stigmate à 2 lobes ; capsule à 2-3 loges polyspermes.

Espèce 1. LOBÉLIE BRULANTE (*Lobelia urens*, L.
sp. 1321).

Tige anguleuse, presque simple, rude, glabre,
haute de 8-15 pouces ; feuilles inférieures ovales, spatulées, les supérieures lancéolées, toutes à dents inégales, glabres ; fleurs bleues, à gorge blanche, en
épi allongé. ⊙. Croît çà et là dans les terrains tourbeux et sablonneux.

2. LOBÉLIE DE DORTMANN (*L. Dortmanna*, L.
sp. 1318).

Tige haute de 1-2 pieds, dressée, simple, glabre ;
feuilles linéaires très entières, offrant deux loges longitudinales ; fleurs bleuâtres, en grappes lâches. ♃.
Croît dans les étangs du pays de Liége, de la Belgique
et de la Hollande. Se retrouve aux environs de Bordeaux.

3. LOBÉLIE DE LAURENTI (*L. Laurentia*, L. sp. 1319).

Tige couchée, rameuse, longue de 3-6 pouces ;
feuilles ovales-lancéolées, crénelées ; fleurs bleues ;
pédoncules axillaires, solitaires. ⊙. Je l'ai reçue de
Corse et d'Italie.

4. LOBÉLIE NAINE (*L. minuta*, L. mant. 292).

Très petite plante, haute de 1-2 pouces ; feuilles
radicales, ovales, un peu crénelées ; hampe très grêle,
terminée par une fleur bleue. ⊙. Corse.

Genre JASIONE (*Jasione*, Linné).

Calice à 5 divisions ; corolle en roue, à tube très court, à 5 divisions longues, linéaires ; 5 étamines à anthères réunies en tube ; stigmate bifide ; capsule biloculaire ; fleurs réunies en tête, dans un involucre commun de 12-18 folioles. Port des scabieuses. Ce genre appartient autant à la famille précédente qu'à celle-ci.

Espèce 1. Jasione des montagnes (*Jasione montana*, L. sp. 1317).

Tiges diffuses, rameuses, étalées à la base, hautes de 6-12 pouces, hérissées ; feuilles étroites, linéaires-lancéolées, ondulées-crépues ; fleurs bleues, en tête, globuleuses ; pédoncules longs. ⊙. Croît dans les lieux sablonneux.

2. Jasione vivacé (*J. perennis*, Lam. D. 3. p. 216).

Diffère de la *montana* par sa tige vivace, ses feuilles linéaires non ondulées, presque glabres, et ses têtes de fleurs plus grandes. ♃. Départemens du Midi.

3. Jasione humble (*J. humilis*, Pers. ench. 2. p. 215).

Tiges étalées, hérissées, touffues, couchées, sous-ligneuses ; feuilles linéaires, peu ondulées, linéaires ; fleurs bleues, en tête arrondie ; bractées larges, dentées, ovales. ♃. Pelouses des Pyrénées.

FAMILLE 54. VACCINIÉES (*Vacciniee*, Juss.).

Calice monosépale entier ou à 4 divisions ; corolle à 4 divisions ; 8 étamines insérées sur le calice ; anthères bilobées, s'ouvrant par deux pores ; ovaire infère, surmonté d'un style simple ; fruit globuleux, bacciforme, ombiliqué. Sous-arbrisseaux à feuilles alternes, à fleurs axillaires.

Genre AIRELLE (*Vaccinium*, LINNÉ).

Calice entier, adhérent ; corolle en cloche, à 4 divisions ; 8 étamines insérées sur le réceptacle ; baie globuleuse.

Espèce 1. AIRELLE MYRTILLE (*Vaccinium myrtillus*, L. sp. 478).

Sous-arbrisseau rameux, anguleux, glabre ; feuilles alternes, presque sessiles, caduques, ovées, dentées en scie ; fleurs pendantes, rougeâtres, à pédoncules axillaires ; baie bleue. ♄. Bois ombragés. On mange son fruit, appelé *myrtille*, *bleuet*, *pourriot*, etc.

2. AIRELLE FANGEUSE (*Vaccinium uliginosum*, L. sp. 499).

Sous-arbrisseau rameux, feuillé dans le haut ; feuilles caduques, ovales, obtuses, lisses ; fleurs axillaires, petites, d'un blanc rosé ; baies noirâtres. ♄. Lieux humides des montagnes. Elle est commune au Lautaret, où elle naît au milieu des *Cetraria nivalis* et *juniperina*, ACH.).

3. AIRELLE FRAMBOISE (*Vaccinium vitis-idæa*, L. sp. 500).

Sous-arbrisseau rameux, haut de 10-15 pouces ; feuilles obovées, roulées sur leurs bords, coriaces, ponctuées en dessous, persistantes ; fleurs roses ; baies rouges, d'une saveur acide, agréable. ♄. Alpes du Dauphiné, Lozère, etc.

4. AIRELLE CANNEBERGE (*Vaccinium oxycoccos*, L. sp. 500).

Tiges filiformes, rameuses, diffuses, couchées ; feuilles petites, sessiles, presque en cœur, roulées sur les bords, glauques, persistantes ; fleurs d'un blanc rosé ; baies rouges. ♄. Habite les marais tourbeux.

FAMILLE 55. ÉRICINÉES (*Ericineæ*, Juss.).

Calice persistant, monosépale, quelquefois polysé-
pale ; corolle ordinairement monopétale, insérée sur
le calice ; étamines de 8-10, insérées sur la base du
calice ; anthères souvent bifides à leur base ; ovaire
simple, supère, surmonté par un style à un stigmate ;
fruit multiloculaire polysperme, sec ou charnu ; périsperme charnu ; embryon droit. Arbres ou arbustes
à feuilles alternes, verticillées ou opposées. Fleurs en
grappe ou en épi.

Genre BRUYÈRE (*Erica*, LINNÉ).

Calice à 4 folioles, persistant ; corolle marcescente,
à 4 divisions ; 8 étamines ; 1 style ; 1 stigmate ; anthères
bifides ; capsule 4-loculaire, 4-valve.

Espèce 1. BRUYÈRE COMMUNE (*Erica vulgaris*, L. sp.
501. *Calluna erica*, DC.).

Sous-arbrisseau tortueux, dressé, rameux ; feuilles
glabres, à trois côtés, imbriquées sur quatre rangs,
dressées, serrées ; fleurs petites, purpurines ou blanches, en épi terminal ; calice double ; divisions exté-
rieure étroites, les intérieures colorées, velues ; anthères renfermées dans la corolle. ♄. Commune dans
les bois.

2. BRUYÈRE CENDRÉE (*E. cinerea*, L. sp. 501).

Sous-arbrisseau rameux, à écorce cendrée ; feuilles
ternées-linéaires ; fleurs purpurines, en grappe terminale ; corolles en grelots à 4 dents ; anthères incluses.
♄. Commune dans les lieux arides, sablonneux.

3. BRUYÈRE TÉTRALIX (*E. tetralix*, L. sp. 502).

Sous-arbrisseau à rameaux grêles, opposés ; feuilles
linéaires, ciliées, réunies 4 à 4 ; fleurs purpurines ou
blanches, en tête ; calices velus ; corolles en grelots ;
anthères incluses ; style à peine saillant. ♄. Bois humides et marécageux de l'ouest et du centre.

4. BRUYÈRE EN ARBRE (*E. arborea*, L. sp. 502).

Arbrisseau de 4-6 pieds , à rameaux hérissés , tomenteux; feuilles petites , nombreuses , rapprochées; fleurs blanches ou purpurines, campanulées , glabres; style saillant. ♄. Italie, Provence, Languedoc, Corse, Pyrénées.

5. BRUYÈRE DE CORSE (*E. Corsica*, DC. fl. fr. *E. ramulosa*, VIV. an. bot ?)

Tige glabre, à rameaux opposés ou alternes, cotonneux; feuilles glabres, linéaires, par verticilles de 4-5; fleurs d'un rouge vif, en tête; corolles tubuleuses, ovoïdes. ♄. Sardaigne , Corse. Mes échantillons ont été rapportés de ce dernier pays par M. Thomas.

6. BRUYÈRE CILIÉE (*E. ciliaris*, L. sp. 503).

Sous-arbrisseau très rameux, haut de 1-3 pieds; feuilles très petites, ciliées, ternées ou quaternées; fleurs grandes, purpurines, en grappes unilatérales; anthères incluses. ♄. Habite la Bretagne, la Basse-Normandie, l'Anjou, la Touraine, etc.

7. BRUYÈRE A BALAIS (*E. scoparia*, L. sp. 502).

Tige rameuse, droite, glabre, haute de 2-4 pieds; feuilles étroites, longues, à bords roulés en dessus; fleurs verdâtres, éparses, petites, très nombreuses; étamines incluses. ♄. Habite le midi, le centre de la France et les environs de Paris.

8. BRUYÈRE VAGABONDE (*E. vagans*, L. mant. 230).

Tige tortueuse, rameuse, haute de 2-3 pieds; feuilles linéaires-obtuses, par verticilles de 4-5; fleurs roses, axillaires; pédicelles grêles; anthères saillantes; corolle cylindrique. ♄. France occidentale.

9. BRUYÈRE MULTIFLORE (*E. multiflora*, THUIL. fl. p. 195).

Ressemble à la précédente; tige tortueuse, haute de 1-2 pieds, à rameaux raboteux; feuilles linéaires, étroites, pointues, verticillées 4-5; fleurs roses, très nombreuses, disposées en grappes un peu allongées, très odorantes. ♄. Environs de Paris et départemens de l'Ouest.

10. BRUYÈRE MÉRIDIONALE (*Erica mediterranea*, THUNB. diss. n. 41).

Tige ligneuse, dressée; feuilles étroites, obtuses-linéaires, ternées ou quaternées; fleurs purpurines, pédicellées; divisions calicinales, linéaires, élargies à leur base; corolle cylindracée, à anthères mutiques, saillantes ainsi que le style. ♄. Croît en Corse, Italie, Espagne.

11. BRUYÈRE HERBACÉE (*E. herbacea*, L. syst. 301).

Tige ligneuse, branchue, couchée, glabre; feuilles glabres, linéaires, verticillées 4-4; fleurs roses; corolle cylindracée; anthères et style saillans. ♄. Alpes de Provence? de la Savoie, du Piémont.

Genre ANDROMÈDE (*Andromeda*, LIN.).

Calice très petit, à 5 divisions; corolle à 5 divisions réfléchies; capsule 5-loculaire, 5-valve.

Espèce. ANDROMÈDE A FEUILLES DE POLIUM (*Andromeda polifolia*, L. sp. 564).

Sous-arbrisseau rameux; feuilles alternes, lancéolées, à bords roulés en dessous; fleurs d'un rose pâle; pédoncules aggrégés. ♄. Habite les lieux marécageux à Heurteauville près Rouen, et dans le Jura.

Genre ARBOUSIER (*Arbutus*, LIN.).

Calice très petit, à 5 divisions; corolle en grelot, à 5 dents roulées en dehors; 10 étamines; baies quinqueloculaire.

Espèce 1. ARBOUSIER COMMUN (*Arbutus unedo*, L. sp. 566).

Arbrisseau rameux, haut de 4-6 pieds; feuilles

glabres, éparses, coriaces, ovales-oblongues, alternes, dentées en scie; fleurs blanches; fruits rouges, bons à manger. ♄. Ses fruits, de forme un peu variable, passent dans quelques pays pour débilitans. Provinces méridionales.

2. ARBOUSIER RAISIN D'OURS (*A. uva-ursi*, L. sp. 566).

Tiges ligneuses, couchées, longues de 4-8 pouces; feuilles glabres, coriaces, assez petites, presque sessiles; fleurs blanches; baies écarlates. Croît dans les Alpes, les Pyrénées, etc. Cette plante, appelée *buxerolle*, est employée comme diurétique, astringente.

3. ARBOUSIER DES ALPES (*A. Alpina*, L. sp. 566).

Sous-arbrisseau rameux, étalé, long de 1-2 pieds; feuilles ovales-oblongues, ridées, un peu velues en dessous; fleurs petites, blanchâtres; baies rondes, noirâtres. ♄. Alpes, Pyrénées.

Genre PYROLE (*Pyrola*, LIN.):

Calice très petit, à 5 divisions; corolle presque de 5 pétales; 10 étamines; stigmate capité, à 5 lobes; capsule quinquéloculaire.

Espèce 1. PYROLE A FEUILLES RONDES (*Pyrola rotundifolia*, L. sp. 567).

Tige simple, droite, nue, haute de 8-15 pouces; feuilles radicales, ovoïdes, pétiolées, coriaces; fleurs blanches, en grappe terminale; style saillant, très long, recourbé en forme de trompe. ♃. Bois des montagnes.

2. PYROLE MINEURE (*P. minor*, L. sp. 567).

Diffère de la précédente par sa tige plus courte, ses feuilles plus arrondies, ses fleurs en épi court, et par son style beaucoup moins long. ♃. Croît çà et là dans les bois couverts.

3. Pyrole a fleur verte (*P. chlorantha* , Swartz.
act. holm. 1810).

Tige simple, haute de 4-5 pouces; fleurs verdâtres,
peu nombreuses, en grappe terminale; divisions calicinales, courtes, obtuses; pistil recourbé, moitié
plus long que la capsule. ♃. Pyrénées. Je l'ai reçue de
la Suisse et des Alpes. (Rare.)

4. Pyrole unilatérale (*P. secunda*, L. sp. 567).

Tiges dentées, grêles, hautes de 4-6 pouces, feuillées; feuilles ovales-lancéolées, pointues, dentées en
scie; fleurs petites, nombreuses, blanchâtres, en épi
pointu, unilatéral. ♃. Bois des montagnes.

5. Pyrole en ombelle (*P. umbellata*, L. sp. 567.
Chimophila umbellata, Nut. am. bor.).

Tige ligneuse, garnie de feuilles verticillées, haute
de 4-6 pouces; feuilles lancéolées, coriaces, dentées
en scie; fleurs blanches, disposées 3-5 en une petite
ombelle. ♃. Je l'ai reçue du Palatinat et des Vosges.

6. Pyrole uniflore (*P. uniflora*, L. sp. 568).

Tige ligneuse, haute de 3-5 pouces; feuillée à sa
base, uniflore; feuilles arrondies, pétiolées, crénelées; fleur blanche, terminale, un peu penchée. ♃.
Bois des Pyrénées, de la Suisse et du Dauphiné. (Rare.)

Genre CAMARINE (*Empetrum*, Lin.).

Fleurs dioïques; calice à 3 divisions; corolle de 3
pétales; mâles ayant 3 étamines; femelles 1 style surmonté d'un stigmate très rayonné; baies arrondies,
déprimées.

Espèce. Camarine noire (*Empetrum nigrum*, L. sp.
1450).

Tiges frutescentes, étalées, diffuses, rameuses,
grêles, longues de 10-15 pouces; feuilles petites, nom-

breuses, oblongues, par verticilles de 3-4; fleurs herbacées; fruit noir. Hautes-Alpes du Dauphiné, Montd'Or, etc.

FAMILLE 56. .RHODORACÉES (*Rhodoraceæ*, Juss.).

Cette famille ne diffère des Éricinées que par la débiscence de ses fruits, qui est loculicide, et par ses anthères, qui ne sont point surmontées de petits appendices en forme de cornes. Arbustes d'une forme élégante, à feuilles alternes; fleurs en épi ou en grappe.

Genre MENZIÉZIE (*Menziezia*, Juss.).

Calice à 4 divisions; corolle oblongue, à limbe ouvert, à 4 divisions réfléchies; 8 étamines insérées à la base de la corolle.

Espèce. MENZIÉZIE DABÉOCI (*Menziezia Dabeoci*, DC. *Erica Dabeoci*, L. sp. 509).

Port d'une bruyère; tiges grêles, rameuses, velues; feuilles entières, petites, linéaires, blanches en dessous, les inférieures opposées, les supérieures alternes; fleurs roses, en grappe terminale. ♄. Commune dans les Pyrénées et en Irlande : se trouve en Anjou.

Genre AZALÉE (*Azalea*, Lin.).

Calice à 5 divisions; corolle en entonnoir ou campanulée, à 5 divisions inégales; 5 étamines infra-pistillaires.

Espèce. AZALÉE COUCHÉE (*Azalea procumbens*, L. sp. 217).

Sous-arbrisseau rameux, diffus, haut de 1-2 pouces, souvent couché; feuilles petites, elliptiques, glabres, roulées sur les bords; fleurs roses, terminales. ♄. Habite les lieux rocailleux des Pyrénées et des Alpes.

Genre ROSAGE (*Rhododendron*, LIN.).

Calice à 5 divisions; corolle en entonnoir, à limbe ouvert, à 5 divisions, 10 étamines déjetées de côté.

Espèce 1. ROSAGE FERRUGINEUX (*Rhododendron ferrugineum*, L. sp. 562).

Arbrisseau rameux, élégant, haut de 3-4 pieds; feuilles glabres, ovales-oblongues, ferrugineuses en dessous; fleurs rouges, assez grandes, en bouquets terminaux. ♄. Alpes, Pyrénées.

2. ROSAGE VELU (*R. hirsutum*, L. sp. 562).

Arbrisseau élégant, rameux, haut de 1-3 pieds; feuilles elliptiques, ponctuées en dessous de ferrugineux et hérissées de longs cils sur les bords; fleurs roses, terminales. ♄. Hautes-Alpes.

Genre LEDON (*Ledum*, LIN.).

Calice très petit, à 5 divisions; corolle de 5 pétales; 5-10 étamines insérées au fond du calice.

Espèce. LEDON DES MARAIS (*Ledum palustre*, L. sp. 561).

Tiges ligneuses, hautes de 10-15 pouces, peu rameuses; feuilles alternes, presque sessiles, oblongues, roulées sur les bords, garnies en dessous d'un duvet roussâtre; fleurs blanches, sessiles, terminales, petites. ♄. Habite les marais tourbeux, en Alsace et dans le Palatinat.

COROLLIFLORES ou à pétales soudés en une corolle gamopétale insérée sur le réceptacle.

FAMILLE 57. ÉBÉNACÉES (*Ebenaceæ*, VENT.).

Calice monosépale divisé au sommet ; corolle monopétale, à 4-5 lobes, insérée sur le calice ; étamines en nombre variable parfois indéfini, insérées à la corolle, quelquefois monadelphes ou polyadelphes ; ovaire surmonté d'un style à stigmate simple ou divisé ; fruit capsulaire au bacciforme ; périsperme charnu ; embryon droit ou oblique ; fleurs axillaires ; plantes ligneuses.

Genre STYRAX (*Styrax*, LIN.).

Calice urcéolé, entier ou denté ; corolle urcéolée, insérée au fond du calice, à 4-6 divisions ; 8-16 étamines, quelquefois stériles ; 1 style ; fruit bacciforme, renfermant un noyau.

Espèce. STYRAX OFFICINALE (*Styrax officinale*, LIN.).

Arbre très rameux, de moyenne taille ; feuilles alternes, ovales, velues en dessous ; fleurs blanches, disposées par petits bouquets. ♄. Croît dans les prés, en Provence, en Italie, etc. Le *storax calamite* des pharmaciens est une production résineuse de cet arbre. Le *diospyros lotus*, L., appartient à cette famille. Il croît en Italie, et il est naturalisé dans le midi de la France.

FAMILLE 58. JASMINÉES (*Jasmineæ*, JUSS.).

Calice entier ou à plusieurs divisions ; corolle tubuleuse, régulière, à 4-8 divisions, rarement nulle ou polypétale ; deux étamines ; un style ; un stigmate bilobé ; un ovaire simple ; capsule supère ou fruit charnu, biloculaire ; embryon droit ; périsperme charnu. Arbres dichotomes, à feuilles opposées, simples ou ailées ; fleurs paniculées ou en thyrse.

PREMIÈRE TRIBU. OLÉINÉES (*Oleineæ*, VENT.

Fruit bacciforme ou drupacé, huileux.

Genre OLIVIER (*Olea*, LIN.).

Calice à 4 divisions peu profondes ; corolle à tube court ; 2 étamines ; fruit drupacé, à péricarpe huileux, à deux loges monospermes.

Espèce. OLIVIER D'EUROPE (*Olea Europea*, LIN.).

Arbre de taille moyenne, rameux ; feuilles opposées, ovales-lancéolées, très entières, blanches en dessous ; fleurs petites, en grappes axillaires. ♄. Cultivé dans toutes les provinces méridionales pour l'extraction de l'huile d'olive : il offre, comme tous les arbres cultivés, un grand nombre de variétés.

Genre PHILARIA (*Phillyrea*, LIN.).

Calice très petit, à 4 dents ; corolle courte, quadrifide ; 2 étamines ; fruit bacciforme, monosperme.

Espèce 1. PHILARIA A LARGES FEUILLES (*Phillyrea latifolia*, LAM. D. 2. p. 502).

Arbre de taille moyenne, très rameux ; feuilles persistantes, lancéolées-oblongues, dentées en scie ; fleurs petites, herbacées, par paquets axillaires. ♄. Habite les départemens du Midi.

2. PHILARIA A FEUILLES ÉTROITES (*P. angustifolia*, L. sp. 10).

Arbre de petite taille, branchu ; feuilles linéaires-lancéolées, sans aucunes dentelures ; fleurs verdâtres, axillaires. ♄. France méridionale.

Genre JASMIN (*Jasminum*, LIN.).

Calice à 5 divisions ; corolle tubuleuse, à limbe plane, à 5 divisions ; fruit bacciforme, biloculaire, disperme ; graines pourvues d'arille.

Espèce 1. Jasmin frutescent (*Jasminum fruticans*, L. sp. 9).

Tige à rameaux flexibles; feuillés alternes, trilobées, les supérieures simples; fleurs jaunes, terminales, inodores; fruits rouges. ♄. France méridionale.

2. Jasmin humble (*J. humile*, L. sp. 9).

Tige à rameaux anguleux ; feuilles alternes, simples, ternées ou quinées, à foliole terminale plus grande ; fleurs jaunes, terminales. ♄. Provence, Italie, Espagne. Le *jasminum officinale*, que l'on cultive dans tous les jardins, est indigène des Indes.

Genre TROÈNE (*Ligustrum*, Lin.).

Calice petit, à 3 dents; corolle à tube court, à 4 divisions; 2 étamines; fruit bacciforme, uniloculaire.

Espèce. Troène commun (*Ligustrum vulgare*, L. sp. 10).

Arbrisseau rameux, flexible; feuilles très entières, ovales-lancéoles; fleurs blanches, odorantes, en petits thyrses; fruits noirs, en grappe. ♄. Commun dans les bois.

DEUXIÈME TRIBU. LILACÉES (*Lilaceæ*, DC.).

Fruit jamais bacciforme ni drupacé, toujours capsulaire.

Genre LILAS (*Syringa*, Lin.).

Calice petit, à 4 dents; corolle tubuleuse, à 4 divisions ; 2 étamines; capsule ovale, comprimée, biloculaire, bivalve.

Espèce. Lilas commun (*Syringa vulgaris*, L. sp. 11).

Arbrisseau d'assez grande taille; feuilles opposées, cordiformes; fleurs violettes ou blanches, très odorantes, en thyrses terminaux. ♄. Cet arbrisseau, originaire de l'Asie mineure, est maintenant naturalisé dans toute l'Europe. Le *syringa persica*, que l'on cultive aussi, a les feuilles lancéolées.

Genre FRÊNE (*Fraxinus*, Lin.).

Calice tantôt nul, tantôt à 3-4 divisions; corolle nulle ou à 4 divisions; 2 étamines. Le fruit est une samare comme dans les Acérinées, ce qui pourrait faire placer ce genre parmi les érables.

Espèce 1. FRÊNE COMMUN (*Fraxinus excelsior*, L. sp. 1309).

Grand arbre à bois blanc et dur, à écorce lisse, verdâtre; feuilles ailées avec impaire, à folioles lancéolées; fleurs sans calice ni corolle. ♄. Croît dans les bois.

2. FRÊNE A MANNE (*F. ornus*, L. sp. 1510).

Arbre de petite taille; feuilles ailées avec impaire, à folioles étroites, lancéolées; fleurs blanches, en panicule. ♄. France méridionale. Cet arbre, en Calabre, produit cette substance purgative appelée *manne*; mais les *fraxinus rotundifolia* et *parvifolia*, Lam, qui habitent le midi de l'Europe, en fournissent aussi.

3. FRÊNE ARGENTÉ (*F. argentea*, Lois. fl. 2. p. 697).

Arbre de petite taille, à feuilles ailées, avec impaire; folioles pétiolées, ovales-lancéolées, aiguës, crénelées-dentées, d'un blanc argentin; fleurs blanches, en grappe. ♄. Croît dans les montagnes rocailleuses de l'île de Corse. (Lois.)

FAMILLE 59. APOCINÉES (*Apocineæ*, Juss.).

Calice persistant, monosépale, à 5 divisions; 5 étamines non saillantes, souvent cachées par des espèces d'appendices écailleux qui existent à la base de la corolle; ovaire simple ou double, placé sur un disque glanduleux, surmonté de 1-2 styles. Dans les genres à ovaire simple, le fruit est bacciforme, rarement une capsule polysperme. Dans les genres à 2 ovaires le fruit est formé de 2 follicules uniloculaires; graines. nombreuses, souvent couronnées par une aigrette; périsperme charnu; embryon droit; fleurs axillaires ou terminales, solitaires. Plantes herbacées ou ligneuses.

PREMIÈRE TRIBU. ASCLÉPIADÉES (*Asclepiadeæ*, RICH.).

Étamines soudées; gorge de la corolle garnie de 5 appendices; pollen réuni en une masse solide.

Genre CYNANQUE (*Cynanchum*, LIN.).

Calice à 5 dents, très petit; corolle à 5 divisions, à tube court; style court; ovaire double; fruit folliculaire.

Espèce. CYNANQUE DE MONTPELLIER (*Cynanchum monspeliacum*, L. sp. 311).

Tiges grimpantes, sarmenteuses, lactescentes; feuilles pétiolées, cordiformes, pointues; fleurs blanchâtres, axillaires. ♃. Croît au bord de la mer, dans le Midi. Le *cynanchum acutum*, L., croît en Espagne.

Genre ASCLÉPIADE (*Asclepias*, LIN.).

Calice à 5 dents, petit, persistant; corolle tubuleuse, à 5 lobes coupés obliquement; deux follicules en forme de corne. (Voy. *Atl.*, pl. 64, f. 1.)

Espèce 1. ASCLÉPIADE DOMPTE-VENIN (*Asclepias vincetoxicum*, L. sp. 314).

Tige semi-ligneuse, haute de 1-2 pieds; feuilles opposées, ovées, pointues, légèrement ciliées; fleurs blanches, en grappe terminale. ♃. Habite les bois pierreux.

2. ASCLÉPIADE NOIRE (*Asclepias nigra*, L. sp. 315).

Diffère du *vincetoxicum* par ses fleurs d'un pourpre noir, ses tiges un peu grimpantes et ses feuilles plus étroites. ♃. Provinces méridionales. *L'herbe à la ouate* est l'*asclepias syriaca*, L. , qui est naturalisé dans tout le midi de l'Europe.

3. ASCLÉPIADE FRUTESCENTE (*A. fruticosa*, L. sp. 315).

Tige rameuse, frutescente ; feuilles glabres, li-néaires-lancéolées; fleurs terminales, à pédoncules et pédicelles velus; fruits renflés, vésiculeux et hérissés d'aiguillons très faibles. ♄. Corse.

DEUXIÈME TRIBU. **VINCÉES** (*Vinceæ*).

Étamines distinctes ; gorge de la corolle ordinaire-ment nue ; pollen pulvérulent.

Genre PERVENCHE (*Vinca*, LIN.).

Calice à 5 divisions; corolle en soucoupe; à 5 lobes obtus, obliquement contournés ; deux follicules oblon-gues, étroites; graines nues. (Voy. *Atl.*, pl. 64, f. 2.)

Espèce 1. PERVENCHE PETITE (*Vinca minor*, L. sp. 304).

Tiges couchées, grêles, longues de 6 12 pouces ; feuilles courtement pétiolées, ovales, très entières; fleurs bleues, blanches, rarement violettes, assez grandes ; pédoncules uniflores, solitaires, axillaires. ♃. Croît dans les bois et le long des haies.

2. PERVENCHE GRANDE (*V. major*, L. sp. 304).

Tiges couchées, redressées, longues de 1-2 pieds ; feuilles pétiolées, ovées, grandes, à bords un peu ci-liés; fleurs bleues, grandes; pédoncules axillaires, uniflores. ♃.

Genre LAURIER-ROSE (*Nerium*, Linné).

Calice à 5 divisions; corolle infundibuliforme, à 5 lobes coupés obliquement; anthères filiformes à l'extrémité; 1 style; graines couronnées de poils.

Espèce. Laurier - rose commun (*Nerium oleander*, L. sp. 3o5).

Arbrisseau élégant, dichotome, haut de 4-6 pieds; feuilles lancéolées, étroites, ternées, relevées de côtes en dessous; fleurs roses ou blanches, terminales, fort belles. ♄. Provence, Italie, Archipel, cultivé.

FAMILLE 60. GENTIANÉES (*Gentianeæ*, Juss.).

Calice monosépale, persistant, à plusieurs divisions; corolle tubuleuse, régulière, marcescente, ordinairement à 5 divisions; 5 étamines à anthères vacillantes; fruit capsulaire, uniloculaire ou biloculaire, à loges formées par le bord rentrant des valves; périsperme charnu; embryon droit. Plantes herbacées, à feuilles sessiles opposées; très amères.

Genre GENTIANE (*Gentiana*, Linné).

Calice à 5 divisions; corolle monopétale, à limbe, à 4-9 divisions; capsule à 2 valves, à une seule loge; 2 réceptacles longitudinaux. (Voy. *Atl.*, pl. 63.)

* Corolle à gorge nue.

Espèce 1. Gentiane jaune (*Gentiana lutea*, L. sp. 329).

Racine grosse, épaisse; tige grosse, droite, simple, haute de 3-4 pieds; feuilles grandes, ovées, marquées de 5 nervures, opposées; fleurs jaunes, par verticilles, pédicéllées; corolle à 5-8 divisions aiguës. ♃. Commune dans les pays de montagnes. La racine de gentiane est tonique, très amère.

2. GENTIANE POURPRE (G. purpurea, L. sp. 327).

Tige dressée, haute de 12-18 pouces; feuilles radicales, pétiolées, ovales; caulinaires sessiles, ovales-lancéolées; fleurs pourpres, ponctuées intérieurement, jaunâtres en dehors, verticillées; corolle campanulée, à 9 divisions arrondies. La *gentiana hybrida*, DC., paraît être une espèce formée par les croisemens de pollen des deux précédentes.

3. GENTIANE DE PANNONIE. (G. Pannonica, L. sp. 328).

Tige simple, haute de 10-15 pouces; feuilles radicales, pétiolées; caulinaires sessiles, ovales-lancéolées; fleurs jaunâtres, pourprées et ponctuées, verticillées; calice à 6 divisions grêles, tronquées. ♃. Alpes de la Savoie, de la Suisse.

4. GENTIANE DE BURSER (G. Burseri, LAPEYR. abr. 132).

Tige simple, haute de 10-15 pouces; feuilles ovales-lancéolées, les inférieures pétiolées; fleurs d'un jaune pâle, rarement ponctuées; calice à 6 divisions grêles, à sinus denticulé. ♃. Alpes de Provence et Pyrénées.

5. GENTIANE PONCTUÉE (G. punctata, L. sp. 329).

Tige haute de 8-12 pouces, feuillée; feuilles ovales-lancéolées; fleurs jaunes, verticillées, terminales; corolle campanulée, à 6 divisions profondes, très ponctuées; calice court, à 6 divisions inégales. ♃. Alpes du Dauphiné, du Piémont.

6. GENTIANE BILOBÉE (G. biloba, DC. fl. fr. 2766).

Tige haute, dé 8-12 pouces, feuillée; feuilles ovales-lancéolées; feuilles florales, moitié plus longues que les fleurs; fleurs jaunes, ponctuées; calice à deux lobes obtus. ♃. Découverte par le professeur Clarion, dans les Alpes de Seyne.

7. GENTIANE CROISETTE (*G. cruciata*, L. sp. 334).

Tiges couchées à la base, longues de 8-12 pouces; feuilles ovales-lancéolées, connées, opposées en croix ; fleurs bleues, tubulées, verticillées', axillaires et terminales; corolle à 4 divisions. ♃. Habite les prés montueux et calcaires.

8. GENTIANE ASCLÉPIADE (*G. asclepiadea*, L. sp. 329).

Facies de l'*asclepias* non en fleur; tige simple, haute de 10-18 pouces ; feuilles nervées, ovales-lancéolées, embrassantes; fleurs bleues, grandes, axillaires et terminales; corolle campanulée, à 5 divisions. ♃. Alpes du Dauphiné et de la Provence.

9. GENTIANE PNEUNOMANTHE (*G. pneunomanthe*, L. sp. 330).

Tige droite, glabre, grêle, haute de 6-15 pouces; feuilles linéaires-lancéolées, entières, obtuses; fleurs bleues, très belles, axillaires et terminales, peu nombreuses; corolle en cloche, à 5 divisions. ♃. Cette belle plante habite les lieux humides et marécageux.

10. GENTIANE DES ALPES (*G. Alpina*, VILL. dauph. 2. p. 526).

Tige presque nulle, ou haute de 1-2 pieds; feuilles petites, ovales, obtuses; fleur bleue, grande, solitaire, plus longue que la tige; corolle en cloche, à 5 divisions. ♃. Commune dans les pâturages des Alpes et des Pyrénées.

11. GENTIANE ACAULE (*G. acaulis*, L. sp. 330).

Tige quelquefois nulle, ou haute de 2-4 pouces; feuilles larges, ovales-lancéolées, trinervées; caulinaires plus étroites, cruciato-opposées; fleur bleue ou blanche, très longue, solitaire, terminale. ♃. Pâturages des hautes montagnes.

12. GENTIANE CILIÉE (*G. ciliata*, L. sp. 334).

Tige rameuse, haute de 6-8 pouces, grêle ; feuilles étroites, lancéolées, redressées ; fleurs bleues, termi- nales, assez grandes ; corolle en entonnoir, à 4 divisions ciliées. ♃. Croît en Alsace, dans les Vosges ; les Pyré- nées et les Alpes de Provence.

13. GENTIANE DE BAVIÈRE (*G. Bavarica*, L. sp. 331).

Tiges un peu couchées, grêles, longues de 2-4 pou- ces ; feuilles courtes, petites, ovales - obtuses ; les in- férieures très rapprochées, imbriquées, les caulinaires plus petites ; fleurs solitaires, terminales, d'un bleu foncé ; corolle en entonnoir. ♃. Lieux un peu humides des Hautes-Alpes.

14. GENTIANE PRINTANIÈRE (*G. verna*, L. sp. 331).

Tiges presque droites, hautes de 1-3 pouces, uni- flores ; feuilles ovales, pointues, les inférieures plus grandes ; fleur bleue, rarement blanche ; corolle à 5 divisions, infundibuliforme. ♃. Alpes, Pyrénées (com- mune dans les pâturages, à la fonte des neiges).

15. GENTIANE UTRICULEUSE (*G. utriculosa*, L. sp. 302).

Tige rameuse, dressée, grêle, haute de 4-6 pouces ; feuilles petites, les radicales ovales, rapprochées ; fleurs terminales, solitaires, d'un beau bleu ; corolle verdâtre à l'extérieur ; calice renflé, plissé. ☉. Croît dans les Hautes-Alpes, le Jura, l'Alsace.

16. GENTIANE DES NEIGES (*G. nivalis*, L. sp. 332).

Tige simple, grêle et uniflore, le plus souvent bran- chue, à rameaux fasciculés ; feuilles radicales, ovales ; caulinaires étroites, lancéolées, plus courtes que les entre-nœuds ; fleurs longues, bleues, souvent fermées, terminales. ☉. Alpes, près des neiges éternelles. J'ai trouvé cette espèce sur le Lautaret, au bord du petit ruisseau qui est en face l'hospice.

17. GENTIANE DES PYRÉNÉES (*G. Pyrenaica*, L.
/ mant. 55).

Tiges un peu couchées, hautes de 2 - 4 pouces,
produisant inférieurement quelques rameaux stériles ;
feuilles étroites, lancéolées-linéaires ; fleurs bleues ou
violettes, solitaires, terminales ; corolle à 10 divisions
alternativement plus petites. ♃. Pyrénées, sur le
Llaurenti. La *gentiana aurea*, L., appartient à cette
division : elle habite la Laponie.

** *Corolle à tube fermé par des appendices multifides.*

18. GENTIANE GERMANIQUE (*G. germanica*, WILLD.
G. amarella, LAM.).

Tige rameuse, haute de 3-6 pouces ; feuilles ovées-
lancéolées ; fleurs bleues ou violettes, les unes axillaires, pédonculées, solitaires, les autres réunies plusieurs ensemble ; calice à divisions égales. ☉. Commune
à l'automne, dans les prairies calcaires et montueuses.

19. GENTIANE CHAMPÊTRE (*G. campestris*, L. sp. 334).

Diffère de la précédente par ses divisions calicinales,
dont deux sont larges et deux très étroites. ☉. Croît
dans les mêmes lieux.

20. GENTIANE DES GLACIERS (*G. glacialis*, VILL.
dauph. 2. p. 532).

Petite plante très grêle, rameuse, haute de 1-2
pouces ; feuilles très petites ; fleurs solitaires, bleuâtres ; pédicelle grêle, très long ; corolle à 4 divisions.
☉. Alpes près des glaciers, sur le mont Rose, le
Galibier. (Rare.) Le *swertia carinthiaca*, L., est une
espèce voisine de cette plante ; ses fleurs sont plus
grosses ; elle habite les Alpes du Valais. (Très rare.).

Genre SWERTIE (*Swertia*, LINNÉ).

Calice à 5 divisions peu profondes ; corolle en roue,
à tube très court, à 5 divisions ouvertes ; tube muni
à son entrée de 5 glandes ciliées ; 5 étamines, plus
courtes que la corolle.

Espèce. SWERTIE VIVACE (*Swertia perennis*, L. sp. 328).

Tiges droites, peu rameuses, hautes de 4-8 pouces; feuilles assez grandes, lisses, lancéolées, sessiles, les radicales ovales - lancéolées, rétrécies en pétiole; fleurs d'un bleu violâtre, en une sorte d'épi terminal. ♃. Cette belle plante habite les lieux tourbeux des hautes montagnes. Elle est très commune sur le Lautaret.

Genre CHLORE (*Chlora*, LINNÉ).

Calice à 8 folioles; corolle hypocratériforme, à 8 divisions; 8 étamines; 1 style; capsule uniloculaire, bivalve, polysperme.

Espèce 1. CHLORE PERFOLIÉE (*Chlora perfoliata*, L. mant. 10).

Tige rameuse, glabre, haute de 12 – 18 pouces; feuilles glauques, opposées, connées-perfoliées, très entières, pointues; fleurs jaunes. ☉. Collines sèches.

2. CHLORE A FEUILLES SESSILES (*C. sessilifolia*, DESV. Lois: not.).

Cette plante est certainement distincte de la précédente par sa tige presque simple, ses feuilles ovales-lancéolées, jamais perfoliées, et par ses fleurs moins nombreuses. ☉. Croît en Roussillon, aux environs de Bordeaux, etc.

Genre CHIRONIE (*Chironia*, WILLD. *Gentiana*, LIN.).

Calice à 5 divisions; corolle en entonnoir, à 5 divisions; 5 étamines insérées sur le tube; anthères contournées en spirale; 1 style; 1 stigmate; capsule à 2 valves, à 2 loges polyspermes.

Espèce 1. CHIRONIE PETITE CENTAURÉE (*Chironia centaurium*, SMITH. *Gent. cent.* LIN.).

Tige tétragone, rameuse, haute de 10-18 pouces;

feuilles radicales, réunies en rosette, caulinaires, opposées, toutes ovales-oblongues, entières; fleurs sessiles, roses, réunies en faisceaux; calice moitié plus
court que le tube de la corolle. ⊙. Prés et bois un
peu montueux. La petite centaurée est amère, fébrifuge. La *chironia pulchella*, DC., est une variété à
calice plus long, à corolle moins ouverte et à tige
moins rameuse. La *chironia ramosissima*, HOFF., est une
autre variété à tige presque toujours très rameuse,
haute de 1-3 pouces, qui croît dans les lieux inondés
en hiver. Enfin la *gentiana palustris*, LAM., a la tige
simple, uniflore, haute de 1-2 pouces.

2. CHIRONIE MARITIME (*C. maritima*, WILLD. sp. 1.
p. 1069. *G. maritima*, L.).

Tige de 4-10 pouces, dichotome, paniculée au
sommet; feuilles oblongues-lancéolées; fleurs jaunes.
⊙. Prairies des bords de la Méditerranée.

3. CHIRONIE OCCIDENTALE (*C. occidentalis*; DC.
suppl. 2782ᵃ).

.Tiges rameuses, hautes de 3-6 pouces, cylindriques; feuilles ovales-lancéolées; fleurs jaunes; calice
divisé très profondément en 5 lobes aigus. ⊙. Habite
les bords de l'Océan jusqu'en Bretagne.

4. CHIRONIE EN ÉPI (*C. spicata*, WILLD. sp. 1. p. 1069.
G. spicata, L.).

Tige presque simple, haute de 5-12 pouces; feuilles
oblongues ou ovales-lancéolées; fleurs roses, rarement
blanches, sessiles, en forme d'épi allongé, sur chaque
rameau. ⊙. Corse, Provence, Languedoc. La *Ch.*
linarifolia, LOIS., a toutes les feuilles linéaires et
les fleurs roses; elle croît aux environs d'Avignon.

Genre EXAQUE (*Exacum*, WILLD.).

. Calice à 4 divisions; corolle à 4 divisions; 4 étamines; 1 style; 1 stigmate; capsule bivalve, à 2 loges
polyspermes.

Espèce. 1. Exaque filiforme (*Exacum filiforme* , Willd. G. *filiformis* , L. sp. 335).

Petite plante très grêle, haute de 1-2 pouces, presque simple, filiforme, légèrement pubescente; feuilles très petites, les radicales arrondies, caulinaires subulées; fleurs jaunes, petites ; corolle ouverte; capsule globuleuse. ⊙. Croît dans les terrains argileux où l'eau a séjourné l'hiver.

2. Exaque nain (*E.* *pusillum* , DC. *Chir. inaperta* , Willd.).

Petite plante, très grêle, filiforme, dichotome, haute de 1-2 pouces ; feuilles oblongues, obtuses, trinervées; fleurs jaunes, petites, sessiles, réunies 2-3 ; corolle fermée ou presque fermée. ⊙. Habite les lieux inondés en hiver. (Rare.)

3. Exaque de De Candolle (*E. Candollii* , Bast. fl. Maine-et-Loire, suppl.).

Diffère de la précédente, 1°. par sa teinte glauque; 2°. par sa tige de 2-6 pouces, dichotome, très grêle; 3°. par ses fleurs d'un jaune rougeâtre, portées sur des pédicelles assez longs. ⊙. Croît en Anjou, en Bretagne, dans les lieux inondés. (Très rare.)

Genre MÉNYANTHE (*Menyanthes* , Linné).

Calice à 5 divisions ; corolle à 5 divisions barbues à l'intérieur ; 5 étamines; 1 style à stigmate bifide; capsule uniloculaire, polysperme.

Espèce. Ményanthe trèfle d'eau (*Menyanthes trifoliata* , L. sp. 208).

Hampe longue de 1-2 pieds, glabre; feuilles à 3 folioles, glabres, grandes, ovales ; fleurs d'un blanc rougeâtre, en une sorte de panicule spiciforme; fleurs munies d'une bractée. ♃. Croît à la queue des étangs. Le *trèfle d'eau* passe pour antiscorbutique et fébrifuge.

Genre VILLARSIE (*Villarsia*, VENTENAT).

Calice à 5 divisions ; corolle en roue, à 5 divisions ciliées ; 1 style à stigmate lobé ; capsule uniloculaire, à plusieurs graines bordées d'une membrane. Ce genre, ainsi que le précédent, appartient autant aux Primulacées qu'aux Gentianées.

Espèce. VILLARSIE FAUX-NÉNUPHAR (*Villarsia nymphoides*, VENT. *Menyanthes nymphoides*, L.).

Facies en petit du *nymphæa* ; tiges longues, nues, flottantes ; feuilles naissant à la surface de l'eau, cordiformes, obtuses, grandes, violâtres en dessous ; fleurs jaunes, assez grandes, réunies 6-8 en ombellule, à fleur d'eau. ♃. Croît dans les fossés pleins d'eau, les eaux dormantes, etc.

FAMILLE 61. POLÉMONIACÉES (*Polemoniaceæ*, JUSS.).

Calice persistant, à plusieurs divisions : corolle monopétale, ordinairement à 5 lobes réguliers ; 5 étamines, insérées sur le milieu du tube ; ovaire simple, surmonté d'un style à 3 stigmates ; fruit capsulaire, trivalve, recouvert par les divisions calicinales ; graines solitaires ou nombreuses ; embryon droit ; périsperme corné ; fleurs ordinairement en corymbe. Plantes herbacées ou ligneuses, à feuilles opposées ou alternes.

Genre POLEMOINE (*Polemonium*, LINNÉ).

Calice à 5 divisions ; corolle en roue, à 5 divisions ; filamens des étamines dilatés à leur base ; anthères ovales.

Espèce. POLÉMOINE BLEU (*Polemonium cæruleum*, L. sp. 162).

Tige glabre, haute de 2 pieds ; feuilles ailées, alternes, à folioles lancéolées ; fleurs bleues ou blanches, en grappes axillaires, terminales. ♃. Habite les montagnes du Jura. On le cultive comme fleur d'ornement.

FAMILLE 62. CONVOLVULACÉES (*Convolvulaceæ*, Juss.).

Calice à 5 divisions; corolle régulière, monopétale; 5 étamines insérées à la base de la corolle; un ou plusieurs styles; ovaire supère; fruit capsulaire, le plus ordinairement trivalve, triloculaire; graines osseuses; périsperme mucilagineux; embryon droit. Tiges herbacées, souvent grimpantes et lactescentes, à feuilles simples, alternes.

Genre LISERON (*Convolvulus*, Linné).

Calice à 5 divisions; corolle en cloche, à 5 plis, formant 5 angles; stigmate bifide; capsule à 3 loges monospermes. (Voy. *Atl.* pl. 61.)

Espèce 1. Liseron des champs (*Convolvulus arvensis*, L. sp. 218).

Tige volubile; feuilles sagittées-cordiformes; fleurs blanches ou roses; pédoncules axillaires, un peu pubescens, plus longs que les feuilles, munis de 2 petites bractées. ♃. Commun dans les moissons.

2. Liseron des bois (*C. sepium*, L. sp. 218).

Tige volubile; feuilles grandes, ovales-sagittées, alternes, pétiolées, tronquées à la base; fleurs grandes, blanches; pédoncules axillaires, tétragones, plus courts que les feuilles. ♃. Commun dans les haies.

3. Liseron a feuilles de guimauve (*C. althæoides*, L. sp. 222).

Tige volubile; feuilles inférieures très velues, cordiformes, triangulaires, dentées; supérieures semi-palmées; fleurs grandes, rougeâtres; pédoncules velus, uniflores ou biflores. ♃. Croît en Languedoc et en Provence. Le *convolvulus argyreus*, DC., en est voisin. Il croît en Calabre.

4. LISERON DE SICILE (*C. Siculus*, L. sp. 213).

Tiges grêles, couchées ou grimpantes ; feuilles ovales, sub-cordiformes, pétiolées ; fleurs assez petites, bleues, rarement blanches ; pédicelles grêles, assez courts. ☉. Croît dans le département des Landes, en Espagne, en Sicile.

5. LISERON SOLDANELLE (*C. soldanella*, L. sp. 226).

Tige couchée, non grimpante ; feuilles glabres, pétiolées, réniformes ; fleurs blanches ou purpurines, grandes ; pédoncules longs, uniflores, sans bractées. ♃. Bords de la Méditerranée et de l'Océan. Le *convolvulus tricolor*, qui a la fleur bleue, jaune et blanche, croît en Portugal, en Espagne et en Italie.

6. LISERON RAYÉ (*C. lineatus*, L. sp. 224).

Tiges droites, hautes de 2-6 pouces ; feuilles nerveuses, velues, blanchâtres, lancéolées, rétrécies en pétiole ; fleurs purpurines ou blanchâtres, terminales ; pédoncules biflores. ♃. Provence, Italie.

7. LISERON DE BISCAYE (*C. Cantabrica*, L. sp. 225).

Tige redressée, rameuse, haute de 10-15 pouces ; feuilles soyeuses, linéaires, étroites, lancéolées-aiguës ; fleurs roses ou blanches, terminales ; calice très velu. ♃. Provinces méridionales. Le *convolvulus floridus*, L., est frutescent ; ses feuilles sont linéaires et ses fleurs en thyrse. Il habite l'Italie.

8. LISERON LINÉAIRE (*C. linearis*, CURT. bot. mag. 299).

Tige sous-frutescente, rameuse, longue de 8-15 pouces ; feuilles couvertes d'un duvet soyeux, argenté, linéaires, très étroites ; fleurs blanchâtres, rayées de rouge, réunies 4-5 sur chaque pédoncule, qui est long. ♄. Espagne. Se retrouve près de Toulon.

9. LISERON DES ROCHERS (*C. saxatilis*, WILLD. sp. *C. lanuginosus*, DESF.).

Tiges sous-ligneuses, redressées, soyeuses; feuilles linéaires, rétrécies en pétiole, hérissées de poils mous, nombreux, serrés, argentés; fleurs d'un blanc rosé, réunies 5 - 8 sur chaque pédoncule floral; bractées linéaires. ♄. Espagne. Se retrouve à Perpignan. Le *convolvulus cneorum*, L., est très voisin de cette espèce. Il habite l'Espagne.

Genre CRESSE (*Cressa*, LINNÉ).

Calice à 5 divisions, muni de 2 bractées; corolle tubuleuse, à 5 lobes; ovaire surmonté de 2 styles; capsule monosperme, uniloculaire, bivalve.

Espèce. CRESSE DE CRÈTE (*Cressa Cretica*, L. sp. 325).

Petite plante à tige rameuse, étalée; feuilles blanchâtres, très petites, ovales, alternes; fleurs jaunes, en petits bouquets terminaux. ☉. Habite les lieux humides du Languedoc et de la Provence.

Genre CUSCUTE (*Cuscuta*, LINNÉ).

Calice et corolle à 4-5 divisions; fruit capsulaire (pyxide), à 2 loges dispermes.

Espèce 1. CUSCUTE D'EUROPE (*Cuscuta Europœa*, L. sp., 180. *C. minor*, DC.).

Plante filiforme, capillaire, sans feuille, parasite sur différens arbrisseaux, tels que genêts, bruyères, etc.; fleurs petites, blanches, un peu rosées, par paquets sessiles. ☉. Croît par toute la France.

2. CUSCUTE ÉPITHYM (*C. epithymum*, L. fl. dan. *C. major*, DC.).

Diffère à peine de la précédente, par ses fleurs un peu plus grandes, un peu pédonculées. Elle croît sur la vesce, les orties, le chanvre, les chardons. ☉. Moins commune.

FAMILLE 63. SOLANÉES (*Solaneæ*, Juss.).

Calice monosépale, persistant, à 5 divisions; corolle
régulière, en roue ou en cloche, ou en entonnoir; 5
étamines insérées à la base de la corolle; ovaire supère, surmonté d'un style simple ou bilobé; fruit tantôt capsulaire, tantôt bacciforme; graines petites,
nombreuses; périsperme farineux; embryon courbé.
Plantes herbacées ou ligneuses, d'un aspect triste;
feuilles alternes, quelquefois géminées à la partie
supérieure.

† Solanées à fruit capsulaire.

Genre MOLÈNE (*Verbascum*, Linné).

Calice à 5 divisions; corolle un peu irrégulière, à
5 lobes; 5 étamines inégales, à filamens plus ou moins
barbus; anthères réniformes; capsule globuleuse, bivalve, biloculaire. Les espèces de ce genre sont très
difficiles à bien déterminer, car il se forme une grande
quantité d'hybrides par des croisemens de pollen.

* *Feuilles décurrentes.*

Espèce 1. MOLÈNE BOUILLON BLANC (*Verbascum thapsus*, L. sp. 252).

Tige droite, grosse, ferme, cotonneuse; feuilles
grandes, molles, ovales, drapées sur les deux faces
par des poils feutrés et étoilés, les inférieures décurrentes, les supérieures embrassantes; fleurs jaunes,
terminales, paniculées ou en épi. ♃. Commune sur
le bord des chemins. Le *V. thapsiforme*, Schr., à la
tige simple, 3 étamines à poils jaunes, et 2 glabres.
Le *V. thapsoides*, DC., a la tige rameuse; 3 étami-
mines à poils blancs, et 2 glabres. Le *V. crassifolium*, DC., a la tige rameuse et les étamines glabres.
Le *V. australe* a le port du *phlomoides* et du *thapsus*. Le *V. candidissimum*, DC., a la tige, les feuilles
et le calice couverts d'un coton blanc très épais;
toutes les étamines à poils blancs. Nous croyons que
toutes ces plantes doivent être rapportées au *thapsus*
comme variétés locales ou comme hybrides.

2. MOLÈNE PHLOMIDE (*V. phlomoides*, L. sp. 253).

Tige simple, haute de 3-4 pieds, cotonneuse; feuilles ovales-lancéolées, drapées, les inférieures décurrentes, les supérieures embrassantes, un peu crénelées; fleurs jaunes, en épi terminal interrompu;
étamines à poils jaunes. ♂. Lieux secs et sablonneux.
Le *V. majale*, DC., a la tige rougeâtre, les feuilles
non décurrentes, les fleurs jaunes, 3 étamines à poils
jaunes et 2 glabres plus longues. Est-ce une espèce
distincte?

3. MOLÈNE SINUÉE (*V. sinuatum*, L. sp. 254).

Tige rameuse, velue, dressée, haute de 3-4 pieds;
feuilles inférieures sinuées-pinnatifides, oblongues,
velues, cotonneuses; caulinaires ondulées, un peu décurrentes, raméales cordiformes; fleurs jaunes, en
épis grêles; étamines à poils violets. ♃. Au bord des
chemins, dans le Midi.

** *Feuilles non décurrentes.*

4. MOLÈNE LYCHNIS (*V. lychnitis*, L. sp. 253).

Tige droite, rameuse vers le haut, anguleuse, pubescente; feuilles blanchâtres, velues en dessous,
ovales-obtuses, légèrement crénelées, les inférieures
pétiolées, les supérieures embrassantes; fleurs jaunes,
très nombreuses, en épi rameux; étamines à poils
jaunes. ♂. Lieux sablonneux.

5. MOLÈNE PULVÉRULENTE (*V. pulverulentum*, SMITH.
fl. brit.).

Tige glabre, rameuse, couverte de flocons blanchâtres; feuilles cordiformes, embrassantes, ayant
une pointe oblique au sommet, presque glabres en
dessus, couvertes d'un duvet blanc en dessous; fleurs
jaunes, en panicule; calice blanchâtre; étamines à
poils blancs et à anthères rouges. ♂. Lieux secs et sablonneux. Le *V. floccosum*, DC., a le calice plus flo-
conneux, les feuilles drapées, la tige pulvérulente.

Il paraît être une hybride du *pulverulentum* et du *thapsus*.

6. MOLÈNE A LONGUES FEUILLES. (*V. longifolium*, DC. fl. fr. 414).

Tige droite, couverte de poils mous jaunâtres; feuilles longues, linéaires-oblongues, pointues; sessiles, les inférieures un peu pétiolées, toutes drapées d'un coton jaunâtre ou un peu roussâtre; fleurs jaunes, petites, en panicule rameuse. ♂. Environs de Montpellier.

7. MOLÈNE NOIRE (*V. nigrum*, L. sp. 253).

Tige anguleuse, droite, fermé, d'un vert noirâtre, haute de 2-3 pieds; feuilles oblongues, d'un vert noirâtre, blanchâtres-cotonneuses en dessous, crénelées, les supérieures sessiles, les inférieures pétiolées; fleurs jaunes, en panicule; étamines à poils purpurins. ♂. Croît dans les lieux stériles. On peut rapporter à cette espèce le *V. alopecurus*, THUIL., qui a les feuilles larges, fortement crénelées; le *V. mixtum*, DC., qui a les feuilles ovales-cunéiformes et les fleurs en panicule simple.

8. MOLÈNE A ÉPI GRÊLE (*V. leptostachyon*, DC. suppl. 266).

Tiges simples, dressées, cotonneuses; feuilles blanchâtres, cotonneuses, oblongues, entières; supérieures demi-embrassantes, plus petites; inférieures plus grandes, rétrécies en pétiole; fleurs jaunes, en épi simple, très grêle. ♂. Environs de Montpellier.

9. MOLÈNE BLATTAIRE (*V. blattaria*, L. sp. 254).

Tige haute de 2-3 pieds, garnie de quelques poils glanduleux; feuilles radicales, pétiolées, glabres, sinuées-pinnatifides; caulinaires sessiles, embrassantes, crénelées, supérieures dentées; fleurs jaunes, en longue grappe; pédoncules gros, axillaires; étamines à poils purpurins. ♂. Habite les terrains argileux un peu humides.

10. Molène fausse-blattaire (*V. blattarioides*, Lam.
D. 4. p. 225). .

Diffère de la précédente parce que ses feuilles sont
garnies de poils rares ; que les inférieures sont seulement sinuées, que ses feuilles florales sont presque
entières, et qu'enfin ses fleurs sont plus grandes, portées sur des pédicelles grêles et allongés. ♂. Croît aux
environs de Paris, à Charenton. (Très rare.)

11. Molène purpurine (*V. phœniceum*, L. sp. 254).

Tige droite, garnie de poils glanduleux, haute de
2-3 pieds, presque simple ; feuilles garnies de quelques poils très rares ; les inférieures ovales-pétiolées ;
les caulinaires sessiles ; fleurs rouges, en grappes terminales. ♂. Provence, Italie.

12. Molène très rameuse (*V. ramosissimum*, Bast.
suppl. 42).

Tige droite, très rameuse, haute de 3-6 pieds,
rougeâtre à la base, couverte d'un léger duvet ; feuilles oblongues-pointues, crénelées, légèrement velues,
demi-embrassantes ; fleurs jaunes, pédicellées, en panicule rameuse ; calice pubescent ; étamines à poils
purpurins. ♂. Habite les champs argileux du département de la Mayenne.

13. Molène de Chaix (*V. Chaixi*, Vill. dauph. 3.
p. 491).

Tige rameuse, rougeâtre, garnie de poils rameux ;
feuilles d'un vert-noirâtre, presque glabres, échancrées en cœur, crénelées, pétiolées ; les inférieures
lyrées ; fleurs jaunes, paniculées ; calice cotonneux ;
étamines à poils purpurins. ♂. Dauphiné, Piémont,
environs de Montpellier. (Rare.) Le *V. monspessulanum*, Lois., est une variété à feuilles moins dentées,
garnies d'un duvet plus épais, et à fleurs plus petites,
moins nombreuses. Elle habite les Pyrénées, les environs de Montpellier. Le genre *verbascum* est si em-

brouillé, qu'il est encore possible que nous ayons pris
des variétés pour des espèces. M. Mérat a déjà bien
éclairci les espèces des environs de Paris, et il nous a
été très utile.

Genre RAMONDIE (*Ramondia*, Rich.).

Calice à 5 divisions; corolle en roue, à 5 lobes un
peu inégaux ; 5 étamines rapprochées; anthères s'ouvrant par deux fentes longitudinales ; capsule oblongue, bivalve, uniloculaire, polysperme. (Voyez *Atl.*,
pl. 16, fig. 3.)

Espèce. RAMONDIE DES PYRÉNÉES (*Ramondia. Pyrenaica*, Rich. *Verb. myconi*, L. sp. 255).

Hampe nue, pubescente, uniflore, haute de 3-6
pouces ; feuilles étalées en rosette, ovales, bordées
de fortes crénelures, garnies en dessous de longs poils
ferrugineux ; fleur terminale, violette, ordinairement
solitaire. ♃. Cette charmante plante est assez commune dans les Pyrénées ; on la retrouve dans les Alpes
du Piémont. ALL.

Genre JUSQUIAME (*Hyoscyamus*, LINNÉ).

Calice tubuleux, à 5 divisions ; corolle en entonnoir, à limbe ouvert, divisée en 5 lobes inégaux et
obliques ; étamines inclinées; capsule biloculaire, polysperme, fermée par un opercule.

Espèce 1. JUSQUIAME NOIRE (*Hyoscyamus niger*, L.
sp. 257).

Tige épaisse, rameuse, cotonneuse, haute de 1-3
pieds; feuilles sessiles, alternes, sinuées-anguleuses,
pubescentes, d'une odeur fétide; fleurs tristes, d'un
jaune grisâtre sur les bords, et d'un pourpre noir
dans le milieu, disposées en longs épis; capsules unilatérales. ☉. Croît au bord des chemins. Cette plante.
appelée vulgairement *hannebonne*, est très narcotique.

2. JUSQUIAME BLANCHE (*H. albus*, L. sp. 257).

Tige rameuse, haute de 10-15 pouces; feuilles
molles, alternes, ovales-oblongues, légèrement anguleuses ; les inférieures sinuées, obtuses, pétiolées ;
fleurs jaunâtres, à gorge pourpre. ☉. Provinces méridionales.

3. JUSQUIAME DORÉE (*H. aureus*, L. sp. 257).

Tige velue, grêle, rameuse; feuilles arrondies, très
anguleuses, échancrées en cœur, pétiolées ; fleurs terminales, un peu pédonculées, d'un beau jaune, à
gorge noirâtre. ♂. Italie, Provence.

4. JUSQUIAME NAINE (*H. pusillus*, L. sp. 258).

Tige un peu velue, dressée, presque simple, haute
de 3-6 pouces; feuilles velues, oblongues-lancéolées,
sinuées-dentées, pétiolées ; fleurs blanches, axillaires, pédonculées ; dents du calice épineuses. ☉. Corse, Italie.

Genre NICOTIANE (*Nicotiana*, LINNÉ).

Calice urcéolé, à 5 divisions; corolle longue, infundibuliforme, à 5 divisions régulières; 5 étamines ;
1 stigmate échancré; capsule bivalve, polysperme.
(Voyez *Atl.*, pl. 59, fig. 1.)

Espèce. NICOTIANE TABAC (*Nicotiana tabacum*, L.
sp. 258).

Tige rameuse, haute de 3-4 pieds; feuilles grandes, lancéolées-ovales, sessiles, décurrentes; fleurs
roses, terminales, à divisions pointues. ☉. Cette
plante, d'un usage si répandu, a été rapportée d'A-
mérique l'an 1559, par Nicot. On la cultive en grand,
de même que la *nicotiana rustica*, qui a les feuilles
ovales-pétiolées, et les fleurs d'un jaune verdâtre.

Genre DATURA (*Datura*, LINNÉ).

Calice tubuleux, caduc, anguleux, à 5 divisions;
corolle en cloche, à limbe plissé, formant 5 angles;

capsule épineuse, rarement lisse, à 4 valves, à 4 loges polyspermes.

Espèce. DATURA STRAMOINE (*Datura stramonium,*
L. sp. 255).

Tige grosse, glabre, rameuse, haute de 1-2 pieds, étalée; feuilles glabres, pétiolées, ovées, sinuées-anguleuses, pointues; fleurs blanches ou violettes, grandes; capsule arrondie, hérissée de longues pointes. ☉. Cette plante croît au bord des chemins, dans les décombres, presque par toute l'Europe. Cependant M. De Candolle pense qu'elle pourrait bien être originaire d'Amérique. Elle est extrêmement vénéneuse et narcotique. On la nomme vulgairement *pomme-épineuse.*

†† Solanées à fruit bacciforme.

Genre ATROPA (*Atropa,* LINNÉ).

Calice en cloche, à 5 divisions; corolle en cloche, double au moins de la longueur du calice, à 5 divisions; 5 étamines, à filamens filiformes, écartés; fruit bacciforme, adhérent au calice, à 2 loges polyspermes. (Voyez *Atl.,* pl. 59, fig. 2.)

Espèce. ATROPA BELLADONE (*Atropa belladona,*
L. sp. 260).

Tige un peu velue, très rameuse, haute de 2-4 pieds; feuilles alternes, ovales, glabres, entières, géminées, dont une plus petite finissant en un pétiole court; fleurs d'un pourpre noir; fruit noir, luisant, bacciforme. ♃. Croît au bord des bois montueux. Cette plante est narcotique, très vénéneuse. L'*atropa mandragora,* L., qui n'a pas de tige, a les hampes uniflores et la racine épaisse; elle croît en Espagne et en Italie.

Genre COQUERET (*Physalis,* LIN.).

Calice à 5 divisions; corolle en roue à 5 divisions; 5 étamines à anthères oblongues, redressées, conni-

ventes; fruit bacciforme, recouvert par un calice ac-
crescent, vésiculeux, extrêmement développé.

Espèce. COQUERET ALKEKENGE (*Physalis alkekengi*,
L. sp. 262).

Tige haute de 12-15 pouces; feuilles géminées,
pétiolées, ovales; fleurs axillaires, jaunâtres; fruit
rouge; de la grosseur d'une cerise, enveloppé dans
un calice très renflé. ♃. Croît dans les vignes.

Genre MORELLE (*Solanum*, LIN.).

Calice persistant, à 5 divisions; corolle en roue, à
5 divisions égales; anthères presque soudées, s'ouvrant au sommet; fruit bacciforme, biloculaire, polysperme.

Espèce 1. MORELLE NOIRE (*Solanum nigrum a*, L.
sp. 266).

Glabre, rameuse, étalée, haute de 10-15 pouces;
feuilles ovées, ayant des dents qui les rendent comme
anguleuses, se terminant en pétiole; fleurs blanches,
en grappe; baies glabres, noires à la maturité. ⊙.
La morelle est anodine, narcotique, vénéneuse. Commune dans les lieux cultivés.

2. MORELLE VELUE (*S. villosum*, LAM. D. 4. p. 289.
Solanum nigrum β, L.).

Distincte de la précédente par sa surface velue, par
ses feuilles très anguleuses, et surtout par ses fruits
d'un jaune-aurore. ⊙. Croît dans les champs et les
lieux cultivés.

3. MORELLE FARDÉE (*S. miniatum*, DUNAL. hist. sol.
156).

Diffère du *nigrum* parce qu'elle est plus grande
dans toutes ses parties, et par ses baies rouges à la
maturité; elle est glabre. ⊙. Croît dans les lieux cultivés.

4. Morelle humble (*S. humile*, Dunal. hist. sol. 156).

N'est probablement qu'une variété du *miniatum;* elle s'en distingue par sa taille plus petite, sa tige moins anguleuse et ses baies d'un jaune-verdâtre. ☉. Croît dans l'Anjou et l'Orléanais. Le *solanum ochroleucum*, Bast., est une variété de cette espèce, à tige plus anguleuse, à feuilles plus dentées et à baies variées de jaunâtre et de vert.

5. Morelle douce-amère (*S. dulcamara*, L. sp. 264).

Tiges grimpantes, frutescentes, rameuses; feuilles ovales-cordiformes, pointues, les unes entières, les autres lobées à la base; fleurs violettes, rarement blanches, en grappe; baies rouges. ♄. La douce-amère est très employée comme apéritive, sudorifique. La pomme de terre, *solanum tuberosum*, L., que l'on cultive partout, a été apportée de l'Amérique méridionale en 1590. On cultive encore l'*aubergine*, *solanum melongena*, L., dont on mange le fruit, qui est violet ou blanc, ainsi que celui de la *tomate*, *solanum lycopersicum*, L., qui est d'une forme irrégulière, dont la couleur est aurore.

Genre LYCIET (*Lycium*, Lin.).

Calice court, tubuleux, à 3-5 divisions; corolle en entonnoir, à 5 divisions; étamines à filamens, velus à leur base; stigmate sillonné; baie ovoïde.

Espèce 1. Lyciet d'Europe (*Lycium Europeum*, L. mant. 47).

Tiges frutescentes, épineuses, à rameaux flexibles; feuilles ovales, entières, glabres, molles; fleurs d'un violet pâle, à pédoncules axillaires; baie allongée, rouge. ♄. Croît dans les haies, surtout dans le Midi.

2. Lyciet de Barbarie (*L. barbarum*, L. sp. 192).

Se distingue du précédent par ses feuilles plus petites, ses fleurs d'un violet vif, ses baies plus petites et son calice à 3 divisions. ♄. Commun aux environs de Paris.

FAMILLE 64. BORRAGINÉES (*Borragineæ*, Juss.).

Calice à 5 divisions persistantes; corolle régulière, ordinairement tubuleuse, à 5 divisions; 5 étamines, insérées près la base du tube; anthères biloculaires, sillonnées; ovaire supère, quadrilobé, surmonté par un style; fruit formé de 4 espèces d'akènes monospermes, dont deux avortent souvent; périsperme nul; embryon droit. Plantes presque toujours herbacées, hispides, à feuilles alternes, sessiles, entières, simples.

† Tube de la corolle fermé par 5 écailles.

Genre BOURRACHE (*Borrago*, Lin.).

Calice à 5 divisions; corolle en roue, à limbe plane, à 5 lobes; fruits ridés contenus dans le calice, qui se renfle et se referme. (Voyez *Atl.*, pl. 60, fig. 1.)

Espèce 1. BOURRACHE OFFICINALE (*Borrago officinalis*, L. sp. 197).

Tige grosse, succulente, hispide ainsi que toute la plante; feuilles larges, sessiles; fleurs bleues, roses ou blanches. ⊙. Croît dans les lieux cultivés.

2. BOURRACHE A FLEURS LACHES (*B. laxiflora*, Desf. càt. h. p.).

Tiges grêles, ascendantes, assez longues, rameuses; feuilles hispides, ovales-oblongues, crêpues et un peu dentées; fleurs d'un bleu pâle, à pédicelles grêles, lâches, étalées. ♃. Je l'ai reçue de Corse de M. Pouzzol.

Genre BUGLOSSE (*Anchusa* , Lin.).

Calice à 5 divisions ; corolle en entonnoir , à tube droit ou courbé , à 5 lobes entiers , obtus ; gorge fermée par des écailles ovales rapprochées ; 5 étamines ; 1 style à stigmate échancré ; fruits ovoïdes , tronqués à la base.

Espèce 1. BUGLOSSE OFFICINALE (*Anchusa officinalis* , Lam. *Anchusa Italica* , DC.).

Hispide ; tige dressée , de 1-2 pieds ; feuilles luisantes , sessiles , lancéolées , embrassantes , ciliées ; fleurs d'un bleu-violet , rarement blanches , en grappes géminées , unilatérales ; corolle à gorge barbue. ♃. Croît au bord des chemins et dans les lieux cultivés. La *buglosse* jouit des propriétés diurétiques et béchiques de la bourrache.

2. BUGLOSSE A FEUILLES ÉTROITES (*A. angustifolia* , L. sp. 191).

Distincte de l'*officinalis* , par ses feuilles plus étroites , moins hispides , par ses fleurs en grappes plus longues et par les écailles de la gorge, qui ne sont pas barbues. ♃. Croît dans le Midi : elle est commune depuis le Monestier jusqu'aux portes de Briançon. L'*anchusa Barrelieri* , All., qui a le calice fendu jusqu'à la base , les fleurs petites , paniculées , d'un beau bleu , croît en Italie.

3. BUGLOSSE ONDULÉE (*A. undulata* , L. sp. 191).

Tige dressée , rameuse , hérissée de poils nombreux ; feuilles hispides , linéaires-oblongues , sinuées et ondulées ; fleurs violettes , en une sorte de bouquet terminal , serré ; pédicelles plus courts que leur bractée. ♃. Environs de Montpellier.

4. BUGLOSSE TOUJOURS VERTE (*A. sempervirens* , L. sp. 192).

Tige de 1-2 pieds , rameuse , hispide ; feuilles inférieures pétiolées , ovales , larges ; supérieures plus étroites, presque sessiles ; fleurs bleues, axillaires; pédoncules portant 2 feuilles opposées. ♃. Croît en Bretagne, dans les environs de Bordeaux, les Alpes, l'Italie, etc.

5. BUGLOSSE DES CHAMPS (*A. arvensis*, Mér. *Lycopsis arvensis*, L. sp. 199).

Tige dressée, hispide, haute de 1-2 pieds ; feuilles hérissées, très rudes, étroites, allongées, oblongues-ondulées; fleurs bleues, petites, en épi terminal ; tube et écailles de la gorge blancs. ⊙. Croît dans les champs.

Genre MYOSOTE (*Myosotis*, Lin.).

Calice à 5 dents ; corolle hypocratériforme, à 5 divisions échancrées ; tube portant 5 écailles convexes ; 5 étamines; un style ; fruits lisses. Plantes jamais hispides.

Espèce 1. MYOSOTIS JAUNE (*M. lutea*, Pers. ench. 1. p. 156. *Anchusa lutea*, Cav. ic. 1. t. 69. f. 1).

Tige velue, simple, dressée ; feuilles alternes, velues, oblongues-lancéolées, les inférieures un peu spatulées ; fleurs jaunes; calice campanulé, à divisions très velues, plus courtes que le tube de la corolle ; fruits très lisses. ⊙. Cette plante rare a été trouvée récemment dans les environs de Lyon ; elle habite l'Espagne.

2. MYOSOTE ANNUELLE (*M. annua*, Moench. hass. n° 153).

Petite plante de taille très variable; tige dressée, ordinairement haute de 6-15 pouces, souvent beaucoup moins ; feuilles radicales, un peu pétiolées, les caulinaires embrassantes, toutes velues, lancéolées; fleurs bleues, à gorge jaune, petites, paniculées; fruits lisses. ⊙. Très commune dans les champs.

3. MYOSOTE TRÈS PETITE (*M. pusilla*, Lois. n. 36).

Petite plante très grêle; tiges simples, étalées en

une petite touffe haute à peine de 1 pouce; feuilles oblongues, obtuses, velues; fleurs bleuâtres, très petites, terminales; fruits lisses. ⊙. Corse.

4. MYOSOTE VIVACE (*M. perennis*, MOENCH. hass. n. 154).

Tige simple, glabriuscule; feuilles inférieures pétiolées, obtuses, glabres; les supérieures sessiles; fleurs bleues, à gorge jaune. ♃. Commune dans les prés marécageux : on donne à cette plante le nom de de *souvenez-vous de moi!!* Le *myosotis sylvatica*, ERH., est une variété velue qui croît dans les bois.

5. MYOSOTE NAINE (*M. nana*, VILL. dauph. 2. p. 459).

Petite plante haute à peine d'un pouce; feuilles oblongues, velues, un peu soyeuses, étalées en petites touffes; fleurs assez grandes, d'un très beau bleu, tantôt sessiles, tantôt sur une hampe florifère; fruits crénelés sur leurs bords. ♃. Hautes sommités des Alpes du Dauphiné et du Valais. J'ai recueilli cette jolie petite plante sur le haut Richard, en face le Lautaret.

Genre CYNOGLOSSE (*Cynoglossum*, LIN.).

Calice à 5 divisions; corolle courte en entonnoir, à limbe à 5 lobes; écailles de la gorge convexes, conniventes; stigmate échancré; fruits scabres, fixés latéralement au style, qui est persistant. (Voy. pl. 60, f. 2.)

Espèce 1. CYNOGLOSSE PETITE-BARDANE (*Cynoglossum lappula*, SCOP. *Myosotis lappula*, L.).

Tige de 12-18 pouces, droite, rameuse au sommet; rude au toucher; feuilles lancéolées, sessiles, obtuses, velues, très entières; fleurs petites, bleues ou blanches, en épi foliacé; fruits garnis d'aiguillons oncinés. ⊙. Croît sur les murs, dans les décombres, etc.

2. CYNOGLOSSE OFFICINALE (*C. officinale*, L. sp. 192).

Tiges très rameuses, hautes de 12-18 pouces; feuilles d'une odeur nauséeuse; les inférieures pétiolées, les supérieures sessiles, demi - embrassantes, toutes lancéolées et couvertes d'un duvet blanchâtre; fleurs rouges, unilatérales. ♂. Lieux stériles, sablonneux : elle passe pour calmante et narcotique.

3. CYNOGLOSSE DE MONTAGNE (*C. montanum*, LAM. D. 2. p. 237).

Diffère de la précédente par sa surface luisante, non duvetée, portant quelques poils rares, par ses fleurs bleues ou rougeâtres, et ses feuilles un peu plus pointues. ♂. Bois des montagnes. Serait-ce une variété locale?

4. CYNOGLOSSE PEINTE (*C. pictum*, WILLD. sp. 1. p. 761).

Tige rameuse, haute de 10-15 pouces; feuilles douces au toucher, les inférieures pétiolées, lancéolées, les supérieures embrassantes, cordiformes-lancéolées; fleurs bleues, rayées de blanc ou de rouge; corolles très ouvertes, à peine plus longues que le calice. ♂. Provinces méridionales. On l'emploie souvent à la place de l'*officinale*.

5. CYNOGLOSSE A FEUILLES DE GIROFLÉE (*C. cheirifolium*, L. sp. 193).

Tige rameuse, droite, haute de 12-18 pouces, anguleuse, duvetée; feuilles étroites, longues, spatulées, blanchâtres-soyeuses; fleurs blanches, tachées de rouge; corolles doubles du calice. ⊙. Provence, Italie.

6. CYNOGLOSSE DE L'APENNIN (*C. Apenninum*, L. sp. 134).

Tige droite, haute de 2-3 pieds, rameuse, très feuillée; feuilles duvetées, les inférieures larges, ovales, les supérieures oblongues, un peu elliptiques; fleurs pourpres ou bleuâtres, en long épi terminal; étamines saillantes. ♂. Languedoc, Roussillon, Italie, Suisse.

Genre OMPHALODE (*Omphalodes*, Moench).

Calice à 5 divisions; corolle en entonnoir, à limbe plane à 5 divisions; écailles de la gorge convexes, conniventes; stigmate échancré; fruits en corbeille, entièrement lissés. Plantes glabriuscules.

Espèce 1. Omphalode printanière (*Omphalodes verna*, Moench. *Cynoglossum' omphalodes*, L. sp. 193.)

Tige haute de 4-5 pouces; feuilles inférieures .gla▪ bres, cordiformes-ovales, longuement pétiolées; supérieures ovales, à pétiole court; fleurs d'un bleu d'azur, terminales. ♃.

2. Omphalode feuilles de lin (*O. linifolia*, Moench. *Cynoglossum linifolium*, L. sp. 193).

Glauque ; tige peu rameuse, droite, haute de 6-12 pouces; feuilles molles, sessiles, oblongues-lancéolées, ciliées sur les bords et légèrement velues en dessous; fleurs blanches, rarement bleues, nombreuses, terminales, pédicellées. ☉. Croît sur les rochers maritimes dans l'Ouest, en Provence, en Espagne, etc.

Genre RAPETTE (*Asperugo*, Lin.).

Calice à 5 divisions inégales, une petite dent entre chaque division; corolle à tube court, à limbe à 5 lobes; écailles de la gorge convexes, conniventes; fruits recouverts par le calice, qui se ferme par deux lames appliquées l'une contre l'autre.

Espèce. Rapette couchée (*Asperugo procumbens*, L. sp. 198).

Port d'un *galiet accrochant;* tiges couchées, à angles chargés de petits aiguillons crochus; feuilles ovales-lancéolées, sessiles, hérissées, les supérieures opposées; fleurs petites, bleues. ☉. Habite les lieux pierreux cultivés.

Genre CONSOUDE (*Symphytum*, Lin.).

Calice persistant, à 5 divisions ; corolle tubuleuse, en cloche, à limbe ventru, à 5 lobes courts ; écailles de la gorge subulées, conniventes.

Espèce 1. Consoude officinale (*Symphytum offici-. nale*, L. sp. 195).

Tige rameuse, épaisse, haute de 2-3 pieds ; feuilles hispides, les inférieures grandes, spatulées ; les supérieures lancéolées, décurrentes ; fleurs rougeâtres ou jaunâtres, en grappes terminales, unilatérales. ♃. Très commune dans les prés humides, au bord des fossés. La racine de consoude est mucilagineuse, astringente.

2. Consoude tubéreuse (*Symphytum tuberosum*, L. sp. 195).

Distinguée de l'officinale par sa racine tuberculeuse, sa taille plus petite, ses feuilles supérieures non décurrentes et ses fleurs toujours jaunâtres. ♃. Au bord des ruisseaux, dans le Midi.

†† Gorge de la corolle sans écailles.

Genre ONOSMA (*Onosma*, Lin.).

Calice à 5 parties ; corolle tubuleuse, à 5 lobes, à limbe redressé ; stigmate simple. ✱

Espèce. Onosma fausse vipérine (*Onosma echioides*, L. sp. 196).

Tige droite, peu rameuse, haute de 10-12 pouces, hérissée ; feuilles étroites, longues, hérissées ; fleurs d'un blanc jaunâtre, en épis terminaux tordus ; corolle à tube long. ♃. Croît dans les lieux secs du Midi ? dans le Valais, etc. La racine de cette plante produit une couleur rouge de nature résineuse.

Genre PULMONAIRE (*Pulmonaria*, Lin.).

Calice à 5 angles et à 5 divisions ; corolle tubuleuse, en entonnoir, à 5 divisions ouvertes ; 5 étamines ; 1 style à stigmate échancré.

Espèce. PULMONAIRE OFFICINALE (*Pulmonaria offici-nalis*, L. sp. 194).

Tige velue, un peu anguleuse, haute de 6-10 pouces ; feuilles velues, presque toujours marquées de taches blanchâtres ; les radicales cordiformes, ovales-oblongues, pétiolées, les caulinaires embrassantes, lancéolées ; fleurs bleues. ♃. Croît dans les bois. La *pulmonaria angustifolia*, L., est une légère variété à feuilles plus allongées. La *pulmonaria mollis*, Schr., est une autre variété à feuilles radicales-ovales dépourvues de taches blanches. La pulmonaire possède toutes les propriétés de la bourrache.

Genre NONÉE (*Nonea*, Moench).

Calice à 5 divisions, renflé après la floraison ; corolle à tube droit, à limbe à 5 divisions égales ; 5 étamines cachées dans le tube ; fruits striés.

Espèce 1. NONÉE VIOLETTE (*Nonea violacea*, DC. *Lycopsis vesicaria*, L. *Echioides violacea*, Desf.).

Tige dressée, peu rameuse, anguleuse, longue de 10-15 pouces ; feuilles hérissées, lancéolées - oblongues, demi-embrassantes ; fleurs violettes, axillaires, assez petites. ☉. Languedoc.

2. NONÉE JAUNE (*N. lutea*, DC. *Lycopsis lutea*, Lam. D. 3. p. 657).

Tige rameuse, hérissée, redressée, haute de 10-12 pouces ; feuilles hérissées, ovales-oblongues, demi-embrassantes ; fleurs jaunes ; corolle de la longueur du calice. ♃? Îles d'Hyères, Provence, Roussillon. (Rare.)

3. Nonée blanche (*N. alba*, DC. suppl. 2718ª).

Tiges peu rameuses, hautes de 8-10 pouces, hérissées; feuilles radicales, oblongues, étalées en rosette; caulinaires sessiles, oblongues-linéaires, pointues, très étroites; fleurs blanches, unilatérales; corolle un peu plus longue que le calice. ⊙. Croît au bord du Rhône, entre Avignon et Tarascon. L'*echinoides nigricans*, Desf., croît en Espagne. Il appartient à ce genre, ainsi que le *lycopsis obtusifolia*, Willd.

Genre VIPÉRINE (*Echium*, Lin.).

Calice à 5 divisions; corolle à tube court, à limbe renflé en forme de cloche, divisé en 5 lobes inégaux, tronqués obliquement au sommet.

Espèce 1. Vipérine commune (*Echium vulgare*, L. sp. 200).

Tige dressée, rameuse, couverte de petits tubercules noirs d'où part un poil assez long; feuilles linéaires-lancéolées, hérissées de poils longs; fleurs bleues ou roses, disposées en long épi unilatéral. ♂. Commune sur les murs et dans les champs arides.

2. Vipérine des Pyrénées (*E. Pyrenaicum*, L. mant. 334).

Diffère du *vulgare* par sa tige et ses feuilles beaucoup plus hérissées, par ses fleurs entremêlées de bractées et par ses étamines saillantes. ♃. Collines sèches des provinces méridionales.

3. Vipérine violette (*E. violaceum*, L. mant. 42).

Tiges couchées, rameuses, couvertes de poils épars; feuilles oblongues, élargies à leur base; fleurs violettes, en épis unilatéraux; corolle double du calice: étamines aussi longues que la corolle. ⊙. Provinces méridionales. L'*echium australe*, Lam., a les feuilles plus grandes, la tige droite et les fleurs grandes: il habite l'Italie.

4. VIPÉRINE A FEUILLES DE PLANTAIN (*E. plantagineum*, L. mant. 202).

Tiges simples, velues, hautes de 6-10 pouces ; feuilles molles, velues, douces au toucher ; les radicales pétiolées, ovales, grandes ; les caulinaires sessiles; fleurs violettes, grandes ; étamines saillantes. ♂. Provence, Italie, Espagne.

5. VIPÉRINE MARITIME (*E. maritimum*, WILLD. sp. 1. p. 788).

Tiges hérissées, étalées ; feuilles hérissées ; les radicales ovales-lancéolées, atténuées à la base ; les caulinaires embrassantes, oblongues, obtuses ; fleurs bleues, en épis terminaux ; corolle double du calice. ♂ ? Environs de Toulon.

6. VIPÉRINE A GRAND CALICE (*E. calycinum*, VIV. frag. ital. 1. p. 2. *E. prostratum*, TEN.).

Tiges couchées, peu rameuses, hérissées, longues de 6-8 pouces ; feuilles hérissées ; les inférieures ovales-oblongues, un peu atténuées à leur base ; les caulinaires ovales-lancéolées ; fleurs bleues, assez petites, terminales ; corolle de la longueur du calice, qui se renfle après la floraison. ♂. Provence, Italie.

Genre GRÉMIL (*Lithospermum*, LIN.).

Calice à 5 divisions ; corolle en entonnoir à 5 lobes, à tube grêle ; 5 étamines ; un style à stigmate bifide ; fruits osseux, luisans ; fleurs petites.

Espèce 1. GRÉMIL OFFICINALE (*Lithospermum officinale*, L. sp. 189).

Tige droite, peu rameuse, haute de 1-2 pieds, velue ; feuilles longues, linéaires, nervées, pointues, scabres ; fleurs d'un blanc verdâtre, terminales, petites ; corolle de la longueur du calice ; graines luisantes, rondes, ce qui lui a fait donner le nom d'*herbe aux perles*. ♃. Croît au bord des haies, des bois, etc.

2. GRÉMIL VIOLET (*L. purpureo-cœruleum*, L. sp. 190).

Tiges velues, scabres, rameuses, couchées, diffuses, longues de 2-3 pieds; feuilles rudes, sessiles, lancéolées-oblongues; fleurs violettes, terminales, assez grandes; graines luisantes. ♃. Habite les buissons montueux.

3. GRÉMIL DES CHAMPS (*L. arvense*, L.' sp. 190).

Tige hispide, rameuse, haute de 12-18 pouces; feuilles molles, velues, lancéolées-oblongues; fleurs petites, blanches, terminales; graines rugueuses. ☉. Commune dans les champs.

4. GRÉMIL DE LA POUILLE (*L. apulum*, VAHL. *Myosotis apula*, L.).

Tige dure, grêle, haute de 3-4 pouces, scabre; feuilles hérissées, étroites, linéaires-lancéolées; fleurs jaunes, petites, en épis feuillés; fruits triangulaires. ☉. Provinces méridionales.

5. GRÉMIL ORCANETTE (*L. tinctorium*, L. sp. 1. p. 132).

Racine rougeâtre; tiges hérissées, étalées, longues de 6-10 pouces, dichotomes; feuilles lancéolées, obtuses, hérissées, les supérieures un peu échancrées en cœur; fleurs violettes, petites, en épis terminaux; fruits tuberculeux. ♃. Provinces méridionales. Sa racine est connue sous le nom d'*orcanette*.

6. GRÉMIL À FEUILLES D'OLIVIER (*L. oleæfolium*, LAP. abr. 5. p. 28).

Tige frutescente, rameuse, diffuse; feuilles obtuses, elliptiques, verdâtres en dessus, d'un blanc soyeux en dessous; fleurs bleuâtres; corolle velue en dehors, deux fois plus longue que le calice. ♄. Lapeyrouse indique cette plante dans les lieux rocailleux des Pyrénées orientales.

7. Grémil oriental (*L. orientale*, Willd. sp. 1. p. 753 *Anch. orientalis*, L.).

Tige très rameuse, dressée, hispide; feuille velues, hispides, oblongues; fleurs jaunes, en épis feuillés, unilatéraux; calice s'accroissant, et s'ouvrant à la maturité en forme d'étoile. ☉. Iles d'Hyères.

8. Grémil frutescent (*L. fruticosum*, L. sp. 190).

Tige ligneuse, roide, branchue; haute de 10-15 pouces; feuilles rudes, petites, linéaires, roulées sur les bords; fleurs assez grandes, d'un violet pourpre. ♄. Provinces méridionales.

9. Grémil couché (*L. prostratum*, Lois. fl. gall. 105. t. 4).

Tiges un peu ligneuses, branchues, couchées, longues de 6-12 pouces; feuilles rudes, velues, lancéolées-linéaires, roulées sur les bords; fleurs violettes, peu nombreuses, terminales; corolle 4 fois plus longue que le calice. ♃. Croît dans les Landes, dans la Bretagne. (Rare.)

Genre HÉLIOTROPE (*Heliotropium*, Linné).

Calice tubuleux, à 5 dents; corolle hypocratériforme, à 5 lobes, alternant avec 5 autres dents plus petites; 5 étamines; 1 style échancré; fruits pubescens.

Espèce 1. Héliotrope d'Europe (*Heliotropium Europæum*, L. sp. 187).

Tige velue, blanchâtre, rameuse, dressée, haute de 8-12 pouces; feuilles un peu ridées, ovales-obtuses; fleurs blanches, nombreuses, petites, en épis unilatéraux, contournés en spirale. ☉. Croît dans les champs sablonneux du centre et du midi.

2. Héliotrope couché (*H. supinum*, L. sp. 187).

Tiges rameuses, couchées, velues; feuilles velues, blanchâtres, ovales, plicato-ridées; fleurs petites, comme dans l'espèce précédente. ⊙ Provinces méridionales.

Genre MÉLINET (*Cerinthe*, Linn.).

Calice à 5 divisions; corolle tubuleuse, à 5 étamines, à anthères droites; le fruit est formé de deux akènes dispermes; plantes presque glabres. (Voyez *Atl.*, pl. 60, fig. 3.)

Espèce 1. Mélinet rude (*Cerinthe aspera*, Roth. *C. major β*, L. sp. 195).

Tiges rameuses, hautes de 1-2 pieds; feuilles glauques, allongées, obtuses, à surface scabre, à bords ciliés; fleurs jaunes; corolle plus longue que le calice. ⊙. Provinces méridionales.

2. Mélinet glabre (*C. glabra*, Mill. *Cerinth. major α*, L.).

Tige simple, haute de 1-2 pieds; feuilles glabres, non ciliées, glauques, allongées; fleurs jaunes; corolle plus courte que le calice. ⊙. Alpes. (Rare.)

3. Mélinet mineur (*C. minor*, L. sp. 196).

Tiges de 12-15 pouces, dressées, peu rameuses; feuilles glauques, glabres, allongées; fleurs petites, jaunes; corolle à divisions aiguës, plus longue que le calice. ♂. Provence, Dauphiné. Il n'est pas rare à la Grande-Chartreuse.

FAMILLE 65. ANTIRRHINÉES (*Antirrhineæ*, Juss.).

Calice monosépale, à divisions plus ou moins profondes; corolle monopétale, irrégulière (personée); 4 étamines didynames; ovaire simple, libre, surmonté par un style simple ou bilobé; fruit capsulaire, polysperme, s'ouvrant ordinairement par le sommet; périsperme charnu; embryon droit. Plantes herbacées, à feuilles opposées; fleurs en panicule, en épi ou en corymbe.

Genre ERINE (*Erinus* , Linné).

Calice à 3 divisions ; corolle tubuleuse , à limbe plane , partagé en 5 lobes peu inégaux , échancrés en cœur ; capsule ovale , bivalve , polysperme.

Espèce. Érine des Alpes (*Erinus Alpinus* , L. sp. 878).

Tiges simples , dressées , hautes de 4-6 pouces; feuilles oblongues - spatulées , denticulées au sommet, les radicales nombreuses; fleurs purpurines , termi- nales. ♃. Cette jolie plante est commune sur les rochers des montagnes alpines. L'*erinus hirsutus* , Lapeyr. , est une variété pyrénéenne très velue.

Genre SCROPHULAIRE (*Scrophularia* , Linné).

Calice court , à 5 divisions obtuses; corolle presque globuleuse , à 5 divisions, dont deux plus grandes ; 4 étamines; 1 style; capsule globuleuse, acuminée.

Espèce 1. Scrophulaire du printemps (*Scrophularia vernalis* , L. sp. 864).

Tige tétragone, grosse , velue , haute de 1-2 pieds ; feuilles pubescentes , cordiformes , doublement den- tées; fleurs jaunes, en panicule dichotome, axillaire. ♂. Habite les bois ombragés. (Rare.)

2. Scrophulaire noueuse (*S. nodosa* , L. sp. 863).

Tige tétragone, haute de 2-3 pieds , glabre; feuilles glabres, cordiformes-lancéolées, dentées, alternes dans le haut; fleurs d'un pourpre noirâtre, en grappe ter- minale. ♃. Commune dans les lieux ombragés. Em- ployée autrefois contre les scrophules.

3. Scrophulaire aquatique (*S. aquatica* , L. sp. 864).

Tige tétragone , un peu ailée , haute de 2-3 pieds ; feuilles cordiformes , à pétiole décurrent, crénelées; fleurs d'un pourpre noirâtre, en grappes terminales. ♃. Commune au bord des ruisseaux.

4. SCROPHULAIRE A FEUILLES DE SAUGE (*S. scorodonia*, L. sp. 864).

Tige tétragone, hérissée, haute de 1-2 pieds; feuilles cordiformes, très échancrées, dentées, pubescentes, blanchâtres en dessous; fleurs d'un jaune pâle, en grappe terminale,, feuillée. ♃. Italie, Bretagne. (BONNEM.)

5. SCROPHULAIRE A FEUILLES OBLONGUES (*S. oblongifolia*, Lois.).

Tige tétragone, glabre, haute de 1-2 pieds; feuilles oblongues-lancéolées, atténuées en pétiole, dentées; fleurs d'un pourpre-noir, en grappes terminales non feuillées. ♃? Corse.

6. SCROPHULAIRE RAMEUSE (*S. ramosissima*, Lois. fl. gall. 2. p. 381).

Tige. très branchue, se ramifiant dès la base, haute de 8-12 pouces; feuilles glabres, dentées, oblongues, rétrécies aux deux extrémités; fleurs petites, d'un pourpre-noir; pédicelles simples, uniflores. ♃. Corse, Provence, Italie.

7. SCROPHULAIRE FRUTESCENTE (*S. frutescens*, L. sp. 865).

Tige rameuse, frutescente, haute de 10-15 pouces; feuilles un peu charnues, oblongues, atténuées aux deux bouts, les supérieures sessiles; fleurs d'un pourpre foncé, petites; pédicelles rameux, multiflores. ♄. Corse, Italie.

8. SCROPHULAIRE VOYAGEUSE (*S. peregrina*, L. sp. 866).

Tige tétragone, simple, droite, haute de 1-2 pieds; feuilles luisantes, pétiolées, cordiformes, dentées, les supérieures alternes; fleurs purpurines; pédoncules rameux, axillaires. ☉. Corse, Provence, Espagne.

9. SCROPHULAIRE AURICULÉE (*S. auriculata*, L. sp. 864).

Tige tétragone, glabre, haute de 10-18 pouces ; feuilles pétiolées, ridées, oblongues-cordiformes, doublement dentées, un peu velues en dessous ; pétioles chargés d'appendices foliacés ; fleurs purpurines, en grappe terminale. ♃. Provence, Italie, Espagne.

10. SCROPHULAIRE DE SCOPOLI (*S. Scopolii*, HOPPE. *S. auriculata*, SCOP. carn.).

Tige tétragone, pubescente ; feuilles grandes, pubescentes en dessous, cordiformes, à dents grossières, munies de deux auricules axillaires ; fleurs jaunâtres, en grappe terminale ; pédicelles rameux, alternes. ♃. Pyrénées. La *scrophularia glandulosa*, Pl. HUNG., en est voisine. Elle habite la Hongrie.

11. SCROPHULAIRE A FEUILLES DE SUREAU (*S. sambucifolia*, L. sp. 865).

Glabre ; tige rameuse, légèrement carrée ; feuilles pétiolées, les inférieures pinnées, à 5-7 folioles inégales, crénelées, les supérieures à pétioles ailées, entières, crénelées ou incisées à leur base ; fleurs réunies 3-5 sur des pédoncules axillaires ; divisions calicinales obtuses, scarieuses sur leurs bords. ♃. Croît en Corse.

12. SCROPHULAIRE TRIFOLIÉE (*S. trifoliata*, L. sp. 865).

Tige tétragone, luisante, haute de 1-2 pieds ; feuilles luisantes, cordiformes, à dents inégales, les inférieures souvent munies de deux appendices foliacés, irréguliers ; fleurs purpurines, en grappe longue. ♂. Corse.

13. SCROPHULAIRE MELLIFÈRE (*S. mellifera*, AIT. kew. 2. p. 243).

Tige glabre, dressée, haute de 1-2 pieds ; feuilles

pinnées ou ternées, à folioles oblongues-lancéolées, cordiformes, dentées en scie; fleurs rougeâtres; pédoncules axillaires, un peu rameux. ☉. Corse.

14. SCROPHULAIRE CANINE (*S. canina*, L. sp. 865).

Tiges rameuses, hautes de 1-2 pieds; feuilles pinnées, à découpures lobées; fleurs petites, noirâtres, terminales; étamines et pistil saillans; pédoncules bifides. ☉. Croît au bord des torrens et dans les lieux pierreux des montagnes. Elle est commune à Lyon, au bord du Rhône. La *scrophularia lucida*, L., a les feuilles un peu charnues, luisantes, moins découpées, et les fleurs rougeâtres. Elle habite l'Italie.

Genre LINAIRE (*Linaria*, DESFONT. *Antirrhinum*, LINNÉ).

Calice à 5 divisions profondes; corolle labiée, éperonnée à la base, la lèvre supérieure à 2 lobes réfléchis, l'inférieure à 3; 4 étamines didynames; 1 style à stigmate simple; capsule à 2 loges, s'ouvrant par le sommet; graines membraneuses.

* *Feuilles larges, pétiolées, anguleuses.*

Espèce 1. LINAIRE CYMBALAIRE (*Linaria cymbalaria*, L. sp. 851).

Tiges grêles, rameuses, rampantes, longues de 10-15 pouces; feuilles glabres, pétiolées, à 5-7 lobes arrondis, peu profonds; fleurs bleuâtres, à palais jaune; pédoncules longs, axillaires. ♃. Commune sur les vieux murs.

2. LINAIRE A FEUILLES D'HÉPATIQUE (*L. hepaticæfolia*, POIR. D. supp. 4. p. 19).

Tiges grêles, rampantes; feuilles réniformes ou cordiformes, à 3 lobes plus ou moins prononcés, les inférieures opposées, les supérieures alternes; fleurs axillaires, purpurines. ♃. Je l'ai reçue de M. Thomas, qui l'a trouvée en Corse.

3. LINAIRE A TROIS LOBES ÉGAUX (*L. æquitriloba.* *Antirrh. æquitrilobum*, VIVIAN.).

Tige grêle, filiforme, rampante; feuilles pointues, pétiolées, réniformes, à 3 lobes égaux, arrondis; fleurs bleues, à palais jaune; pédoncules très grêles, allongés, axillaires. ♃. Je l'ai reçu de Corse.

4. LINAIRE POILUE (*L. pilosa*, L. mant. 29).

Tiges grêles, rampantes; feuilles poilues, pétiolées; cordiformes, arrondies, divisées en 7-11 lobes peu saillans; fleurs bleuâtres, à palais jaune; pédoncules axillaires. ♃. Pyrénées? Italie.

5. LINAIRE ÉLATINE (*L. elatine*, L. sp. 851).

Tige velue, couchée, longue de 8-10 pouces; feuilles inférieures ovales-arrondies, velues, denticulées, opposées; supérieures alternes, hastées; fleurs jaunâtres, axillaires; éperon long et pointu. ☉. Croît dans les champs.

6. LINAIRE VELVOTE (*L. spuria*, L. sp. 851).

Tiges couchées, velues, longues de 8-10 pouces; feuilles velues, arrondies, entières, les supérieures presque sessiles; fleurs jaunâtres, axillaires; éperon aigu, recourbé. ☉. Commune dans les champs.

7. LINAIRE A VRILLE (*L. cirrhosa*, L. mant. 249).

Tiges couchées, longues, filiformes, s'accrochant au corps voisin; feuilles alternes, glabres, sagittées; fleurs petites, d'un bleu pâle; pédicelles axillaires, très longs. ☉. Iles d'Hyères, Corse.

** *Feuilles entières; les inférieures verticillées.*

8. LINAIRE TERNÉE (*L. triphylla*, L. sp. 852).

Tiges droites, simples, hautes d'un pied; feuilles ternées, ovales-obtuses, trinervées, les supérieures plus petites; fleurs jaunes, à palais safrané, en épi terminal. ⊙. Corse. M. de Lamarck l'indique en Saintonge.

9. LINAIRE RÉFLÉCHIE (*L. reflexa*, L. sp. 857).

Tiges grêles, étalées, longues de 5-8 pouces ; feuilles ovales, sessiles, glabres, ternées, excepté les supérieures ; fleurs axillaires, bleuâtres ou jaunâtres, solitaires, réfléchies après la floraison. ⊙. Corse, Italie.

10. LINAIRE VERSICOLORE (*L. versicolor*, MOENCH. meth. 523).

Tiges glabres, rameuses ; feuilles linéaires-lancéolées, les inférieures ternées, quaternées ou opposées ; les supérieures plus étroites ; fleurs d'un jaune pâle, à gorge d'un beau jaune, en épis terminaux. ⊙. France méridionale, Espagne. (Rare.)

11. LINAIRE POURPRE (*L. purpurea*, L. sp. 853).

Tige très rameuse, dressée, glabre, haute de 1-2 pieds ; feuilles glabres, linéaires-lancéolées, verticillées 3-5 dans le bas ; fleurs pourpres, nombreuses, en longs épis terminaux. ♃. Croît à Valvins, près Fontainebleau. (Très rare.) Italie.

12. LINAIRE STRIÉE (*L. striata*, DC. *Antirrh. monspessulanum*, L.).

Variable ; tiges simples ou rameuses, droites ou étalées, glabres ; feuilles linéaires, éparses ou verticillées, écartées ou rapprochées ; fleurs blanchâtres, striées de bleu ou de violâtre, à palais taché de jaune. ♃. Lieux pierreux et calcaires.

13. LINAIRE A FEUILLES DE THYM (*L. thymifolia*, DC. *Antirrh. thymifolium*, VAHL.).

Tiges grêles, couchées ; feuilles glabres, les inférieures petites, ovales, arrondies, ternées, les supérieures allongées ; fleurs jaunes, à palais velu, safrané, réunies en une petite tête. ⊙. Croît dans les environs de Bayonne.

14. Linaire des Pyrénées (*L. Pyrenaica*, DC. fl.
fr. 2643).

Tiges ascendantes, glabres, nues et velues dans la
partie supérieure; feuilles glauques, linéaires-lancéolées, verticillées par 4 dans le bas, ensuite opposées,
et enfin alternes; fleurs d'un jaune pâle, à palais safrané; division supérieure du calice très longue, velue.
⊙. Environs de Barrège. Diffère très peu de la *su-*
pina.

15. Linaire couchée (*L. supina*, L. sp. 856).

Tiges couchées à la base, étalées; feuilles linéaires,
étroites, glabres, entières, les inférieures quaternées,
les supérieures éparses; fleurs jaunes, en épi ou en tête.
⊙. Commune dans les lieux sablonneux et arides.

16. Linaire jaune (*L. flava*, Desf. atl. 2. t. 136).

Tige simple, dressée; feuilles glabres, linéaires-
lancéolées, alternes, les inférieures ovales, ternées ou
opposées; fleurs jaunes, en tête terminale; calice glabre. ⊙. Corse. Peut-être encore une variété de la
supina, ainsi que les deux suivantes.

17. Linaire maritime (*L. maritima*, DC. synops. 232).

Tiges rameuses, couchées, glabres; feuilles glauques, linéaires-étroites, toutes quaternées; fleurs
jaunes, peu nombreuses, en tête terminale; éperon
violâtre. ⊙. Sables maritimes de la Bretagne.

18. Linaire de Thuilier (*L. Thuilerii*, Mér. *Antirrh.*
bipunctatum, Th. fl. par.).

Tige glabre, rameuse, pubescente dans le haut;
feuilles étroites, glauques, linéaires, quaternées dans
le bas, alternes dans le haut; fleurs jaunes, assez
grandes, réunies 2-4 au sommet; éperon aigu, très
long; capsule mucronée. ⊙. Croît dans les champs et
sur les murs, aux environs de Paris.

19. Linaire simple (*L. simplex*, Willd. *Antirrh. arvense β*, L.).

Tige très simple, dressée, glabre, haute de 8-10 pouces; feuilles glauques, étroites, linéaires, quaternées dans le bas, alternes dans le haut; fleurs petites, jaunes, réunies 3-4 en tête; calice velu, visqueux; éperon droit, bractées réfléchies. ⊙. France méridionale et environs de Paris.

20. Linaire des champs (*L. arvensis*, L. sp. 855).

Tige rameuse, dressée, glabre du bas, velue, visqueuse dans le haut; feuilles étroites, linéaires, glauques, les inférieures quaternées, les supérieures alternes; fleurs bleuâtres, petites, en épis terminaux; calice velu, visqueux; éperon recourbé. ⊙. Provinces méridionales et environs de Paris.

21. Linaire jonc (*L. juncea*, Desf. atl. 2. t. p. 43).

Tige rameuse, jonciforme, effilée; feuilles charnues, linéaires, alternes, les inférieures ternées; fleurs en grappes terminales, à éperon droit. ♃. Croît dans les moissons, aux environs de Dax et de Bordeaux.

22. Linaire de Chalep (*L. Chalepensis*, L. sp. 859).

Tige peu rameuse, haute de 10-15 pouces; feuilles longues, étroites, linéaires, glauques, pointues, les inférieures verticillées 4 à 4; fleurs blanches, en épi terminal; calice à divisions grêles; éperon très long. ⊙. Environs de Montpellier? Archipel grec.

23. Linaire de Pélissier (*L. Pelisseriana*, L. sp. 855).

Tige presque simple, glabre, dressée, haute de 8-12 pouces, produisant des jets stériles, feuillés; feuilles glabres, linéaires, étroites, quaternées ou ternées dans le bas, alternes dans le haut; fleurs petites, purpurines, mêlées de blanc, peu nombreuses, en tête terminale; éperon droit. Commune dans le Midi.

24. LINAIRE RAMPANTE (*L. repens*, L. sp. 854).

Très voisine de la *striata*, DC. ; racines rampantes ;
tiges dressées, peu rameuses, hautes de 12-15 pouces ;
feuilles inférieures, linéaires, ternées ou quaternées ;
les supérieures éparses, étroites, glabres, glauques ;
fleurs d'un blanc cendré, avec des lignes bleues, en
grappes, munies de bractées aussi longues que les pédicelles. ♃. Commune dans les lieux secs. Je la regarde
comme une variété de la *striata*.

25. LINAIRE DES ROCHERS (*L. saxatilis*, L. mant. 416).

Tiges dressées, étalées, couvertes de poils visqueux,
hautes de 2-4 pouces ; feuilles étroites, lancéolées,
poilues, visqueuses, charnues, verticillées dans le
bas, alternes dans le haut ; fleurs petites, jaunes,
marquées de points safranés. ♃. Croît sur les côtes,
en Bretagne.

26. LINAIRE DES SABLES (*L. arenaria*, DC. ic. gall.
1. p. 5).

Tiges droites, hautes de 3-6 pouces, pubescentes,
visqueuses au sommet ; feuilles inférieures, oblongues,
obtuses, verticillées 4 à 4 ; supérieures éparses, linéaires pointues ; fleurs petites, en grappes terminales,
jaunes, non ponctuées. ♃. Croît dans les sables maritimes de la Bretagne.

27. LINAIRE DES ALPES (*L. Alpina*, L. sp. 856).

Tiges glabres, couchées ; feuilles glauques, étroites,
linéaires-lancéolées, les inférieures un peu obtuses ;
fleurs d'un bleu violet, à palais jaune, en épi serré.
♂. Commune dans les lieux pierreux et humides des
Alpes et des Pyrénées.

28. LINAIRE A FEUILLES-D'ORIGAN (*L. origanifolia*, L.
sp. 852).

Tige tortueuse, un peu ligneuse, couchée, grêle,
pubescente, longue de 2-4 pouces, rameuse ; feuilles

opposées, glabres ou pubescentes, ovales ou arrondies, quelquefois oblongues; fleurs bleuâtres, à éperon violet. ⊙. Croît sur les murs et les rochers dans le Midi. Elle est commune sur les murs, à Grenoble.

29. LINAIRE A FEUILLES ROUGES (*L. rubrifolia*, DC. suppl. 2651a).

Tige grêle, rameuse, droite, pubescente dans le haut; feuilles radicales, ovales, glabres, rétrécies en pétiole, légèrement charnues, rouges en dessous; les caulinaires oblongues, pubescentes; fleurs bleues, avec deux taches jaunes, longuement pédicellées; éperon grêle. ⊙. Environs de Montpellier et de Marseille. L'*antirrhinum villosum*, L., les *antirrhinum crassifolium* et *tenellum*, WILLD., l'*antirrhinum littorale*, BERNH., sont voisins des deux précédens, mais ne se trouvent point en France. M. De Candolle a formé de ce groupe un genre sous le nom de *Chænorrhinum*.

30. LINAIRE NAINE (*L. minor*, L. sp. 852).

Tige velue, rameuse, visqueuse, haute de 8-10 pouces; feuilles inférieures, opposées, lancéolées, obtuses, entières, celles du sommet alternes; fleurs d'un blanc purpurin, en grappes feuillées; divisions calicinales, obtuses, velues. ⊙. Croît dans les champs sablonneux.

*** *Toutes les feuilles alternes.*

31. LINAIRE VULGAIRE (*L. vulgaris*, DESF. *Antirrhinum linaria*, L.).

Tige haute de 2 pieds, glabre, rameuse; feuilles glauques, glabres, linéaires-lancéolées, rapprochées; fleurs jaunes, à gorge safranée, en épis fournis, terminaux; éperon droit, très long. ♃. Commune dans les terrains sablonneux, humides, etc.

32. LINAIRE A FEUILLES DE GENÊT (*L. genistifolia*, L. sp. 858).

Tiges paniculées, effilées, flexueuses, hautes de plus

de 2 pieds ; feuilles assez grandes, lancéolées, pointues ; fleurs jaunes, à palais hérissé. ♃. Habite les
Alpes, l'Alsace. (Rare.) Les *antirrhinum sparteum*,
bipunctatum, *triornithophorum*, L., croissent en Espagne et Portugal ; le *dalmaticum*, L., en Dalmatie
et Carinthie ; les *A. hirtum*, *linifolium*, *glaucum*, *mul-
ticaule*, L., habitent l'Italie.

Genre MUFLIER (*Antirrhinum*, LINNÉ).

Ce genre a été démembré du précédent par M. Des-
fontaines, parce que la fleur n'est pas éperonnée, mais
seulement bossue à sa base, et que sa capsule, qui est
oblique, s'ouvre au sommet par trois trous. (Voyez
Atl., pl. 58, fig. 2.)

Espèce 1. MUFLIER A GRANDE FLEUR (*Antirrhinum
majus*, L. sp. 859).

Tige dressée, rameuse, pubescente dans le haut ;
feuilles glabres, linéaires-lancéolées, sessiles, ou finissant en un pétiole court ; fleurs grandes, purpurines
ou blanches, à gorge jaune, en épi terminal ; divisions
du calice ovales, obtuses. ♂. Croît sur les vieux murs
et les rochers. On le cultive sous le nom de *gueule
de lion*.

2. MUFLIER TÊTE DE MORT (*A. orontium*, L. sp. 860).

Tige peu rameuse, haute d'un pied ; feuilles glabres,
étroites, sessiles, linéaires-lancéolées ; fleurs petites,
purpurines, solitaires, axillaires, écartées ; divisions
du calice linéaires, plus longues que la corolle. ☉.
Croît dans les champs.

3. MUFLIER TOUJOURS VERT (*A. sempervirens*, LAPEYR.
fl. pyr. 1. p. 7).

Tiges couchées, diffuses, velues, grisâtres ; feuilles
persistantes, ovales, velues ; fleurs assez grandes, d'un
blanc purpurin ; pédoncules axillaires. ♄. Pyrénées.

4. MUFLIER MOLLET (*A. molle*, L. sp. 860).

Tiges diffuses et très velues ; feuilles blanchâtres,

veloutées, ovales, très obtuses; fleurs grandes, purpurines. ♃. Alpes. (Très rare.)

5. MULLIER A FEUILLES D'ASARET (*A. asarinum*, L.
sp. 860).

Tiges couchées, rameuses, velues; feuilles pétiolées, velues, arrondies, crénelées, échancrées en
cœur; fleurs grandes, axillaires, d'un blanc rougeâtre.

Genre ANARRHINE-(*Anarrhinum*, DESF. *Antirrhinum*, L.).

Calice à 5 divisions; corolle tubuleuse, tantôt épe-
ronnéé, tantôt seulement renflée à sa base, à gorge
ouverte, dépourvue de palais; capsule arrondie s'ouvrant par deux trous apicaux.

Espèce. ANARRHINE A FEUILLES DE PAQUERETTE (*Anarrhinum bellidifolium*, L. mant. 417).

Tige grêle, rameuse, dressée; feuilles radicales,
ovales-lancéolées, obtuses, dentées; caulinaires divisées à leur base en 3-4 découpures linéaires; fleurs
très petites, mêlées de blanc et de violet, en épis
grêles. ♂. Croît dans les provinces méridionales.

Genre DIGITALE (*Digitalis*, LIN.).

Calice partagé en 5 divisions inégales; corolle en
cloche, ventrue, à 4 lobes obliques, inégaux; capsule
ovale, à 2 loges polyspermes.

Espèce 1. DIGITALE POURPRÉE (*Digitalis purpurea*,
L. sp. 866).

Tige simple, peu rameuse, velue, haute de 2-3
pieds; feuilles ovales-lancéolées, velues, un peu obliques, finissant en pétiole décurrent; fleurs rouges,
tigrées de blanc, en épi terminal, unilatéral; corolle
obtuse, à lèvre supérieure entière. ♂. Croît dans les
bois un peu montueux : je ne l'ai pas vue dans les
Alpes. La digitale est un puissant diurétique, et jouit

à un haut degré de la propriété de modérer la cir-
culation. La *digitalis thapsi*, L., qui a les feuilles
très cotonneuses et décurrentes, croît en Espagne.

2. DIGITALE ROUGEATRE (*D. purpurascens*, PERS.
ench. 2. p. 162).

Tige simple, pubescente ; feuilles presque glabres,
pubescentes sur les nervures, un peu coriaces, lancéolées; fleurs en épi terminal; corolle nuancée de
jaune et de rougeâtre ; divisions du calice ovales-lancéolées, pubescentes. ♂. Croît dans les montagnes
de l'Auvergne et de l'Alsace. (Très rare.) M. De Candolle la regarde comme une espèce hybride.

3. DIGITALE A GRANDES FLEURS (*D. grandiflora*, LAM.
Digitalis lutea, POLL. n. 599).

Tige velue, simple; feuilles grandes, lancéolées,
embrassantes, pubescentes en dessus; fleurs grandes,
jaunes, en épi terminal; corolle ventrue, à lèvre
supérieure échancrée. ♃. Commune dans les régions
sous-alpines.

4. DIGITALE JAUNE (*D. lutea*, L. sp. 867. *D. parviflora*, LAM.).

Tige simple, dressée, glabre, haute de 2 pieds;
feuilles très glabres, semi-amplexicaules, denticulées;
fleurs jaunes, petites, en épi terminal très long; calice glabre. ♃. Alpes, Jura ; se retrouve à Fontainebleau. Très commune aux environs de Rouen.

5. DIGITALE FERRUGINEUSE (*D. ferruginea*, L. sp. 867).

Tige haute de 2 pieds, très glabre ; feuilles glabres,
sessiles, lancéolées; fleurs ferrugineuses, en épi entremêlé de bractées; corolle à lobes inférieurs aigus ;
calice à divisions oblongues très obtuses. ♃. Provence, Piémont. La *digitalis ligulata*, JAUM. ST. HIL.,
n'est peut-être qu'une variété de cette espèce. Les
digitalis obscura et *minor*, L., croissent dans l'Europe méridionale.

Genre GRATIOLE (*Gratiola*, Lin.).

Calice à 5 divisions ; corolle tubuleuse , à 2 lèvres peu distinctes , la supérieure échancrée , l'inférieure trilobée.; 4 étamines, dont 2 stériles ; capsule ovoïde , biloculaire, polysperme.

Espèce. GRATIOLE OFFICINALE (*Gratiola officinalis*, · L. sp. 24).

Tiges simples , hautes de 10-15 pouces , glabres ; feuilles presque connées, lancéolées, dentées en scie , trinervées ; fleurs d'un blanc purpurin, axillaires ; pédoncules filiformes. ♃. Croît dans les prairies marécageuses.

Genre LINDERNIE (*Lindernia*, Lin.).

Calice à 5 divisions ; corolle tubuleuse, courte, à 2 lèvres, la supérieure échancrée, l'inférieure trilobée ; 4 étamines fertiles ; capsule uniloculaire, polysperme.

Espèce. LINDERNIE PYXIDAIRE (*Lindernia pyxidaria*, L. mant. 252).

Port de l'*anagallis;* tiges étalées, longues de 2-4 pouces, glabres ; feuilles sessiles , opposées, entières, trinervées, ovales ; fleurs petites, purpurines, axillaires. ⊙. Cette petite plante croît dans les marais spongieux du centre et de l'Ouest. (Assez rare.)

Genre LIMOSELLE , *Limosella*, Lin.).

Calice à 5 divisions ; corolle très petite, à 5 divisions ; 4 étamines fertiles ; capsule bivalve, souvent à 2 loges polyspermes.

Espèce. LIMOSELLE AQUATIQUE (*Limosella aquatica*, L. sp. 881).

Très petite plante à feuilles lancéolées - spatulées, pétiolées ; plus longues que les pédoncules , qui sont radicaux, inégaux et uniflores ; fleurs très petites, blanchâtres. ⊙. Croît sur le bord des mares.

FAMILLE 66. UTRICULARIÉES (*Utricularieæ*, Juss.).

Calice à 2-5 divisions; corolle monopétale, irrégulière, éperonnée et partagée en deux lèvres irrégulières; 2 étamines à anthères uniloculaires; ovaire
supère, surmonté d'un style à stigmate bilobé; capsule
uniloculaire, polysperme; graines attachées à un trophosperme central. Plantes aquatiques herbacées.

Genre UTRICULAIRE (*Utricularia*).

Calice de deux folioles égales et caduques; corolle
labiée; 2 étamines; éperon allongé; capsule globuleuse.

Espèce 1. UTRICULAIRE COMMUNE (*Utricularia vulgaris*, L. sp. 26).

Plante aquatique, à feuilles submergées, chargées
d'un grand nombre de vésicules, multifides; folioles
à découpures capillaires; fleurs jaunes, de 4-10 sur
des pédoncules alternes; hampe s'élevant à 4-8 pouces
au-dessus de l'eau; lèvre supérieure entière; éperon conique, à pointe mousse, de la longueur de la
fleur. ♃. Croît dans les mares et les fossés pleins
d'eau.

2. UTRICULAIRE MOYENNE (*U. intermedia*, SCHR.
journ. bot. 1800. p. 18).

Diffère de la précédente par sa taille plus petite,
par ses fleurs moitié plus petites, et par son éperon gros,
court, obtus, un peu moins long que la fleur. ♃. Fossés
inondés. Très commune aux environs de Rouen.

3. UTRICULAIRE NAINE, (*U. minor*, L. sp. 26).

Diffère de la *vulgaris* par sa taille beaucoup plus
petite, et surtout par sa fleur de moitié plus petite,
dont la lèvre supérieure est bifide. ♃. Croît dans les
mares. (Rare.) Je l'ai reçue des Vosges et de l'Alsace.

Genre GRASSETTE (*Pinguicula*, Lin,).

Calice en cloche, à 5 divisions; corolle éperonnée, partagée en deux lèvres, la supérieure plus grande, trilobée; l'inférieure plus petite, bilobée; stigmate à 2 lames; capsule indéhiscente, uniloculaire, polysperme; fleurs ressemblant à une violette.

Espèce 1. GRASSETTE COMMUNE (*Pinguicula vulgaris*, L. sp. 25).

Feuilles toutes radicales, étalées en rosette, ovales-oblongues, grasses au toucher, d'un vert jaunâtre; hampes grêles, longues de 2-4 pouces; fleur solitaire, d'un bleu violet; lèvre supérieure à 2 lobes aigus. ♃. Prés marécageux.

2. GRASSETTE A GRANDE FLEUR (*P. grandiflora*, Lam. D. 3. p. 22).

Diffère de la précédente par sa fleur purpurine une à deux fois plus grande, et à lobes de la lèvre supérieure larges et arrondis au sommet. ♃. Alpes du mont de Lans, du Piémont, Pyrénées. (Rare.)

3. GRASSETTE DES ALPES (*P. Alpina*, L. sp. 25).

Diffère de la *vulgaris* par sa fleur beaucoup plus grande, d'un blanc purpurin à gorge jaune, par son éperon courbé et sa capsule terminée en bec. ♃. Croît dans les Alpes, près des neiges éternelles. Je l'ai recueillie au mont Bovinant.

4. GRASSETTE DE PORTUGAL (*P. Lusitanica*, L. sp. 25).

Feuilles glabres, ovales, réticulées; hampes très grêles, pubescentes; fleurs petites, couleur de chair; éperon renflé au sommet; capsule globuleuse. ☉. Croît dans les marais tourbeux des provinces de l'Ouest. La *pinguicula villosa*, L., est voisine de cette espèce.

FAMILLE 67. RHINANTHACÉES (*Rhinantha-ceæ*, DC. PÉDICULAIRES, Juss.).

Calice monosépale, persistant, divisé en un nombre variable de lobes; corolle plus ou moins irrégulière, souvent bilobée; 2, 4 ou 8 étamines, le plus souvent 4, dont 2 plus courtes; anthères munies dans beaucoup de genres de soies épineuses à leur base; ovaire simple, supère, surmonté d'un style à stigmate simple, rarement bilobé; fruit capsulaire, bivalve, polysperme, quelquefois biloculaire; périsperme charnu; embryon droit; fleurs axillaires ou en épis axillaires et terminaux. Plantes herbacées ou frutescentes, à feuilles opposées ou alternes. Les plantes de cette famille paraissent contenir un principe particulier, qui leur donne une couleur noire quand elles sont sèches.

Genre VÉRONIQUE (*Veronica*, LIN.).

Calice à 4, rarement à 5 divisions; corolle en roue, à 4 divisions inégales; 2 étamines; capsule bivalve-polysperme, comprimée, globuleuse, obcordée ou ovale.

* *Fleurs en grappes ou épis terminaux.*

Espèce 1. VÉRONIQUE EN ÉPIS (*Veronica spicata*, L. sp. 14).

Tige peu rameuse, haute de 10-15 pouces; feuilles opposées, obtuses, molles, velues, crénelées, très entières au sommet; fleurs d'un beau bleu, en longs épis terminaux. ♃. Lieux sablonneux, un peu montueux.

2. VÉRONIQUE A FEUILLES LONGUES (*V. longifolia*, L. sp. 13).

Tige simple, dressée, haute de 1-2 pieds; feuilles opposées ou verticillées, lancéolées, acuminées, dentées en scie, blanchâtres, les inférieures légèrement pétiolées; fleurs roses, en épi, paniculées. ♃. Croît en Alsace; se retrouve à Fontainebleau.

3. VÉRORIQUE DE PONA (*V. Ponæ*, GOUAN. ill.
p. 1. t. 1).

Tiges simples, hautes de 4-8 pouces; feuilles opposées, sessiles, cordiformes - ovales, dentées, velues,
blanchâtres en dessous; fleurs bleues, en épi terminal. ♃. Pyrénées.

4. VÉRONIQUE FRUTICULEUSE (*V. fruticulosa*, L.
sp. 15).

Tiges grêles, un peu ligneuses, longues de 6-10
pouces; feuilles lancéolées-ovales, un peu dentées,
acuminées, glabres; fleurs roses, en une espèce de
corymbe lâche. ♃. Croît dans les Alpes et les Pyrénées, au moins à 10-15 cents toises.

5. VÉRONIQUE DES ROCHERS (*V. saxatilis*, L. f. suppl.
83).

Tiges couchées, grêles, un peu ligneuses, hautes
de 6-8 pouces; feuilles opposées, elliptiques, obtuses,
glabres, entières ou à peine dentées; fleur d'un beau
bleu, en petit bouquet corymbiforme. ♃. Commune
dans les hautes montagnes. Probablement une variété
de la précédente.

6. VÉRONIQUE NUMMULAIRE (*V. nummularia*, GOUAN.,
ill. 1. p. 1).

Tiges couchées, longues de 6-10 pouces, ligneuses;
feuilles arrondies-ovales, rapprochées; fleurs bleues,
en grappe courte. ♃. Pyrénées orientales. Je l'ai reçue
de Cambre-d'Ase.

7. VÉRONIQUE A FEUILLES DE PAQUERETTE (*V. bellidioides*, L. sp. 15).

Tiges droites, un peu couchées à la base; feuilles
inférieures étalées en rosette, dures, velues, ovales-
spatulées, un peu crénelées au sommet; caulinaires peu
nombreuses; fleurs petites, bleuâtres, en petites grappes terminales. ♃. Habite les prairies des plus hautes montagnes. Je l'ai cueillie sur le Galibier.

8. VÉRONIQUE DES ALPES (*V. Alpina*, L. sp. 15).

Tige simple, couchée à la base, velue, haute de 2-3 pouces; feuilles un peu velues, oblongues-lancéolées, pointues, denticulées ou entières; fleurs petites, bleuâtres, en petite grappe terminale; calices très velus. Commune dans les Alpes et les Pyrénées.

9. VÉRONIQUE SERPOLLET (*V. serpyllifolia*, L. sp. 15).

Tige couchée, glabre, un peu rampante, longue de 1-4 pouces; feuilles glabres, les inférieures ovées, obtuses, opposées, crénelées, les supérieures alternes; fleurs d'un blanc-bleuâtre, en épi terminal. ♃. Croît au bord des champs. La *veronica tenella*, ALL., a les fleurs purpurines et les feuilles un peu pétiolées. Elle croît en Piémont.

** *Fleurs à pédoncules uniflores; solitaires.*

10. VÉRONIQUE ACINOS (*V. acinifolia*, L. sp. 19).

Tiges hautes de 2-4 pouces; feuilles inférieures ovées, glabres, crénelées, rouges en dessous, les supérieures entières, lancéolées; fleurs bleues, pédonculées, solitaires; capsule aplatie. ⊙. Croît au printemps, dans les champs d'une grande partie de la France.

11. VÉRONIQUE VOYAGEUSE (*V. peregrina*, L. sp. 20).

Tige très rameuse, dressée, glabre, haute de 6-10 pouces; feuilles glabres, linéaires-oblongues, obtuses, très entières ou à peine dentées; fleurs bleues, axillaires. ⊙. Croît dans les lieux cultivés, dans le Midi.

12. VÉRONIQUE PRÉCOCE (*V. præcox*, ALL. auct. 5. t. 1).

Pubescente; tige droite, rameuse, étalée; longue de 2-4 pouces; feuilles cordiformes, pétiolées, à dents profondes, les supérieures entières, rouges en dessous; fleurs solitaires, d'un bleu vif; capsule ventrue. ⊙. Environs de Paris, Provence, Languedoc.

13. VÉRONIQUE PRINTANIÈRE (*V. verna*, L. sp. 19).

Tige velue, simple, haute de 2-5 pouces; feuilles velues, les inférieures ovales, dentées, les moyennes digitées, les supérieures linéaires; fleurs d'un bleu pâle; capsule comprimée. ⊙. Lieux arides, sablonneux, au premier printemps.

14. VÉRONIQUE DIGITÉE (*V. digitata*, VAHL. symb. 1. p. 2).

Faciès de l'*ajuga chamœpitis*; tige simple, dressée, haute de 2-5 pouces; feuilles à divisions linéaires-digitées; fleurs bleues, solitaires, plus courtes que les feuilles. ⊙. Environs de Montpellier; Espagne.

15. VÉRONIQUE AGRESTE (*V. agrestis*, L. sp. 18).

Tiges velues, rameuses, grêles, étalées; feuilles en cœur, crénelées, plus courtes que le pédoncule, qui se renverse; fleurs bleues. ⊙. Commune dans les champs et les jardins.

16. VÉRONIQUE GENTILLE (*V. pulchella*, BAST. fl. m. Lois.).

Diffère de l'*agrestis* par sa fleur blanche, par sa taille plus grande, par ses feuilles moins velues, de la longueur de la fleur. ⊙. Environs d'Angers.

17. VÉRONIQUE DE BUXBAUME (*V. Buxbaumii*, TEN. fl. nep. 1. 74).

Tiges velues, étalées; feuilles velues, ovales-arrondies, un peu cordiformes, crénelées; fleurs d'un bleu vif, trois fois plus longues que les feuilles; capsule comprimée, ciliée. ⊙. Environs de Toulon, de Montpellier et de Toulouse; Italie.

18. VÉRONIQUE DES CHAMPS (*V. arvensis*, L. sp. 18).

Tiges velues, dressées; feuilles sessiles, les inférieures en cœur, opposées et crénelées, les supérieures alternes, lancéolées; plus longues que les fleurs;

fleurs d'un bleu pâle, solitaires, en une sorte d'épi. ☉.
Commune dans les champs. La *veronica polyanthos*,
THUIL., est une variété très garnie de fleurs.

19. VÉRONIQUE A TROIS LOBES (*V. triphyllos*, L. sp. 19):

Tige rameuse, velue, dressée, haute de 2-6 pouces;
feuilles inférieures cordiformes, dentées, les supérieures partagées en 3-5 lobes linéaires, obtus, profonds, plus courts que les pédoncules; fleurs d'un bleu
vif. ☉. Croît dans les champs sablonneux au printemps.

20. VÉRONIQUE LIERETTE (*V. hederæfolia*, L. sp. 19).

Tiges couchées, diffuses, chargées de quelques
poils rares; feuilles inférieures cordiformes, dentées,
les supérieures partagées en 3-5 lobes profonds, obtus,
plus courts que le pédoncule; fleurs bleues; capsules
globuleuses; graines grosses. ☉. Très commune dans
les champs, au printemps.

21. VÉRONIQUE CYMBALAIRE (*V. cymbalaria*, LOIS.
not. p. 4).

Tiges couchées, peu velues; feuilles inférieures
ovales, caulinaires à plusieurs lobes; fleurs blanches,
plus longues que les feuilles; capsule globuleuse, hérissée; divisions calicinales écartées du fruit. ☉. Croît
dans les lieux cultivés, en Provence et en Italie.

22. VÉRONIQUE RAMPANTE (*V. repens*, DC. synops.
2407 ª).

Tige couchée, glabre, rampante; feuilles glabres,
entières, ovales-arrondies, aussi longues que les fleurs;
fleurs petites, bleuâtres, solitaires. ☉? Croît dans
les montagnes de la Corse.

*** *Fleurs en grappes ou épis axillaires.*

23. VÉRONIQUE PETIT CHÊNE (*V. chamædris*, L.
sp. 17).

Tiges rameuses, couchées à la base, longues de 6-12
pouces, garnies de deux rangs de poils opposés; feuilles

cordiformes - ovales, sessiles, rugueuses, dentées ; fleurs bleues, assez grandes, en grappe, ♃. Commune dans les haies, les prairies.

24. VÉRONIQUE DE MONTAGNE (*V. montana*, L. sp. 17).

Tiges couchées, presque rampantes, velues ; feuilles pétiolées, ovales, velues, grossièrement dentées ; fleurs bleues, en grappes latérales peu fournies. ♃. Croît dans les bois ombragés.

25. VÉRONIQUE A FEUILLES D'ORTIE (*V. urticæfolia*, L. f. supp'. 83).

Tiges velues, droites, hautes de 10-15 pouces ; feuilles cordiformes, sessiles, grandes, dentées en scie ; fleurs d'un blanc rougeâtre, en grappes longues. ♃. Croît dans les bois des Alpes et du Jura ; je l'ai trouvée abondamment à la Grande-Chartreuse.

26. VÉRONIQUE A LARGES FEUILLES (*V. latifolia*, L. sp. 18).

Tiges dressées, hautes de 4-8 pouces, velues ; feuilles ovales, sessiles, subcordiformes, à dents très marquées ; fleurs assez grandes, d'un beau bleu, en grappes bien fournies. ♃. Alsace, Allemagne.

27. VÉRONIQUE TEUCRIETTE (*V. teucrium*, L. sp. 16).

Tiges dures, presque ligneuses, couchées à la base, velues, hautes de 3-8 pouces ; feuilles inférieures ovales, un peu pétiolées, les supérieures plus étroites, dentées ou un peu pinnatifides ; fleurs assez grandes, bleues, striées de rouge, en grappes lâches, latérales. ♃. Côteaux calcaires.

28. VÉRONIQUE COUCHÉE (*V. prostrata*, L. sp. 22).

Tige couchée, rameuse, longue de 2-4 pouces ; feuilles peu velues, linéaires, presque entières ; fleurs bleues, en grappes lâches ; bractées glabres. ♃. Habite les lieux chauds et pierreux des Alpes : elle se retrouve à Fontainebleau. (Peu distincte de la précédente.)

29. Véronique a écusson (*V. scutellata*, L. sp. 16).

Tige glabre, quelquefois velue, très grêle, un peu rampante ; feuilles opposées, linéaires - pointues, entières, ordinairement glabres ; fleurs d'un bleu-rougeâtre pâle ; fruits très échancrés. ♃. Croît dans les marais, au bord des étangs.

30. Véronique mouron (*V. anagallis*, L. sp. 16).

Tige droite, haute de 1-2 pieds ; feuilles opposées, demi-embrassantes, lancéolées, grandes ; dentées, glabres ; fleurs violâtres, en grappes latérales. ♃. Commune dans les fossés et les eaux stagnantes.

31. Véronique beccabunga (*V. beccabunga*, L. sp. 16).

Tiges tendres, rameuses, glabres ; feuilles opposées, demi-embrassantes, épaisses, grandes, arrondies-ovales ; fleurs bleues, en grappes latérales. ♃. Commune dans les ruisseaux, etc. Le *beccabunga* est antiscorbutique.

32. Véronique officinale (*V. officinalis*, L. sp. 14).

Tige velue, couchée, rameuse, longue de 6-12 pouces ; feuilles opposées, ovales, velues, atténuées à leur base, dentées ; fleurs d'un bleu pâle, en épis latéraux. ♃. Commune dans les bois. Cette plante, appelée vulgairement *thé d'Europe*, *véronique mâle*, est employée comme stomachique, vulnéraire.

33. Véronique d'Allioni (*V. Allionii*, Vill. dauph. *Veronica off. β*, L.).

Tiges glabres, couchées, rameuses, étalées ; feuilles glabres, opposées, ovales, un peu obtuses, dentées ; fleurs bleues, en épis latéraux géminés. ♃. Croît dans les Alpes du Piémont et du Dauphiné. Je l'ai cueillie dans les Alpes du Mont de Lans : elle se retrouve dans les Pyrénées.

34. VÉRONIQUE. SANS FEUILLES CAULINAIRES (*V.* *aphylla*, L. sp. 14).

Petite plante haute de 1-2 pouces; feuilles étalées en rosette, ovales, obtuses, ciliées à leur base; pédoncule nu, axillaire; fleurs bleues, en petit corymbe serré. ♃. Alpes du Dauphiné, de la Savoie; Pyrénées. ~

Genre SIBTHORPE (*Sibthorpia*, LINNÉ).

Calice turbiné, à 5 divisions; corolle en roue, à limbe à 5 lobes égaux; 4 étamines didynames; stigmate en tête; capsule comprimée, orbiculaire, à deux loges polyspermes. (Voyez *Atl.*, pl. 55, fig. 1.)

Espèce 1. SIBTHORPE D'EUROPE (*Sibthorpia Europæa*, L. sp. 880).

Petite plante grêle, filiforme, rampante, velue; feuilles réniformes, arrondies, lobées, portées sur des pétioles velus; fleurs petites, axillaires, d'un jaune-rougeâtre, solitaires, presque sessiles. ♃. Croît dans les terrains humides de la France occidentale.

Genre EUPHRAISE (*Euphrasia*, LINNÉ).

Calice à 4 divisions; corolle tubuleuse à deux lèvres, la supérieure échancrée, l'inférieure à trois lobes égaux; 4 étamines didynames; capsule ovale, comprimée.

Espèce 1. EUPHRAISE OFFICINALE (*Euphrasia officinalis*, L. sp. 841).

Tiges simples ou rameuses, hautes de 2-6 pouces; feuilles ovales, à dents aiguës; fleurs blanches, à gorge jaune, axillaires; étamines non saillantes; lèvre inférieure à lobes échancrés. ☉. Commune dans les prairies arides.

2. EUPHRAISE DES ALPES (*E. Alpina*, LAM. D. 2. p. 400).

, Se distingue de l'officinale par ses feuilles très découpées, à dents longues, terminées en pointe acérée, par sa tige plus rameuse et ses fleurs plus grandes. ⊙. Alpes du Dauphiné, du Piémont.

3. EUPHRAISE NAINE (*E. minima*, SCHLEICH. cat. p. 22).

Tiges peu rameuses, hautes de 1-4 pouces., très grêles; feuilles petites, ovales-obtuses, crénelées, les supérieures à dents aiguës; fleurs jaunes, très petites; corolle à lèvre inférieure-courte. ⊙. Prairies des Alpes, de l'Auvergne, des Pyrénées. Ces deux dernières ne sont peut-être que des variétés de l'*officinalis*.

4. EUPHRAISE A LARGES FEUILLES (*E. latifolia*, L. sp. 841).

Tige pubescente; simple, haute de 4-6 pouces; feuilles inférieures opposées, palmées-dentées; fleurs purpurines, tubuleuses, en épis terminaux; lèvre inférieure à lobes obtus. ⊙. Croît dans les pâturages de la France méridionale.

5. EUPHRAISE DENTÉE (*E. odontites*, L. sp. 841).

Tige rameuse, anguleuse, haute de 6-12 pouces; feuilles opposées, velues, lancéolées-dentées; fleurs rouges, tubuleuses, en épis feuillés, unilatéraux, terminaux. ⊙. Croît dans les lieux incultes. Elle est très commune dans les prairies de la Normandie.

6. EUPHRAISE DU PRINTEMPS (*E. verna*, BELL. app. fl. ped.).

Distincte de la précédente, par ses feuilles plus longues, plus dentées, et surtout par ses fleurs munies de bractées plus longues que les fleurs. Elle fleurit au printemps. ⊙. Croît en Roussillon et en Italie.

7. EUPHRAISE DE CORSE (*E. Corsica*, LOIS. fl. gall.
2. p. 367).

Tige rameuse, grêle, hérissée, haute de 3-4 pouces ;
feuilles opposées inférieurement, linéaires, très entières ; fleurs petites, jaunes, axillaires, en petites
grappes terminales. ☉. Montagnes de la Corse.

8. EUPHRAISE VISQUEUSE (*E. viscosa*, L. mant. 86).

Tige branchue, hérissée de petits poils visqueux,
d'une odeur suave ; feuilles étroites, entières, linéaires-
lancéolées ; fleurs jaunes, en épis terminaux ; calice
visqueux. ☉. Provinces méridionales, Dauphiné.

9. EUPHRAISE A FEUILLES DE LIN (*E. linifolia*, L.
sp. 842).

Tige branchue, très glabre, haute de 6-10 pouces ;
feuilles inférieures linéaires, étroites, entières ; fleurs
jaunes, en longs épis terminaux ; calices glabres. ☉.
France méridionale : je l'ai recueillie à Briançon.

10. EUPHRAISE JAUNE (*E. lutea*, L. sp. 842).

Tige rameuse, haute de 6-10 pouces, pubescente ;
feuilles lancéolées, dentelées, les supérieures presque
entières ; fleurs d'un jaune foncé, nombreuses, en
longs épis terminaux. ☉. Croît en Dauphiné et dans
tous les pays de montagnes.

Genre BARTSIE (*Bartsia*, LINNÉ).

Calice à 4 lobes colorés ; corolle labiée, la supérieure concave, l'inférieure trilobée ; anthères cotonneuses ; capsule ovoïde, comprimée.

Espèce 1. BARTSIE EN ÉPI (*Bartsia spicata*, RAM.
bull. ph. n. 42).

Tige simple, velue, dressée, haute de 4-8 pouces ;
feuilles opposées, cordiformes, à dents obtuses, éloignées ; fleurs violettes, en épi allongé. ♃. Pyrénées.

2. BARTSIE DES ALPES (*B. Alpina*, L. sp. 839).

Tige simple, très velue, dressée, haute de 6 pou-ces; feuilles opposées ovales-cordiformes, à dents obtuses, rapprochées; fleurs violettes, en épi feuillé. ♃. Pâturages humides des hautes montagnes.

3. BARTSIE TRIXAGO (*B. trixago*, L. sp. 602).

Tige simple, hérissée; feuilles lancéolées, pointues, dentées, rapprochées, opposées en croix; fleurs jau-nâtres, axillaires, en épi terminal. ⊙. Provinces méri-dionales. Le *bartsia trixago*, ALL., est une autre plante qui croît en Italie. La *B. versicolor*, DC., est indiquée en Provence.

4. BARTSIE GRANDE (*B. maxima*, DC. synop. 2439ª).

Tige rameuse, pubescente; feuilles lancéolées-oblongues, à dents obtuses, les inférieures opposées, les supérieures alternes; fleurs en épis foliacés, ter-minaux. ⊙. Croît dans les pâturages des environs d'Antibes et en Corse.

5. BARTSIE VISQUEUSE (*B. viscosa*, L. sp. 839).

Tige simple, pubescente, haute de 6-12 pouces; feuilles sessiles, lancéolées, dentées, ridées, acumi-nées; fleurs assez grandes, jaunes, axillaires, en épi foliacé terminal. ⊙. Croît dans les prairies, en Pro-vence. Elle se retrouve en Bretagne, Anjou et Basse-Normandie.

6. BARTSIE BICOLORE (*B. bicolor*, DC. ic. gall. rar. p. 4).

Tige simple, velue, haute de 4-6 pouces; feuilles pubescentes, opposées, linéaires-lancéolées, à dents profondes; fleurs en épi terminal, court; corolle jaune, à lèvre supérieure violette. ⊙. Croît à Belle-Ile en mer. DC.

Genre RHINANTHE (*Rhinanthus*, LINNÉ).

Calice renflé, à 4 divisions; corolle comprimée, à 2 lèvres, la supérieure en casque, l'inférieure plane,

trilobée ; capsule comprimée, obtuse ; à 2 loges polyspermes. (Voyez *Atl.*, pl. 55, fig. 2.)

Espèce. RHINANTHE CRÈTE DE COQ (*Rhinanthus crista
galli*, L. sp. 840. *Rh. glabra*, LAM.).

Tige tétragone, maculée, glabre, haute de 6-15
pouces ; feuilles lancéolées, dentées en scie, sessiles,
rugueuses ; fleurs jaunes, en épi terminal. ⊙. Commun dans les prairies, au mois de juillet. Le *Rh. hirsuta*, LAM., est une variété à calice velu et à lèvre
inférieure tachée. Le *Rh. trixago*, L., ne croît point
en France.

Genre PÉDICULAIRE (*Pedicularis*, LINNÉ).

Calice renflé, à 5 divisions ; corolle tubuleuse, à
2 lèvres, la supérieure comprimée, en casque, l'inférieure plane, trilobée ; capsule arrondie, comprimée,
à 2 loges polyspermes.

* Fleurs rouges.

Espèce 1. PÉDICULAIRE DES MARAIS (*Pedicularis palustris*, L. sp. 845).

Tige dressée, rameuse, haute de 1-2 pieds ; feuilles
pinnées, à folioles pinnatifides, dentées ; fleurs rouges,
axillaires ; calice renflé, rugueux, divisé en deux,
lacinié en forme de crête ; lèvre supérieure de la corolle obtuse. ⊙. Croît dans les prés marécageux.

2. PÉDICULAIRE DES FORÊTS (*P. sylvatica*, L. sp. 845).

Tige couchée, très rameuse ; feuilles pinnées, à folioles ovales, à dents aiguës ; fleurs rouges, rarement
blanches, axillaires ; calice enflé, rugueux, à 5 divisions ; lèvre supérieure de la corolle grêle, trois fois
plus longue que le calice, bidentée. ⊙. Croît dans les
bois et les prairies un peu humides.

3. PÉDICULAIRE VERTICILLÉE (*P. verticillata*, L.
sp. 846).

Tiges simples, dressées, hautes de 2-6 pouces ;

feuilles pinnatifides, quaternées, à folioles oblongues, obtuses, dentées ; fleurs rouges, en épi terminal ; calice hérissé, à 5 divisions courtes ; lèvre supérieure de la corolle très obtuse ; capsule double du calice. ⊙. Alpes du Dauphiné, de la Savoie, Vosges, Pyrénées.

4. PÉDICULAIRE TRONQUÉE (*P. recutita*, L. sp. 846).

Tige glabre, simple, longue de 8-10 pouces ; feuilles profondément pinnatifides, à folioles ovales, à dents aiguës ; fleurs rouges, en épi serré, feuillé à la base ; lèvre supérieure de la corolle très obtuse, sans dents ; calice glabre, à 5 dents. ♃. Prairies humides des hautes Alpes.

5. PÉDICULAIRE INCARNATE (*P. incarnata*, JACQ. aust. t. 140).

Tiges droites, simples, hautes de 6-8 pouces ; feuilles profondément pinnatifides, à folioles linéaires-lancéolées, à dents inégales ; fleurs d'un rouge-incarnat, en épi serré, terminal ; corolle à lèvre supérieure, courbée en faulx ; calice fortement hérissé de poils blancs. ♃. Alpes du Piémont, du Dauphiné, de la Suisse ; je l'ai recueillie sur les Alpes qui séparent la Savoie de la France. La *pedicularis atrorubens*, SCHL., a la fleur d'un rouge foncé, le calice velu et la corolle tronquée. Elle habite le mont Saint-Bernard.

6. PÉDICULAIRE A BEC (*P. rostrata*, L. sp. 845).

Tige glabre, simple, un peu couchée à la base ; feuilles pinnées, à folioles oblongues, pinnatifides, dentées ; fleurs purpurines, en épi un peu lâche ; corolle à lèvre supérieure, à bec courbé et tronqué ; calice à lobes dentés, velu. ♃. Assez commune dans les Alpes et les Pyrénées.

7. PÉDICULAIRE ARQUÉE (*P. giroflexa*, WILLD. sp. 3. p. 218).

Tige glabre, un peu couchée à la base ; feuilles

pinnées, à folioles profondément pinnatifides, obtuses ;
fleurs purpurines, en épi ; corolle à lèvre supérieure
en bec, bidentée ; calice glabre. ♃. Alpes du Dauphiné et de la Provence.

8. Pédiculaire rose (*P. rosea*, Jacq. ic. rar.
1. t. 115).

Tige peu feuillée, cotonneuse au sommet. haute
de 6-8 pouces ; feuilles pinnées, à folioles linéaires-
pinnatifides, aiguës ; fleurs roses, en épi serré ; lèvre
supérieure de la corolle très obtuse. ♃. Hautes-Alpes.
Je l'ai cueillie dans les hautes Alpes du Dauphiné.

9. Pédiculaire fasciculée (*P. fasciculata*, Willd.
sp. 3. p. 218).

Racine fasciculée ; tige simple, haute de 8-12 pouces ; feuilles pinnées, à folioles profondément pinnatifides, linéaires dentées ; fleurs rouges, en épi ; lèvre
supérieure crochue, tridentée. ♃. Alpes. (Très rare.)

** *Fleurs jaunes.*

10. Pédiculaire tubéreuse (*P. tuberosa*, L.
sp. 847).

Variable ; tiges dressées, velues, peu feuillées,
hautes de 8-12 pouces ; feuilles pinnées, à folioles profondément pinnatifides, dentées ; fleurs jaunes, en épi
mélangé de bractées ; lèvre supérieure en bec pointu ;
échancré ; calice à 5 divisions dentelées. ♃. Assez
commune dans les Hautes-Alpes et les Pyrénées.

11. Pédiculaire enflammée (*P. flammea*, L. sp. 846).

Tige glabre, petite, haute de 1-2 pouces ; feuilles
pinnées, à folioles imbriquées, ovales-obtuses, doublement dentées ; fleurs jaunes, peu nombreuses ; lèvre
supérieure marquée de deux taches d'un rouge vif. ♃.
Alpes ? (Rare.)

12. Pédiculaire chevelue (*P. comosa*, L. sp. 847).

Tige droite, haute de 8-12 pouces ; feuilles longues,

pinnées, à folioles pinnatifides, un peu dentées ; fleurs jaunes, en épi garni de feuilles à sa base ; calice à 5 dents entières ; lèvre supérieure voûtée, échancrée, bidentée. ♃. Pyrénées, Alpes de Provence, du Dauphiné. Je l'ai trouvée au Lautaret.

13. PÉDICULAIRE FEUILLÉE (*P. foliosa*, L. mant. 86).

Tige grosse, droite, haute de 1-2 pieds ; feuilles grandes, pinnatifides, à folioles lancéolées, acuminées, pinnatifides-dentées ; fleurs jaunes, en épi garni de feuilles ; lèvre supérieure velue en dessus. ♃. Prairies des montagnes.

Genre MÉLAMPYRE (*Melampyrum*, LINNÉ).

Calice tubuleux, à 4 divisions ; corolle à deux lèvres, la supérieure comprimée en casque, à bords repliés ; l'inférieure à trois lobes égaux ; capsule oblique, à deux loges, ne s'ouvrant que d'un côté, une seule graine dans chaque loge.

Espèce 1. MÉLAMPYRE CRÊTÉ (*Melampyrum cristatum*, L. sp. 842).

Tige rameuse, haute de 8-15 pouces, pubescente ; feuilles sessiles, glabres, linéaires, les inférieures entières, les supérieures pinnatifides à la base ; fleurs jaunes, mélangées de pourpre, en épi court, quadrangulaire ; bractées cordiformes, dentées, colorées. ⊙. Bois arides et sablonneux.

2. MÉLAMPYRE DES CHAMPS (*M. arvense*, L. sp. 842).

Tige dressée, rameuse, pubescente, haute de 8-12 pouces ; feuilles sessiles, linéaires-lancéolées, entières, les inférieures un peu pinnatifides ; fleurs rouges, à gorge jaune ; bractées rouges, pinnatifides. ⊙. Cette plante, appelée *faux blé, blé de vache*, croît dans les moissons.

3. MÉLAMPYRE DES FORÊTS (*M. nemorosum*, L. sp. 843).

Tige grêle, rameuse ; haute de 10-15 pouces ; feuilles larges, pointues, allongées ; fleurs jaunes,

unilatérales ; calices velus ; bractées rouges ou violettes, dentées à leur base. ⊙. Très commun depuis
Grenoble jusqu'à la Grande-Chartreuse.

4. MÉLAMPYRE DES PRÉS (*M. pratense*, L. sp. 843).

Tige grêle, tétragone, haute de 10-18 pouces, rameuse ; feuilles opposées, sessiles, lisses, lancéolées,
entières, les supérieures souvent dentées à la base ;
fleurs blanches, tachées de jaune, à limbe presque
fermé. ⊙. Croît dans les bois, les prés. Le *Melam-*
pyrum sylvaticum, L., s'en distingue par ses fleurs
plus petites, dont le tube de la corolle n'est pas blanc,
et dont le limbe est plus ouvert. Suivant la plupart
des botanistes, c'est cette dernière espèce qui est si
commune dans les bois, mais je crois que c'est au
contraire le vrai *sylvatioum* de LINNÉ qui habite les
pays de montagnes.

Genre TOZZIE (*Tozzia*, LINNÉ).

Calice court, tubuleux, à 5 dents ; corolle tubuleuse, bilabiée, à 5 divisions peu inégales ; 4 étamines
didynames ; capsule sphérique, à deux valves, à une
loge monosperme.

Espèce 1. TOZZIE DES ALPES (*Tozzia Alpina*, L.
sp. 844).

Tige tendre, faible, rameuse ; feuilles opposées,
ovales-arrondies, denticulées à la base, trinervées ;
fleurs jaunes, axillaires. ♃. Croît çà et là dans les
bois ombragés des Alpes. (Rare.)

FAMILLE 68. OROBANCHÉES (*Orobancheœ*, Juss.).

Calice à 4-8 divisions ; corolle labiée ; 4 étamines
didynames ; ovaire simple, surmonté d'un style ; capsule bivalve, uniloculaire, polysperme ; périsperme
charnu ; fleurs en épi muni de bractées. Plantes parasites, herbacées, simples, garnies d'écailles au lieu
de feuilles.

Genre CLANDESTINE (*Lathræa*).

Calice en cloche, à 4 divisions ; corolle à deux lèvres, la supérieure en casque, l'inférieure trilobée ; ovaire glanduleux à la base. Plantes parasites, devenant très noires par la dessiccation.

Espèce 1. CLANDESTINE ÉCAILLEUSE (*Lathræa squam-maria*, L. sp. 844).

Tige dressée ; écailleuse dans le bas, glabre, d'un jaune-noirâtre, haute de 2-6 pouces ; fleurs de la couleur de la plante, pédonculées, penchées, en épi entremêlé de bractées. ♃.. Croît çà et là dans les bois ombragés. Dans certaines années, il y a des forêts où elle est très commune, tandis que l'on est quelquefois cinq ou six ans sans en retrouver un seul échantillon.

2. CLANDESTINE CACHÉE (*L. clandestina*, L. sp. 843).

Tige rameuse, cachée dans la terre ou sous la mousse, écailleuse, rameuse ; fleurs bleuâtres, dressées. ♃. Cette plante croît dans les forêts ombragées de l'ouest de la France.

Genre OROBANCHE (*Orobanche*, LINNÉ).

Calice nul, ou 4 divisions, entouré de 3 bractées ; corolle à 2 lèvres, la supérieure courte, entière ; l'inférieure à 3 divisions ; 4 étamines didynames, à anthères bicornes ; stigmate bifide ; capsule ovoïde. Les plantes de ce genre sont difficiles à bien déterminer dans les auteurs. Il y a probablement des espèces de trop, et peut-être aussi plusieurs variétés qui devront un jour être considérées comme espèces.

* *Point de calice.*

Espèce 1. OROBANCHE MAJEURE (*Orobanche major*, LAM. ill. t. 551. DC. *O. rapum*, THUIL.).

Tige dressée, anguleuse, haute de 2-3 pieds, grosse, charnue, à racine napiforme ; écailles écartées, d'un jaune roussâtre comme la tige ; fleurs jaunâtres, en épi

long ; étamines entièrement glabres; style pubescent.
♃. Commune dans les bois, parasite sur le genêt à
balais. L'*orobanche rigescens*, Lois., me paraît être
une variété glabre, à écailles plus roides.

2. OROBANCHE COMMUNE (*O. vulgaris*, LAM. *Orob.*
caryophyllacea, SMITH.)

Tige striée, velue, cylindrique, haute de 10-15
pouces, rougeâtre; feuilles squamiformes; fleurs odorantes, d'un violet rougeâtre, crépues, déchiquetées
en forme de frange; étamines velues; style presque
glabre. ♂. Commune dans les lieux secs, un peu
sablonneux. Cette espèce en renferme peut-être plusieurs.

3. OROBANCHE AMÉTHYSTE (*O. amethystea*; THUIL.
fl. p. *Orob. elatior*, SUTT.).

Tige anguleuse, pubescente, haute de 10-15 pouces;
feuilles squamiformes; fleurs purpurines, en épi court;
corolles à 4 divisions, presque glabres extérieurement;
étamines velues inférieurement; anthères jaunes, en
cœur renversé. ♃. Croît dans les bois, parasite sur les
composés.

4. OROBANCHE FÉTIDE (*O. fœtida*, POIR. voy. barb.
2. p. 195).

Tige pubescente ou très velue, haute de 1-3 pieds,
rougeâtre; feuilles squamiformes; fleurs en épi ovale,
rougeâtres intérieurement, jaunâtres à l'extérieur;
bractée lancéolée, acérée, plus courte que la fleur;
corolle à bords frangés; étamines hérissées en dedans;
stigmate jaune, bilobé. ♃. Croît dans les lieux montueux du Midi. L'*Or. major*, L., est rare; elle est
d'un blanc roussâtre; elle est parasite sur les *ulex*.
L'*orobanche cruenta*, BERT., doit être rapportée à
cette espèce ou à la *vulgaris*.

5. OROBANCHE CHEVELUE (*O. crinita*, VIV. cors. 11).

Tige droite, garnie à la base d'écailles foliacées,
linéaires; fleurs rougeâtres; corolle à 4 divisions, ar-

rondies, crénelées-ciliées ; filets des étamines et capsule glabres ; bractées plus longues que les fleurs,
linéaires, étroites, pointues, très velues en dessus ;
stigmate recourbé, à deux lobes. ♃. Corse. Viv.

6. OROBANCHE SPÉCIEUSE (*O. speciosa* , DC. supp.
2453ª).

Tige velue, violette, haute de 10-15 pouces ; écailles
éparses ; fleurs blanches, en épi serré, composé de
fleurs grandes, nombreuses ; étamines et pistil glabres ;
stigmate bilobé ; bractées linéaires, velues, les latérales bifides. ♃. Environs de Paris, de Toulon. Je l'ai
trouvée à Vincennes.

7. OROBANCHE DES POTENTILLES (*O. potentillarum* ,
MIHI).

Tige d'un blanc jaune, ainsi que toute la plante,
très garnie de poils jaunâtres, haute de 6-12 pouces ;
fleurs grandes, peu nombreuses, d'un blanc jaunâtre,
très velues à l'extérieur ; bractées lancéolées, acuminées, les latérales bifides, très courtes ; étamines velues ; stigmate blanchâtre. ♃? J'ai trouvé cette belle
espèce au bois de Boulogne ; j'en ai communiqué dans
le temps un échantillon à M. le docteur Mérat. Elle
est parasite sur les potentilles.

8. OROBANCHE MINEURE (*O. minor*, SMITH. fl. brit. 1.
p. 670. *O. trifolii-pratensis*, VAUCH.).

Tige très simple, striée, pubescente ; feuilles squamiformes ; fleurs jaunes, en épi, peu nombreuses, assez
petites ; bractées latérales bifides, courtes ; bractée
médiane étroite. ♃. Croît dans les champs. Il y a des
cantons où elle est très commune parmi les avoines :
on la trouve aussi sur le trèfle et le sainfoin.

9. OROBANCHE GIVRÉE (*O. pruinosa*, LAP. abr.
supp. 87. *O. fabæ sativæ*, VAUCH.).

Tige creuse, velue, bleuâtre, squammeuse, napiforme à sa base, garnie d'écailles foliacées, lancéolées,
étroites ; fleurs blanches ; corolle à deux lèvres, la
supérieure à deux divisions, l'inférieure à trois, toutes

plissées et denticulées, crénelées-obtuses ; divisions calicinales bifides presque jusqu'à leur base ; bractées linéaires, étroites, plus courtes que la corolle ; stigmate bilobé, rougeâtre. ⊙. Parasite sur la *faba sativa*, dans les Pyrénées. (LAPEYR.)

10. OROBANCHE DU SERPOLET (*O. epithymum*, DC. fl. fr. 2456. *O. thymi-serpylli*, VAUCH.).

Tige pubescente, haute de 5-8 pouces ; feuilles squamiformes ; fleurs grosses, peu nombreuses, pur-purines, en épi court ; style glabre ; étamines velues inférieurement ; les 2 lobes du stigmate réunis comme dans l'espèce précédente. ♃. Se trouve çà et là sur les côteaux calcaires, parasite sur le serpolet.

11. OROBANCHE DU LIERRE (*O. hederæ*, VAUCH. or. p. 56).

Racine napiforme, squammeuse ; tige dressée, gar-nie de quelques écailles foliacées ; fleurs rougeâtres ; corolle partagée en deux lèvres, la supérieure entière, l'inférieure à trois divisions arrondies, un peu plissées ; divisions calicinales presque entières ; étamines infé-rieures rapprochées, les supérieures divergentes ; bractées réfléchies ; stigmate jaunâtre, bilobé. ♃. Pa-rasite sur le *hedera helix* (VAUCH.). L'*Or. rubi-fru-ticosi*, VAUCH., est voisine de cette espèce.

12. OROBANCHE DU CAILET-BLANC (*O. galii-molluginis*, VAUCH., l. c. t. 7).

Tige rougeâtre, à racine bulbeuse, écailleuse, gar-nie d'écailles foliacées, noirâtres ; fleurs purpurines ; corolle renflée, partagée en deux lèvres, la supé-rieure légèrement voûtée, échancrée, l'inférieure à trois divisions arrondies ; étamines à filets courbés et à anthères noirâtres ; bractées lancéolées, noirâtres ; divisions calicinales, tantôt entières, tantôt bifides ; stigmate bilobé, d'un rouge noirâtre. ♃. Se trouve assez communément, parasite sur le *galium mollugo*.

13. OROBANCHE DE L'ERYNGIUM (*O. eryngii-campes-tris*, VAUCH. l. c. p. 58. t. 10.).

Tige rougeâtre, velue, à racine bulbeuse, écail-

euse ; *écailles foliacées , nombreuses , lancéolées ;
fleurs d'un blanc rougeâtre ; corolle partagée en deux
lèvres, la supérieure voûtée, échancrée, l'inférieure
à trois divisions plissées ; divisions calicinales fendues
profondément, à divisions étroites, linéaires ; stigmate rougeâtre, bilobé. ♃. Parasite sur l'*eryngium
campestre*, dans la France méridionale. (VAUCH.)

** *Espèces pourvues d'un calice.*

14. OROBANCHE BLEUE (*O. cœrulea*, VILL. *Orob. lœvis*,
LIN. sp. 881).

Tige simple ou rameuse, anguleuse, violette, presque glabre, haute de 8-12 pouces ; feuilles squamiformes, les inférieures imbriquées ; fleurs d'un bleu
violet, en épi ; calice à 4 lobes ; corolle à 5 divisions ;
étamines glabres ; style velu. ♃.? Croît dans les prairies
un peu arides. (Assez rare.)

15. OROBANCHE A TOUPET (*O. comosa*, VALL. sched.
crit. 1. p. 314. *O. vagabunda*, VAUCH. t. 15).

Tige bleuâtre, simple ou un peu rameuse, garnie
de quelques écailles foliacées, velues ; fleurs bleues ;
corolle en entonnoir, à cinq divisions arrondies, munie
intérieurement de stries velues ; divisions calicinales
et bractées velues ; étamines à anthères velues ; stigmate roussâtre, bilobé. ♃. Croît sur plusieurs genres
de plantes, dans les départemens méridionaux.

16. OROBANCHE RAMEUSE (*O. ramosa*, L. sp. 882.
O. cannabis, VAUCH.).

Tige rameuse, haute de 4-8 pouces, jaunâtre ;
feuilles squamiformes ; fleurs petites, jaunes ou bleuâtres, en épi ; calice à 4 lobes courts ; corolle tubulée,
à 5 divisions ; étamines et style glabres. ☉. Parasite,
dans le Nord et l'Ouest, sur le chanvre.

Genre MONOTROPA (*Monotropa*, LINNÉ).

Point de calice ; corolle à 8-10 pétales, dont 4-5
sont extérieurs ; 8-10 étamines ; capsule à 4-5 loges , . .

à 4-5 valves, polysperme; graines attachées à un trophosperme central. Ce genre n'a des *orobanches* que
le faciès. M. De Candolle le place parmi les plantes
incertæ sedis; mais nous préférons, à cause de sa
teinte, de son port et de sa manière de vivre, le
rapprocher des *orobanches* en manière d'appendice,
ainsi que l'a déjà fait M. Mérat.

Espèce. MONOTROPA SUCE-PIN (*Monotropa hypopi-
tys*, L. sp. 555).

Port d'une *orobanche* ou de l'*epipactis nidus avis*;
tige simple, d'un blanc jaunâtre, glabre, écailleuse,
haute de 4-8 pouces, tendre; fleurs terminales, en
épi recourbé avant la floraison : les fleurs du sommet
ont 10 pétales et 10 étamines. ♃. Croît parasite sur les
racines des chênes, des hêtres, des pins, etc., dans
les forêts.

FAMILLE 69. ACANTHACÉES (*Acanthaceæ*, JUSS.).

Calice monosépale, à 4-5 divisions profondes; corolle
monopétale, irrégulière, souvent bilabiée, 2-4 étamines; anthères à 1-2 loges; ovaire supère, surmonté
par un stigmate souvent bilamellé; fruit capsulaire,
à 2 loges polyspermes, bivalve; fleurs axillaires ou
solitaires, en épis terminaux; chaque fleur accom-
pagnée de 2-3 bractées. Plantes herbacées ou frutescentes, à feuilles souvent opposées.

Genre ACANTHE (*Acanthus*, LINNÉ).

Calice presque bilabié, à 4 divisions profondes;
corolle labiée, à lèvre inférieure très grande, la supérieure cachée par le calice; gorge poilue; 4 étamines
didynames.

Espèce 1. ACANTHE SANS ÉPINE (*Acanthus mollis*, L.
sp. 891).

Tige grosse, simple, haute de 2 pieds; feuilles
grandes, sinuées-pinnatifides, élégamment découpées;

fleurs d'un blanc rosé, en un très long épi. ♃. Provinces méridionales.

2. ACANTHE ÉPINEUSE (*A. spinosus*, L. sp. 291).

Tige grosse, simple, haute de 2 pieds; feuilles grandes, sinuées-pinnatifides, épineuses sur les bords; fleurs d'un blanc rosé, en un long épi terminal. ♃. Provinces méridionales.

FAMILLE 70. VERBÉNACÉES. (*Verbenaceæ*, ADANS. *Pyrenaceæ*, JUSS.).

Calice monosépale, tubuleux, persistant; corolle tubuleuse, irrégulière, quelquefois bilabiée; 4 étamines didynames, quelquefois 2-6; ovaire surmonté d'un style simple, terminé par un stigmate quelquefois bilobé; le fruit est une baie ou un drupe, à deux ou quatre osselets, renfermant 1-2 graines dans quelques genres; les graines paraissent privées de péricarpe, et sont entourées d'un tissu réticulaire; embryon droit, sans périsperme; fleurs en épis ou en grappes terminales. Plantes herbacées ou ligneuses, à tige cylindrique ou tétragone.

Genre VERVEINE (*Verbena*, LINNÉ).

Calice à 5 dents, dont une est tronquée; corolle à tube court, à 5 lobes inégaux; 2-4 étamines renfermées dans le tube; 2-4 graines recouvertes par un tissu réticulaire.

Espèce 1. VERVEINE OFFICINALE (*Verbena officinalis*, L. sp. 29).

Tige tétragone, haute de 1-2 pieds; feuilles ovales-cunéiformes, ridées, pinnatifides, crénelées; fleurs petites, d'un blanc bleuâtre, en épis filiformes. ♃. Commun au bord des chemins.

2. VERVEINE COUCHÉE (*V. supina*, L. sp. 29).

Tiges couchées, étalées sur la terre, tétragones, longues de 8-12 pouces, très-rameuses; feuilles pe-

tites, blanchâtres, bipinnatifides; fleurs petites, d'un
blanc bleuâtre, en épis filiformes. ☉. Provinces méridionales.

Genre GATILIER (*Vitex*, Linné).

: Calice à 5 divisions peu profondes; corolle à tube
court, à limbe plane, un peu bilabié; à 5-6 lobes
inégaux; 4 étamines didynames; drupe contenant un
osselet quadriloculaire.

Espèce. GATILIER COMMUN (*Vitex agnus-castus*, L.
sp. 890).

Arbrisseau haut de 3-6 pieds; à rameaux droits,
flexibles; feuilles opposées, à folioles quinées ou sep-
tennées, lancéolées, blanchâtres en dessous; fleurs d'un
blanc-violâtre, verticillées, en épis terminaux. ♄. Habite les lieux humides du Midi. On le nomme vulgairement *agnus-castus*.

FAMILLE 71. LABIÉES (*Labiateæ*, Juss.).

Calice persistant, tubuleux, à 5 dents; corolle monopétale, bilabiée, tubuleuse, à 5 divisions, dont deux
forment la lèvre supérieure et trois la lèvre inférieure;
4 étamines didynames; quelquefois deux avortent;
ovaire libre, quadrilobé, surmonté d'un style terminé par deux stigmates pointus; le fruit est un té-
trakène (4 graines nues au fond du calice); embryon
droit, sans périsperme; fleurs axillaires ou verticillées, souvent garnies de bractées. Plantes herbacées
ou ligneuses, à tige carrée, à feuilles opposées en
croix. Les labiées sont presque toutes aromatiques,
excitantes. On en emploie un grand nombre en médecine : aucune n'est vénéneuse.

† 2 étamines avortées et 2 fertiles.

Genre SAUGE (*Salvia*, Linné).

Calice en cloche, bilabié, la lèvre supérieure tridentée, l'inférieure bifide; corolle à 2 lèvres, la supé-

rieure en faucille, échancrée à son sommet, l'inférieure à 2 lobes ; filet des étamines fourchu, attaché transversalement à un pédicelle particulier.

Espèce 1. SAUGE OFFICINALE (*Salvia officinalis*, L. sp. 34).

Tige un peu ligneuse, à rameaux velus, blanchâtres ; feuilles lancéolées, ovales ; crénelées, blanchâtres, ridées, rarement panachées ; fleurs bleues, peu nombreuses ; dents du calice très aiguës. ♃. On la nomme *petite sauge*. Provinces méridionales. Cultivée.

2. SAUGE DES PRÉS (*S. pratensis*, L. sp. 35).

Tige velue, tétragone, haute de 1-2 pieds ; feuilles radicales, nombreuses, pétiolées, ridées, en cœur allongé ; les caulinaires embrassantes ; fleurs bleues, fort belles ; lèvre supérieure comprimée, glutineuse. ♃. Croît dans les prés secs, au bord des chemins.

3. SAUGE SAUVAGE (*S. sylvestris*, L. sp. 34).

Tige rameuse, pubescente, haute de 10-18 pouces ; feuilles inférieures pétiolées, oblongues, à crénelures inégales ; les caulinaires sessiles, dentées ; fleurs petites, d'un bleu foncé ; calice résineux ; bractées vertes. ♃. Croît dans les lieux stériles du Midi. La *salvia nemorosa* ne croît point en France. Elle habite l'Allemagne.

4. SAUGE SCLARÉE (*S. sclarea*, L. sp. 38).

Tige grosse, carrée, velue, branchue, haute de 2-3 pieds ; feuilles radicales, pétiolées, cordiformes, velues, ridées, épaisses, à crénelures inégales, les caulinaires sessiles ; fleurs blanchâtres ou bleuâtres ; bractées roses, en épi terminal. ♂. Croît dans les lieux montagneux du Midi.

5. SAUGE GLUTINEUSE (*S. glutinosa*, L. sp. 37.).

Tiges carrées, légèrement velues, hautes de 2-4 pieds ; feuilles toutes pétiolées, cordiformes, glutineuses, glabres, dentées, pointues ; fleurs jaunâtres,

assez grandes. ♃. Pâturages montagneux. Je l'ai trouvée communément dans les bois du Dauphiné.

6. SAUGE D'ÉTHIOPIE (*S. Æthiopis*, L. sp. 39).

Tige cotonneuse, très branchue, haute de 2 pieds ;
feuilles très grandes, pétiolées, laineuses, oblongues,
comme rongées, verticillées ; fleurs blanches ; calices
très velus, épineux, ainsi que les bractées. ♂. Provinces méridionales, Italie, etc.

7. SAUGE HORMIN (*S. horminum*, L. sp. 34).

Tige velue, carrée, haute de 10-15 pouces ; feuilles
obtuses, crénelées ; fleurs blanchâtres, tachées ; bractées supérieures foliacées, rouges ou violettes. ⊙.
Provence, Italie. La *salvia viridis*, L., en diffère
par ses bractées vertes. Elle croît en Italie.

8. SAUGE VERVEINE (*S. verbenaca*, L. sp. 35).

Tige carrée, grêle, peu rameuse, velue, haute de
10-15 pouces ; feuilles pétiolées, sinueuses - crénelées,
presque glabres, les supérieures sessiles ; verticilles de
4-6 ; fleurs bleues, plus petites que le calice, point
comprimées. ♃. Croît çà et là dans les lieux secs. Elle
est commune aux environs de Rouen.

9. SAUGE CLANDESTINE (*S. clandestina*, L. sp. 36).

Tige de 4-8 pouces, velue ; feuilles radicales pétiolées, les caulinaires sessiles ; toutes sont oblongues,
dentées, sinuées, quelquefois un peu pinnatifides,
presque glabres ; fleurs bleues, deux fois plus longues
que le calice. ♃. Languedoc, Provence, Italie,
Espagne.

10. SAUGE VERTICILLÉE (*S. verticillata*, L. sp. 37).

Tiges velues, carrées, rameuses, hautes de 1-2
pieds ; feuilles cordiformes, crénelées-dentées, molles ;
les inférieures à pétiole auriculé ; fleurs petites,
bleues, par verticilles très garnis. ⊙. Habite dans
les lieux secs, en Alsace, Bourgogne, Bretagne,
Italie.

11. Sauge d'Espagne (*S. Hispanica*, L. sp. 37).

Tige pubescente, tétragone, dichotome, haute de 1-2 pieds ; feuilles ovales, dentées, pétiolées, pubescentes, surtout en dessous ; fleurs bleues, en épi carré. ☉. Pyrénées orientales ? Piémont, Espagne. Les *salvia cretica* et *pomifera*, L., croissent dans l'archipel ; la *salvia hœmatodes*, L., habite l'Italie ; la *salvia austriaca*, L., l'Autriche ; et la *salvia natans*, L., se trouve en Italie. Quant à la *salvia Pyrenaica*, L., elle ne paraît pas se trouver dans les Pyrénées.

Genre CUNILE (*Cunila*, L.).

Calice tubuleux, à 10 stries et 5 dents, fermé par des poils après la floraison ; corolle bilabiée, la supérieure plane, dressée, échancrée, l'inférieure trilobée.

Espèce. Cunile faux-thym (*Cunila thymoides*, L. sp. 31).

Tige tétragone, rameuse, haute de 4-8 pouces ; feuilles ovales - obtuses ; fleurs petites, roses, verticillées. ☉. Roussillon, environs de Montpellier. (Rare.)

Genre LYCOPE (*Lycopus*, Linné).

Calice tubulé, à 5 divisions ; corolle tubulée, à 4 lobes presque égaux, le supérieur échancré ; étamines écartées.

Espèce 1. Lycope européen (*Lycopus Europœus*, L. sp. 30).

Tige haute de 2-3 pieds, carrée, fistuleuse ; feuilles ovales, grossièrement dentées en scie ; fleurs petites, blanches, verticillées ; calice épineux. ♃. Commun à l'automne, dans les marais, au bord des ruisseaux.

2. Lycope exalté (*L. exaltatus*, L. f. suppl.).

Ne diffère du précédent que par ses feuilles, qui sont profondément découpées, et sa tige plus haute. ♃. Provinces méridionales.

Genre ROMARIN (*Rosmarinus*, Linné).

Calice comprimé, bilabié, à lèvre inférieure bidentée; corolle à 2 lèvres, la supérieure bifide, l'inférieure trilobée.

Espèce. ROMARIN OFFICINAL (*Rosmarinus officinalis,* L. sp. 33).

Arbrisseau rameux, haut de 4 - 5 pieds; feuilles étroites, linéaires, roulées sur les bords; fleurs d'un blanc bleuâtre, axillaires. ♄. Provinces méridionales; cultivé.

†† 4 étamines toujours fertiles.

Genre GERMANDRÉE (*Teucrium*, Linné).

Calice tubuleux, à 5 divisions; corolle labiée, à tube court; la supérieure très peu apparente, bifide, l'inférieure étalée, grande, trilobée; étamines sortant entre la fente de la petite lèvre; fruits lisses.

Espèce 1. GERMANDRÉE FRUTESCENTE (*Teucrium fruticans,* L. sp. 787).

Tige frutescente, branchue, à rameaux blanchâtres, haute de 4-6 pieds; feuilles, ovales, entières, légèrement pétiolées, blanchâtres en dessous; fleurs axillaires, solitaires, grandes, bleuâtres, veinées. ♄. Corse, Pyrénées, Espagne.

2. GERMANDRÉE BOTRYS (*T. botrys*, L. sp. 786).

Tiges très rameuses, hautes de 6-10 pouces, velues; feuilles velues, multifides; fleurs purpurines, axillaires, réunies 3-4 ensemble. ☉. Croît presque par toute la France, dans les champs, après la moisson.

3. GERMANDRÉE FAUSSE-IVETTE (*T. pseudo-chamœpitys*, L. sp. 787).

Tiges rameuses, velues, hautes de 4 - 8 pouces; feuilles trifides, à lobes linéaires, velus, sillonnés;

fleurs blanches ou rougeâtres, en grappe terminale.
♃. Environs de Marseille.

4. GERMANDRÉE SAUGE DES BOIS (*T. scorodonia*, L. sp. 789).

Tige simple, droite, velue, haute de 12-15 pouces;
feuilles pétiolées, grandes, cordiformes, crénelées,
ridées, pubescentes; fleurs d'un blanc-jaunâtre sale,
en longues grappes, simples. ♃. Se trouve dans tous
les bois.

5. GERMANDRÉE SCORDIUM (*T. scordium*, L. sp. 790).

Tige droite, couchée à la base, velue, un peu rameuse; feuilles ovales, molles, pubescentes, dentées
en scie; fleurs rouges ou blanches, axillaires, solitaires ou géminées. ♃. Habite les prés marécageux.
Cette plante est très amère et répand une odeur
alliacée.

6. GERMANDRÉE RENVERSÉE (*T. resupinatum*, DESF. atl. 2. p. 4).

Tiges velues, couchées, étalées, rameuses; feuilles
lancéolées-cunéiformes, velues, dentées; fleurs blanches, à lèvre supérieure, retournée par en bas. ☉.
Croît dans les Pyrénées et l'Espagne.

7. GERMANDRÉE MARUM (*T. marum*, L. sp. 788).

Tige rameuse, grêle, branchue, haute de 10-15
pouces; feuilles pétiolées, ovales, petites, blanchâtres
en dessus, très blanches en dessous; fleurs purpurines,
unilatérales. ♃. Provence, îles d'Hyères, Italie.

8. GERMANDRÉE PETIT CHÊNE (*T. chamœdris*, L. sp. 790).

Tiges rameuses, dressées ou couchées, longues de
6-10 pouces, velues; feuilles ovales, crénelées ou
presque incisées à la base, un peu cunéiformes; fleurs
rouges. ♃. Le *petit chêne* croît sur les collines calcaires
et dans les bois montueux. Il est très amer, passe pour
fébrifuge.

9. GERMANDRÉE LUISANTE (*T. lucidum*, L. sp. 790).

Tiges glabres, peu rameuses, hautes de 8-12 pouces; feuilles pétiolées, dentées, ovales, luisantes, d'un vert foncé en dessus; fleurs purpurines; calices glabres. ♃. Alpes de Provence, Piémont; voisin du précédent.

10. GERMANDRÉE JAUNE (*T. flavum*, L. sp. 791).

Tiges grêles, ligneuses, rameuses, pubescentes; feuilles pétiolées, ovales, crénelées, blanchâtres en dessous; fleurs jaunâtres, en épi; bractées ovales, entières. ♄. Collines pierreuses du Midi.

11. GERMANDRÉE DE MARSEILLE (*T. Massiliense*, L. sp. 789).

Tiges ligneuses, blanchâtres, grêles, longues de 1-2 pieds; feuilles pétiolées, ovales-oblongues, rugueuses, incisées - crénelées, blanchâtres; fleurs rougeâtres, très petites, en épis unilatéraux. ♄. Croît aux îles d'Hyères et en Corse.

12. GERMANDRÉE DES PYRÉNÉES (*T. Pyrenaicum*, L. sp. 791).

Tiges velues, couchées, étalées, longues de 6-8 pouces; feuilles grandes, arrondies, un peu cunéiformes, velues; fleurs blanches, en tête arrondie. ♃. Pyrénées, montagnes d'Auvergne.

13. GERMANDRÉE DORÉE (*T. aureum*, SCH. unilab. n. 43. *Teucr. flavicans*, LAM.).

Tiges branchues, ligneuses, cotonneuses au sommet; feuilles sessiles, linéaires, crénelées au sommet ou ovales-crénelées; sommités cotonneuses, d'un jaune doré; fleurs blanches, rarement rouges. ♄. France méridionale.

14. GERMANDRÉE FAUSSE-HYSOPE (*T. pseudo-hyssopus*, SCHR. unil. n. 45).

Tige dressée, frutescente, à rameaux blanchâtres; feuilles étroites, linéaires-lancéolées, crénelées, obtuses; fleurs nombreuses, réunies en grappes courtes, arrondies; calice blanchâtre, tomenteux, à divisions très petites, presque obtuses. ♄. Croît en Corse et en Sicile. (Rare.)

15. GERMANDRÉE POLIUM (*T. polium*, LAM. var. *β* et *γ*, LIN.).

Tiges branchues, ligneuses, cotonneuses au sommet; feuilles sessiles, lancéolées-oblongues, obtuses, crénelées; fleurs petites, blanches, réunies en têtes ovales, terminales. ♄. Provinces méridionales.

16. GERMANDRÉE DE MONTAGNE (*T. montanum et supinum*, L. sp.).

Tiges un peu ligneuses, rameuses, couchées, étalées, pubescentes; feuilles linéaires-lancéolées, blanches en dessous, à bords roulés; fleurs blanches, en tête terminale. ♃. Croît sur les coteaux calcaires de presque toute la France.

17. GERMANDRÉE EN TÊTE (*T. capitatum*, L. sp. 792).

Tige dressée, rameuse, cotonneuse au sommet; feuilles sessiles, lancéolées-linéaires, crénelées, couvertes d'un duvet très blanc; fleurs blanches, rarement rouges, petites, réunies en têtes arrondies. ♄. Provinces méridionales, Corse. Les *teucrium spinosum, pumilum, nissolianum* et *multiflorum*, L., croissent en Espagne et en Portugal; le *creticum* et le *latifolium* habitent la Grèce.

Genre BUGLE (*Ajuga*, LIN.).

Calice à 5 divisions presque égales; corolle tubuleuse partagée en deux lèvres, la supérieure très petite, bidentée, l'inférieure grande, trilobée, le lobe du milieu grand, échancré en cœur; fruits réticulés.

Espèce 1. BUGLE IVETTE (*Ajuga chamœpitys*, SCHR. *Teucr. Chamœpitys*, L. sp. 787).

Tige velue, rameuse, haute de 4-8 pouces; feuilles velues, les inférieures quelquefois ovales, entières, souvent à 3 lobes, les supérieures étroites, partagées en trois, chaque segment entier; fleurs jaunes, solitaires, axillaires. ☉. L'*ivette* croît dans les champs secs après la moisson : elle répand une odeur forte.

2. BUGLE IVA (*A. iva*, SCHR. *Teucr. iva*, L. sp. 787).

Tiges velues, diffuses, longues de 4-5 pouces; feuilles velues, étroites, bi ou tridentées au sommet; fleurs rougeâtres, solitaires, axillaires. ☉. Provence, Languedoc.

3. BUGLE FAUSSE-IVA (*A. pseudo-iva*, DC. suppl. 2496ª).

Tiges velues, couchées, longues de 3-6 pouces; feuilles velues, étroites, roulées sur les bords, tridentées au sommet; fleurs jaunes, assez petites, solitaires, axillaires. ☉. Provence. (Rare.)

4. BUGLE RAMPANTE (*A. reptans*, L. sp. 785).

Racine produisant de longs jets rampans; tige dressée, haute de 4-8 pouces, carée, glabre; feuilles ovales-glabres, légèrement crénelées, finissant en pétiole, les radicales plus grandes; fleurs bleues, en épi terminal; bractées vertes. ♃. Commune dans les prairies. L'*ajuga Alpina*, L., me paraît être une variété sans jets, de la précédente.

5. BUGLE PYRAMIDALE (*A. pyramidalis*, L. sp. 785).

Tige velue, simple, dressée, haute de 6-8 pouces; feuilles ovales-oblongues, pubescentes, les radicales plus grandes; fleurs bleues, rarement roses ou blanches, en épi tétragone et pyramidal; bractées colorées. ♂. Croît dans les bois et les champs sablonneux. L'*ajuga Genevensis*, L., est une légère variété plus velue, à feuilles supérieures trilobées.

Genre SARRIETTE (*Satureia*, LIN.).

Calice à 5 dents; corolle à 5 lobes presque égaux.

Espèce 1. SARRIETTE DES JARDINS (*Satureia hortensis*, L. sp. 795).

Tige très rameuse; feuilles étroites, lancéolées-li-

néaires, ponctuées; fleurs petites, rougeâtres, axillaires, géminées. ☉. Lieux arides du Midi. Cultivée
daus les jardins. Le *satureia capitata*, L., croît en
Espagne.

2. SARRIETTE THYMBRA (*S. thymbra*, L. sp. 794).

Tige pubescente, rameuse; feuilles ovales-oblongues, ponctuées, velues, très aiguës; fleurs petites,
rougeâtres, verticillées. ☉. Provence? Italie, Archipel.

3. SARRIETTE DE MONTAGNE (*S. montana*, L. sp. 794).

Tiges ligneuses, branchues, hautes de 10-12 pouces; feuilles sessiles, lancéolées, très aiguës, ponctuées; fleurs blanches, axillaires. ♃. Provinces méridionales. Les *satureia Juliana* et *Græca*, L., croissent dans l'Italie et dans l'Archipel. Elles sont aussi
indiquées en Corse.

Genre TYMBRA (*Tymbra*, LIN.).

Calice comprimé, à gorge nue, velu en dehors;
corolle à 5 lobes presque égaux.

Espèce. THYMBRA EN ÉPI (*Tymbra spicata*, L. sp.
795).

Tige branchue, ligneuse, haute de 1 pied; feuilles
ponctuées, linéaires, ciliées à la base; fleurs rouges,
en épi serré. ♄. Provence? Corse? Italie, Espagne.

Genre HYSOPE (*Hyssopus*, LIN.).

Calice strié, à gorge nue; corolle à 2 lèvres, la
supérieure petite, échancrée, l'inférieure trilobée;
lobe du milieu grand, échancré en cœur, crénelé.

Espèce. HYSOPE OFFICINALE (*Hyssopus officinalis*, L.
sp. 796).

Tiges simples, dressées, hautes de 12-18 pouces;
feuilles étroites, linéaires, pointues; fleurs bleues,
en épi unilatéral. ♃. Provence, Dauphiné : cultivée.

Genre CATAIRE (*Nepeta*, LIN.).

Calice cylindrique; corolle à tube long, à gorge ouverte, à 2 lèvres, la supérieure échancrée, l'inférieure trilobée, les lobes latéraux très courts, réfléchis.

Espèce 1. CATAIRE COMMUNE (*Nepeta cataria*, L. sp. 796).

Tiges tétragones, pubescentes, hautes de 1-2 pieds; feuilles pétiolées, cordiformes, dentées en scie; fleurs purpurines ou blanches, verticillées, presque en épi. ♃. Cette plante, appelée vulgairement *herbe aux chats*, croît le long des chemins pierreux.

2. CATAIRE LANCÉOLÉE (*N. lanceolata*, LAM. *N. nepetella*, ALL.).

Tiges rameuses, blanches, tomenteuses, hautes de 1-2 pieds; feuilles pubescentes, blanchâtres, lancéolées, pointues, dentées en scie; fleurs blanches, à verticilles, terminales très rapprochées. ♃. Provinces méridionales. Peu distincte de la suivante.

3. CATAIRE NEPETELLA, (*N. nepetella*, L. sp. 797).

Tige tétragone, blanchâtre, branchue; feuilles blanchâtres, cotonneuses, cordiformes-lancéolées, oblongues, crénelées, dentées en scie; fleurs purpurines ou blanches, en tête, peu fournies. ♃. France méridionale, Suisse, Piémont, Pyrénées.

4. CATAIRE VIOLETTE (*N. violacea*, L. sp. 797).

Tige carrée, rameuse, haute de 1-3 pieds; feuilles inférieures pétiolées, supérieures sessiles, toutes cordiformes-oblongues, pointues, crénelées, pubescentes; fleurs violettes, en épis longs, verticillées. ♃. Pyrénées, Alpes.

5. CATAIRE DE HONGRIE (*N. pannonica*, L. sp. 797).

Tige peu rameuse, presque glabre; feuilles pétio-

lées, cordiformes-oblongues, un peu lancéolées, glabres, crénelées; fleurs pédicellées, verticillées, et disposées en une longue grappe terminale; divisions calicinales velues, lancéolées-aiguës. ♃. Corse.

6. CATAIRE A LARGES FEUILLES (*N. latifolia*, DC. *N. grandiflora*, LAPEYR.).

Tige rameuse, carrée, haute de 1-3 pieds, velue;
feuilles larges, sessiles, ovales-lancéolées, à dents obtuses; fleurs rougeâtres, assez grandes; divisions calicinales ciliées. ♃. Pyrénées.

7. CATAIRE NUE (*N. nuda*, L. sp. 797).

Tige glabre, tétragone; rameuse, haute de 2-3
pieds; feuilles cordiformes-oblongues, sessiles, dentées en scie; fleurs blanches ou rougeâtres. ♃. Provinces méridionales. Le *nepeta ucranica*, L., habite
la Hongrie. Le *nepeta scordotis*, L., est de l'*Archipel*.
Le *nepeta tuberosa*, L., croît en Portugal. Les *nepeta Italica* et *Sicula*, L., viennent en Italie et en
Sicile.

Genre CRAPAUDINE (*Sideritis*, LIN.).

Calice à 5 divisions; corolle égale ou plus longue
que le calice, partagée en deux lèvres, la supérieure
entière ou échancrée, l'inférieure à 3 lobes, dont
l'intermédiaire est grand et crénelé; étamines non
saillantes.

Espèce 1. CRAPAUDINE DE MONTAGNE (*Sideritis mon-tana*, L. sp. 802).

Tiges velues, tétragones, couchées; feuilles petites, ovales, nervées, acérées; fleurs jaunes, marquées de violâtre; calice sans bractées, fermé par des
poils. ☉. Lieux montueux du Midi.

2. CRAPAUDINE ROMAINE (*S. romana*, L. sp. 802).

Tiges velues, simples, couchées à la base, tétragones; feuilles inférieures longues, spatulées, dentées, supérieures plus courtes; fleurs blanches; ca-

lice bilabié, fermé par des poils après la floraison. ☉.
Lieux arides et pierreux du Midi.

3. CRAPAUDINE A FEUILLES D'HYSOPE (*S. hyssopifolia*,
L. sp. 807).

Tige, tétragone, droite, haute de 8–12 pouces;
feuilles très étroites, entières ou dentées, plus longues
que les interverticilles; fleurs d'un blanc-jaune, verticillées en un épi allongé; bractées cordiformes,
dentées-épineuses: ♃. Assez commune dans les Alpes
et les Pyrénées.

4. CRAPAUDINE FAUX-SCORDIUM (*S. scordioides*, L.
sp. 803).

Tige velue, dure, tétragone, dressée ou couchée;
feuilles étroites, lancéolées, un peu dentelées; fleurs
jaunâtres, étroites, par verticilles, dont les inférieures
sont éloignées; bractées ovales, dentées-épineuses,
étalées. ♃. Lieux montueux du Midi.

5. CRAPAUDINE BLANCHATRE (*S. incana*, L. sp. 802).

Tiges ligneuses, blanchâtres, cotonneuses, grêles,
peu feuillées au sommet; feuilles blanches, lancéolées-linéaires, très entières; fleurs jaunes; bractées dentées. ♄. Pyrénées? Espagne, Portugal.

6. CRAPAUDINE PERFOLIÉE (*S. perfoliata*, L. sp. 802).

Tige tétragone, blanchâtre, très velue; feuilles très
velues, les radicales pétiolées, ovales-oblongues; les
caulinaires sessiles, presque connées; fleurs blanches,
veinées de rougeâtre, verticillées; bractées nerveuses,
réticulées, acuminées. ♃. Environs de Montpellier?
(Magnol.) Le *sideritis elegans*, L., croît en Italie; le
syriaca et le *cretica*, L., habitent l'Archipel.

Genre LAVANDE (*Lavandula*, LIN.).

Calice ovale, nu intérieurement, bilabié, la lèvre
supérieure entière, l'inférieure bilobée; corolle petite, à tube long, à 5 divisions presque égales; étamines non saillantes.

Espèce 1. LAVANDE VRAIE (*Lavandula vera*, DC. suppl. *Lavandula spica* α, L.)

Tige frutescente, très rameuse, haute de 2-4 pieds; feuilles linéaires, oblongues, très étroites, blanchâtres; fleurs bleues, en épi formé de verticilles interrompus; 2 bractées opposées, mucronées, scarieuses, plus courtes que le calice, qui est tomenteux, blanchâtre à la base, finement strié. ♄. Dauphiné, Provence, Piémont. Très commune dans les Alpes, depuis Vizille jusqu'à Briançon : cultivée.

2. LAVANDE SPIC (*L. spica*, BAUH. *L. spica* β, L.).

Tige frutescente très rameuse; feuilles blanchâtres, étroites, linéaires, un peu élargies au sommet, un peu roulées sur les bords; fleurs bleues, en épi formé de verticilles interrompus; bractées sétacées, linéaires; calice fortement strié, non cotonneux, blanchâtre. ♄. Très commune en Provence, en Languedoc. C'est de cette espèce dont on retire, par la distillation, cette huile essentielle appelée *huile de spic*, et par corruption *huile d'aspic* fine.

3. LAVANDE DES PYRÉNÉES (*L. Pyrenaica*, LAPEYR. ab. 329).

Tige frutescente très rameuse; feuilles verdâtres, étroites, linéaires, un peu cunéiformes sur les rameaux stériles; fleurs bleues; bractées glabres; ovales à la base, acuminées, nervées; calice blanchâtre, strié, non cotonneux. ♄. Roussillon, Pyrénées.

4. LAVANDE STOECHAS (*L. stœchas*, L. sp. 800).

Tiges ligneuses, peu rameuses, hautes de 10-15 pouces; feuilles très étroites, sessiles, blanchâtres, linéaires; fleurs rouges, petites, en un épi serré surmonté d'un bouquet de feuilles. ♄. Provinces méridionales; autrefois employée en médecine. Les *lavandula dentata* et *pinnata*, L., habitent l'Espagne; la *lavandula multifida*, L., croît en Grèce.

Genre MENTHE (*Mentha*, Lin.).

Corolle un peu plus longue que le calice, à 4 lobes peu inégaux, le supérieur plus large, souvent échancré ; étamines éloignées.

Espèce 1. Menthe cultivée (*Mentha sativa*, L. sp. 805).

Tige tétragone, velue ; feuilles velues, ovales-pointues, dentées en scie ; fleurs roses, axillaires, verticillées ; calice cylindrique. ♃. Habite les lieux humides.

2. Menthe aquatique (*M. aquatica*, L. sp. 805).

Tige velue, tétragone, rameuse ; feuilles ovales, arrondies à la base, dentées en scie, très velues en dessous, pétiolées ; fleurs rougeâtres, par verticilles, rapprochées en tête ; étamines saillantes ; pédicelles très velus. ♃. Fréquente dans les lieux aquatiques.

3. Mente gentille (*M. gentilis*, L. sp. 805).

Tige glabre, tétragone, haute de 8-12 pouces ; feuilles ovales, dentées en scie, à pétiole court ; fleurs roses, par verticilles, peu garnies, rapprochées en tête ; pédicelle glabre ; étamines non saillantes. ♃. Lieux humides.

4. Menthe des champs (*M. arvensis*, L. sp. 806).

Tige couchée, carrée, velue ; feuilles ovales-pointues, dentées en scie ; fleurs roses, par verticilles distans ; calice campanulé, velu. ♃. Croît dans les champs après la moisson.

5. Menthe verticillée (*M. verticillata*, Hoffm. g. 2. p. 6).

Tige dressée, carrée, velue ; feuilles ovales, dentées en scie au milieu, dégénérant en un court pétiole ; fleurs rougeâtres, nombreuses, verticillées ; calice velu ; pédicelles glabres. ♃. Lieux ombragés et humides. (Rare.)

6. Menthe rouge (*M. rubra*, Smith. brit. 2. p. 620.)

Tige rouge, tétragone, flexueuse, rameuse; feuilles larges, ovées, incisées, dentées en scie; fleurs rougeâtres, par verticilles axillaires; pédicelles rouges; calice glabre. ♃. Lieux humides aux environs de Rouen et de Paris.

7. Menthe couchée (*M. procumbens*, Thuil. fl. par. 288. *M. sativa*, L.?).

Tige couchée, rameuse, à angles peu saillans, légèrement pubescente, un peu rude au toucher; feuilles ovales-arrondies, entières ou crénelées; fleurs rougeâtres, par verticilles, écartées; calice et pédicelles garnis de poils qui se renversent sur la base. ♃. Lieux humides, Normandie et environs de Paris.

8. Menthe verte (*M. viridis*, L. sp. 804).

Tige tétragone, pubescente au sommet; feuilles sessiles, vertes, gabres, à dents inégales; fleurs rougeâtres, verticillées, formant des épis allongés; pédicelles glabres; répand une odeur forte.. ♃. Environs de Paris, cultivée. La *mentha piperita*, L., est originaire d'Angleterre : on la cultive.

9. Menthe sauvage (*M. sylvestris*, L. sp. 804).

Tige dressée, peu rameuse, tétragone, velue; feuilles ovées ou oblongues, blanches, tomenteuses en dessous, à dents inégales; fleurs rougeâtres, en épi terminaux; bractées subulées. ♃. Lieux frais et humides.

10. Menthe a feuilles rondes (*M. rotundifolia*, L. sp. 805).

Tige velue, tétragone, rameuse; feuilles ovales-arrondies, sessiles, ridées, crénelées, couvertes en dessous d'un duvet très blanc; fleurs d'un rose pâle, en épis nombreux, divariqués; bractées ciliées, plus courtes que le calice. La *mentha crispa*, L., en est à peine une variété. ♃. Commune dans les lieux humides; la *mentha exigua*, L., est d'Angleterre; la *mentha austriaca* ne croît point en France.

Genre GLÉCOME (*Glechoma*, Lin.).

Calice strié, à 5 divisions; corolle une fois plus longue que le calice, labiée, la lèvre supérieure bifide, l'inférieure trilobée, le lobe intermédiaire échancré, plus grand; anthères conniventes deux à deux, en forme de croix.

Espèce. GLÉCOME LIERRE-TERRESTRE (*Glechoma hederacea*, L. sp. 807).

Tiges couchées, rameuses, rampantes; feuilles glabres, réniformes, crénelées; fleurs violettes, axillaires. ♃. Commun dans les haies et les buissons.

Genre LAMIER (*Lamium*, Lin.).

Calice à 5 dents, longues, subulées; corolle à deux lèvres, la supérieure entière creusée en voûte; l'inférieure plus courte, à deux lobes; gorge de la corolle enflée et dentée sur l'un et l'autre bord; anthères hérissées de poils en dehors.

Espèce 1. LAMIER DE NAPLES (*Lamium garganicum*, L. sp. 808).

Tiges étalées, redressées; feuilles cordiformes, pubescentes, grossièrement dentées; fleurs grandes, purpurines, par verticilles de 6-10; gorge de la corolle renflée. ♃. Croît en Provence? Maurienne, Italie.

2. LAMIER ORVALE (*L. orvala*, L. *Orvala lamioides*, DC.)

Tige droite, carrée, haute de 2 pieds; feuilles grandes, pétiolées, cordiformes-ovales, à dents inégales; fleurs violettes, grandes, verticillées, axillaires; gorge de la corolle renflée. ♃. Environs de Nantes, Italie.

3. LAMIER BLANC (*L. album*, L. sp. 371).

Tige dressée, carrée, haute de 2-3 pieds; feuilles pétiolées, cordiformes, dentées en scie, pointues; fleurs blanches, par verticilles de 10-20 fleurs. ♃. Commun le long des haies. Cette plante, appelée vulgairement *ortie blanche*, passe pour astringente.

4. LAMIER LISSE (*L. lævigatum*, L. sp. 808).

Tiges presque glabres, rougeâtres, hautes de 10-15 pouces; feuilles pétiolées, cordiformes, rugueuses, dentées en scie; fleurs purpurines, grandes, par verticilles de 6-8; calices glabres. ♃. Montagnes du Dauphiné.

5. LAMIER POURPRE (*L. purpureum*, L. sp. 809).

Tige glabre, rameuse, couchée à la base, haute de 6-10 pouces; feuilles pubescentes, pétiolées, cordiformes, crénelées; fleurs pourpres, par verticilles, presque en tête. ☉. Très commun dans les lieux cultivés.

6. LAMIER BIFIDE (*Lamium bifidum*, CYR. fas. neap. 1. t. 7.)

Tige tétragone, couchée, rameuse; feuilles velues, pétiolées, ovales - oblongues, cordiformes, obtuses, incisées-dentées, les supérieures sessiles; fleurs purpurines; lèvre supérieure de la corolle bifide, à divisions divergentes. ☉. Corse.

7. LAMIER DÉCOUPÉ (*L. incisum*, WILLD. *Lam. hybridum*, VILL.).

Diffère du précédent par ses feuilles profondément lobées et incisées; fleurs purpurines. ☉. Habite les lieux cultivés.

8. LAMIER AMPLEXICAULE (*L. amplexicaule*, L. sp. 809).

Tige glabre, rameuse, un peu couchée du bas; feuilles inférieures pétiolées, lobées, crénelées; supérieures embrassantes, arrondies, incisées, crénelées; fleurs rouges. ☉. Commun dans les champs.

9. LAMIER VELU (*L. hirsutum*, LAM. D. 3. p. 410. *Lam. maculatum*, L. sp. 809.)

Tiges rameuses, hérissées de poils nombreux ; feuilles pétiolées., cordiformes, pointues, doublement dentées, hérissées de poils, quelquefois maculées ; fleurs purpurines. ♃. Pyrénées, Auvergne. (Rare.)

Genre GALÉOBDOLON (*Galeobdolon*, SMITH.)

Calice à 5 divisions inégales, aiguës ; corolle à 2 lèvres, la supérieure très grande, entière, en forme de voûte, l'inférieure à trois divisions aiguës, dont celle du milieu plus longue.

Espèce. GALÉOBDOLON JAUNE, (*Galeobdolon luteum*, SMITH. *Galeopsis galeobdolon*, L.).

Tige velue, dressée, peu rameuse, haute de 2-3 pieds ; feuilles pétiolées, velues, dentées en scie ; fleurs jaunes, assez grandes, par verticilles de 5-6. ♃. Croît dans les bois, les lieux couverts.

Genre GALÉOPSIS (*Galeopsis*. LIN.).

Calice à 5 divisions épineuses ; corolle à 2 lèvres, la supérieure creusée en voûte, l'inférieure à 3 lobes, dont celui du milieu plus grand ; gorge de la corolle un peu enflée, munie de 2 dents à son entrée ; anthères garnies de poils en dedans.

Espèce 1. GALÉOPSIS LADANUM (*Galeopsis ladanum*, L. sp. 810).

Tige diffuse, presque ronde, très rameuse, pubescente, haute de 6-12 pouces ; feuilles lancéolées, un peu dentées, finissant en un court pétiole, pubescentes ; fleurs rouges, souvent tachées de jaune à l'entrée, presque verticillées. ⊙. Très commun dans les champs après la moisson. Le *galeopsis angustifolia*, HOFF., est une variété à feuilles plus étroites, de même que le *G. intermedia*, VILL., qui a le calice hérissé, à divisions piquantes-subulées.

2. GALÉOPSIS TÉTRAHIT (*G. tetrahit*, L. sp. 810).

Tige dressée, hispide, haute de 1-2 pieds, à nœuds renflés; feuilles péliolées, ovées, hispides, dentées, crénelées; fleurs rouges ou blanches,, verticillées; calice à dents très épineuses. ☉. Croît dans les moissons, au bord des chemins·, etc.

3. GALÉOPSIS VERSICOLOR (*G. versicolor*, CURT. lond. 6. t. 38).

Tige dressée, hispide, rameuse, à nœuds renflés; feuilles grandes, ovales-oblongues, dentées, crénelées; fleurs jaunes, à lèvre supérieure rayée et tachée de violet; corolle quatre fois plus longue que le calice. ☉. Croît dans les champs. Ne paraît qu'une variété du précédent.

4. GALÉOPSIS A FLEURS JAUNES (*G. ochroleuca*, LAM. D. 2. p. 600).

Tige dressée, rameuse, tétragone, pubescente; feuilles ovales-lancéolées, péliolées, dentées en scie, pointues, velues; fleurs d'un jaune pâle, quelquefois rouges, assez grandes, verticillées. ☉. Croît çà et là dans les moissons.

Genre BÉTOINE (*Betonica*, LIN.).

Calice à 5 dents, en forme d'arêtes; corolle à 2 lèvres, la supérieure droite, presque plane, l'inférieure à 3 divisions, dont celle du milieu plus grande et échancrée; tube de la corolle un peu courbé et plus long que le calice.

Espèce 1. BÉTOINE OFFICINALE (*Betonica officinalis*, L. sp. 810).

Tige simple, velue, haute de 12-18 pouces; feuilles inférieures péliolées, ovales, à longues crénelures, les supérieures sessiles; fleurs rouges, en épi interrompu; calice glabre et lisse en dehors. ♃. Commune dans les bois : sternutatoire.

2. BÉTOINE ROIDE (*B. stricta*, AIT. kew. 2. p. 299).

Tige simple, velue, haute de 10-15 pouces; feuilles

assez velues, les, inférieures ovales, pétiolées, assez
grandes; les caulinaires sessiles, plus étroites; fleurs
rouges, en épi interrompu ; calice velu ; bractées ciliées. ♃. Collines élevées et boisées.

3. Bétoine blanchatre (*B. incana*, Ait. kew. 2. p.
299).

Diffère de la précédente par des feuilles plus larges,
plus velues, plus crénelées, et par la lèvre supérieure
de la fleur, qui est bilobée. ♃. Environs de Nantes.
(Très rare.)

4. Bétoine velue (*B. hirsuta*, L. mant. 248).

Tige carrée, très velue, haute de 8-12 pouces ;
feuilles très velues, oblongues, échancrées en cœur,
à crénelures larges ; fleurs rouges, en épis, gros,
courts, obtus; calice très peu velu. ♃. Alpes du Piémont et du Dauphiné. J'ai recueilli cette belle espèce
dans l'Oysans.

5. Bétoine queue de renard (*B. alopecuros*, L.
sp. 811).

Tige très velue, tétragone, haute de 10-15 pouces ;
feuilles radicales pétiolées, grandes, velues, crénelées; supérieures à pétiole court; fleurs d'un blanc
jaunâtre, en épi feuillé à la base. ♃. Prairies des
Alpes et des Pyrénées. Elle est commune à la Grande-
Chartreuse.

Genre STACHYS (*Stachys*, Linné).

'Calice anguleux, à 5 dents acérées; corolle à deux
lèvres ; la supérieure en voûte, échancrée; l'inférieure
à 3 lobes, dont les deux latéraux plus petits, réfléchis;
tube de la corolle plus court que le calice ; étamines
se déjetant de côté après la fécondation.

Espèce 1. Stachys des bois (*Stachys sylvatica*,
L. sp. 811).

Tige de 3 pieds, carrée, velue; feuilles pétiolées,
ovales-cordiformes, dentées, velues; fleurs rouges,

maculées de blanc, par verticilles de 6-8. ♃. Commun dans les lieux ombragés.

2. STACHYS DES ALPES (*S. Alpina*, L. sp. 812).

Tige de 2-3 pieds, velue, carrée ; feuilles velues, tomenteuses, les inférieures pétiolées, ovales-cordiformes, dentées; les supérieures sessiles, lancéolées ; fleurs d'un rouge-ferrugineux, par verticilles de 6-8. ♃. Croît dans les bois un peu montueux, dans presque toute la France.

3. STACHYS D'ALLEMAGNE (*S. Germanica*, L. sp. 812).

Tige très tomenteuse, carrée, blanchâtre, laineuse ; feuilles drapées, ovales, les radicales pétiolées ; les caulinaires sessiles ; fleurs rouges, en verticilles très épais, en forme d'épi. ♃. Habite les lieux secs au bord des chemins.

4. STACHYS DES MARAIS (*S. palustris*, L. sp. 811).

Tige de 2-3 pieds, pubescente, carrée ; feuilles demi-embrassantes, linéaires-lancéolées, dentées-crénelées; fleurs purpurines, tachées de jaune, par verticilles de 6. ♃. Commun dans les lieux cultivés et humides.

5. STACHYS GLUTINEUX (*S. glutinosa*, L. sp. 813).

Tige glabre, ligneuse, très rameuse, visqueuse au sommet ; feuilles inférieures oblongues, denticulées; supérieures linéaires; fleurs blanchâtres, solitaires, axillaires; rameaux devenant épineux au sommet. ♄. Corse, Archipel.

6. STACHYS MARITIME (*S. maritima*, L. mant. 82).

Tige dure, laineuse, longue de 8-15 pouces ; feuilles velues-tomenteuses, les inférieures cordiformes, obtuses, crénelées ; les supérieures ovales, entières; fleurs jaunâtres, par verticilles de 2-6. ♃. Bord de la Méditerranée.

7. STACHYS HÉRISSÉ (*S. hirta*, L. sp. 2. p. 812).

Tige étalée, hérissée, rameuse; feuilles pétiolées, cordiformes, à crénelures larges, obtuses, les supérieures étroites, presque sessiles; fleurs jaunâtres, par verticilles de 6. Divisions calicinales épineuses. ♃. Environs de Montpellier:

8. STACHYS D'HÉRACLÉE (*S. heraclea*, ALL. ped. n. 112. t. 84).

Tige tétragone, velue, haute de 8-15 pouces; feuilles hérissées, oblongues, échancrées en cœur, les inférieures pétiolées; fleurs rouges, par verticilles de 8-12; calice à divisions aiguës. ♃. Pyrénées-Orientales, Provence, Italie.

9. STACHYS DROIT (*S. recta*, L. mant. 82. *Stach. sideritis*, VILL.).

Tige tétragone, velue, rameuse, haute de 12-18 pouces; feuilles inférieures pétiolées, ovales, crénelées, les supérieures sessiles, dentées en scie, toutes pubescentes; fleurs d'un blanc jaunâtre, marquées de petites lignes noires, par verticilles de 6. ♃. Habite les coteaux secs et pierreux.

10. STACHYS DE CORSE (*S. Corsica*, LOIS. fl. gall. 2. p. 356. *Glechoma grandiflora*, DC.).

Tige grêle, rameuse, couchée à la base, velue; feuilles pétiolées, ovales, crénelées, pubescentes; fleurs blanches, assez grandes, solitaires, axillaires; divisions calicinales épineuses. ♃. Je l'ai reçue de Corse.

11. STACHYS ANNUEL (*S. annua*, L. sp. 813).

Tige glabre, tétragone, couchée à la base, rameuse; feuilles inférieures pétiolées, ovales, glabres, dentées-crénelées, supérieures sessiles, plus étroites; fleurs d'un blanc jaunâtre, par verticilles de 6; corolle double du calice. ☉. Commun dans les moissons.

12. Stachys des champs (*S. arvensis*, L. sp. 814).

Tige dressée, carrée, velue, haute de 8-12 pouces; feuilles ovales, pétiolées; crénelées, très obtuses, presque glabres; fleurs rouges, par verticilles de 5-6. Corolle à peine plus longue que le calice. ☉. Commun dans les champs. Les *stachys lanata*, *cretica*, *spinosa* et *orientalis*, L., habitent l'Archipel.

Genre BALLOTE (*Ballota*, Linné).

Calice à 10 stries, à 5 dents ouvertes, renversées; corolle à deux lèvres, la supérieure voûtée, crénelée, l'inférieure à 3 lobes, dont celui du milieu plus grand, échancré; fruits triangulaires. (Voy. *Atl.*, pl. 57.)

Espèce 1. Ballote fétide (*Ballota fœtida*, Lam. *B. nigra*, L. sp. ed. 1).

Tige dressée, rameuse, pubescente; feuilles ovales, pubescentes, crénelées, finissant en pétiole; fleurs rouges, nombreuses, axillaires. ♃. Commune le long des chemins et des haies. La *Ball. alba*, L., est une variété à fleurs blanches. La ballote est nommée vulgairement *marrube noir*.

Genre MARRUBE (*Marrubium*, Linné).

Calice cylindrique, à 5-10 stries, à 10 dents; corolle à deux lèvres; la supérieure étroite, linéaire, l'inférieure à 3 lobes, dont celui du milieu plus grand, échancré.

Espèce 1. Marrube blanc (*Marrubium vulgare*, L. sp. 816).

Tige blanchâtre, cotonneuse, rameuse, haute de 12-18 pouces; feuilles arrondies-ovales, rugueuses, velues, blanches en dessous; fleurs blanches, par verticilles épais; divisions calicinales sétacées, oncinées. ♃. Commun au bord des routes.

2. MARRUBE COUCHÉ (*M. supinum* , L. sp. 816).

Diffère du précédent par sa tige couchée, par les divisions calicinales, seulement au nombre de 5, droites et sétacées. ♃. Languedoc (rare). Les *marrubium alysson*, *hispanicum* et *crispum*, habitent l'Espagne ; les *marrubium pseudo-dictamnus*, *peregrinum*, *candidissimum* et *acetabulosum*, L., croissent en Sicile, en Italie et dans l'Archipel.

Genre AGRIPAUME (*Leonurus*, LINNÉ).

Calice cylindrique, à 5 dents aiguës, épineuses ; corolle à deux lèvres, la supérieure entière, velue, creusée en voûte, l'inférieure réfléchie, à 3 divisions presque égales ; anthères parsemées de points brillans.

Espèce 1. AGRIPAUME CARDIAQUE (*Leonurus cardiaca*, L. sp. 817).

Tige carrée, haute de 3-4 pieds ; feuilles pétiolées, les inférieures cunéiformes, ovales, à trois lobes dentés ; les supérieures entières ; fleurs roses, par verticilles épais ; calice à divisions piquantes. ♃. Habite les lieux arides et pierreux.

2. AGRIPAUME FAUX-MARRUBE (*L. marrubiastrum*, L. sp. 817).

Tige de 1-2 pieds, carrée, rameuse, velue ; feuilles pétiolées, ovales, grossièrement dentées, blanchâtres en dessous ; fleurs d'un blanc sale, par verticilles, entourées de bractées épineuses. ☉. Environs d'Étampes, de Nantes, Auvergne, etc.

Genre PHLOMIS (*Phlomis*, LINNÉ).

Calice anguleux, à 5 dents, ouvertes ; corolle oblongue, à deux lèvres, la supérieure velue, en voûte, se prolongeant en avant, comprimée, souvent bifide, l'inférieure à trois divisions, dont l'intermédiaire plus grande, échancrée.

Espèce 1. Phlomis lychnis (*Phlomis lychnitis*, L. sp. 819).

Tige velue, tétragone, haute d'un pied ; feuilles tomenteuses, sessiles, lancéolées ; fleurs jaunes, grandes, verticillées et entourées d'un duvet épais. ♃. Croît dans le Midi.

2. Phlomis herbe-au-vent (*P. herba-venti*, L. sp. 819).

Tiges velues, tétragones, hautes de 2 pieds ; feuilles ovales-lancéolées, dentées, hérissées en dessous ; fleurs grandes, rougeâtres, par verticilles de 8-10 ; dents du calice lancéolées-subulées. ♃. Départemens méridionaux.

3. Phlomis ligneux (*P. fruticosa*, L. sp. 818).

Arbrisseau branchu, à rameaux cotonneux, haut de 3-4 pieds ; feuilles cotonneuses, arrondies, un peu crénelées ; fleurs jaunes, grandes, par verticilles de 15-20. ♄. Pyrénées ; Espagne. Le *phlomis purpurea* est de Portugal ; les *phlomis samia* et *nissolii*, L., habitent l'Archipel.

Genre MOLUCELLE (*Molucella*, Linné).

Calice extrêmement grand, campanulé, à dents épineuses ; corolle petite, enfermée dans le fond du calice.

Espèce. Molucelle ligneuse (*Molucella frutescens*, L. sp. 821).

Petit arbrisseau rameux, à épines axillaires ; feuilles ovales, obtuses, pétiolées, dentées ; fleurs petites, blanchâtres, cachées dans le fond du calice. ♄. Provence, Italie. La *molucella lævis* croît en Grèce.

Genre CLINOPODE (*Clinopodium*, Linné).

Calice strié, à 5 dents, sétacées ; corolle à deux lèvres, la supérieure droite, échancrée, l'inférieure à trois lobes, dont celui du milieu plus grand, échancré.

Espèce. CLINOPODE COMMUN (*Clinopodium vulgare*, L. sp. 821).

Tige carrée, velue, haute de 8-15 pouces ; feuilles pétiolées, ovales, velues en dessus, à dents écartées ; fleurs rouges, terminales, en tête ; bractées hispides, sétacées. ♃. Commun dans les lieux secs.

Genre ORIGAN (*Origanum*, LINNÉ).

Calice à 5 dents ; corolle à deux lèvres, la supérieure échancrée, l'inférieure à trois lobes ; tube de la corolle comprimé. Fleurs entourées de bractées colorées.

Espèce 1. ORIGAN COMMUN, (*Origanum vulgare*, L. sp. 824).

Tiges velues, hautes de 12-18 pouces, branchues du haut ; feuilles pétiolées, ovales ; fleurs purpurines, en une sorte de corymbe serré ; bractées d'un rouge violet. ♃. Très commun dans les lieux arides, montueux.

2. ORIGAN DE CRÈTE (*O. Creticum*, L. sp. 823).

Tige rameuse, haute d'un pied ; feuilles pétiolées, ovales-arrondies ; fleurs petites, en épis paniculés, longs ; bractées beaucoup plus grandes que le calice. ♃. Environs de Montpellier. La *Marjolaine*, *origanum majorana*, L., que l'on cultive, ne croît point en Europe. Les *orig. maru*, *dictamnus*, *sipyleum*, *smyr-nœum*, *onites*, *heracleoticum*, L., habitent la Grèce et l'Archipel. L'*onites* se retrouve en Sicile.

Genre THYM (*Thymus*, LINNÉ).

Calice court, campanulé, à gorge poilue, à deux lèvres ; corolle à deux lèvres, la supérieure plane, droite, échancrée, l'inférieure à trois lobes entiers ; graines lisses.

Espèce 1. Thym serpollet (*Thymus serpyllum*, L. sp. 825).

Tiges ligneuses, grêles, couchées, pubescentes ; feuilles petites, entières, ovales-obtuses, glauques ; fleurs purpurines, en tête ; corolle un peu plus longue que le calice. ♃. Très commun sur les collines arides.

2. Thym laineux (*T. lanuginosus*, Willd. sp. 3. p. 138).

Tiges ligneuses, diffuses, très grêles, hérissées ; feuilles très petites, hérissées sur les deux faces de poils laineux ; fleurs petites, purpurines, en tête. ♃. Alpes et lieux montagneux.

3. Thym de Corse (*T. Corsicus*, Lois. fl. gall. 2. p. 361).

Tige grêle, ligneuse, filiforme ; feuilles un peu pétiolées, très petites, arrondies, velues sur les deux pages, à rebord cartilagineux ; fleurs rougeâtres, petites, opposées, solitaires. ♃. Corse, Pyrénées.

4. Thym herba-barona (*T. herba-barona*, Lois. fl. gall. 2. p. 360).

Tige grêle, ligneuse, filiforme, glabre, couchée ; feuilles lancéolées-linéaires, très petites, glabres, ponctuées, nervées ; fleurs petites, rougeâtres, par verticilles de 3-4. ♃. Hautes montagnes de la Corse. Le *Thym. marschallianus*, Willd., en est voisin.

5. Thym zygis (*T. zygis*, L. sp. 826).

Tiges ligneuses, grêles ; feuilles linéaires, très étroites, ciliées à la base ; fleurs petites, purpurines, blanches, verticillées. ♄. Départemens méridionaux.

6. Thym commun (*T. vulgaris*, L. sp. 825).

Tiges dressées, ligneuses, diffuses ; feuilles petites, étroites, blanchâtres en dessous ; fleurs purpurines, blanchâtres, verticillées, en épi. ♄. Commun dans les départemens méridionaux. Cultivé.

Genre ACINOS (*Acinos.*, Moench).

Calice tubuleux, hispide, strié, à gorge poilue, gibbeux à la base, bilabié; corolle à deux lèvres, la supérieure dressée, échancrée, l'inférieure à trois divisions, dont l'intermédiaire concave, échancrée.

Espèce 1. Acinos commum (*Acinos vulgaris*, Pers. synop. 2. p. 151. *Thymus acinos*, L.).

_Tige couchée, redressée, velue, rameuse; feuilles ovales, dentées au sommet, pubescentes, finissant en pétiole; fleurs d'un rouge violet, par verticilles de 6 fleurs. ☉. Lieux secs et calcaires.

- 2. Acinos des Alpes (*A. Alpinus*, Mihi. *Thymus Alpinus*, L.).

Tiges rameuses, hautes de 8-10 pouces; feuilles ovales, un peu pétiolées, à peine dentées; fleurs grandes, violettes; pédoncules très courts. ♃. Alpes. Le *thymus piperella*, L., appartient au même genre: il croît en Italie et en Espagne. Les *thymus villosus*, *cephalotus* et *mastichina*, L., habitent les contrées les plus méridionales de l'Europe.

∴ Genre MÉLISSE (*Melissa*, Linné).

Calice tubuleux, strié, ouvert au sommet, à gorge poilue, à deux lèvres, la supérieure trifide, l'inférieure bifide; corolle à deux lèvres, la supérieure en voûte, à deux divisions, l'inférieure à trois lobes, dont l'intermédiaire plus grand, échancré, cordiforme.

Espèce 1. Mélisse officinale (*Melissa officinalis*, L. sp. 827).

Tige tétragone, rameuse, pubescente, haute de 2-3 pieds; feuilles pétiolées, velues, ovales-cordiformes, dentées en scie, les supérieures ovales; fleurs blanches, axillaires; calices et pédicellés velus. ♃. Lieux incultes, montueux.

2. MÉLISSE CALAMENT (*M. calamintha*, L. sp. 827.
Thym. calamintha, Scop.).

Tige tétragone, rameuse, velue, haute de 12-18
pouces ; feuilles pétiolées, ovales – dentées, pubescentes ; fleurs rouges, portées sur des pédoncules
axillaires, dichotomies; calice à dents inégales, velu.
♃. Bois montueux.

3. MÉLISSE NÉPÉTA (*M. nepeta*, L. sp. 828. *Thym.*
nepeta, Smith).

Tiges un peu couchées, rameuses, tétragones, couvertes de poils blanchâtres ; feuilles à peine pétiolées,
ovales-obtuses, un peu dentées, velues, blanchâtres
en dessous, presque-glabres en dessus; fleurs d'un
blanc rougeâtre, portées sur des pédoncules multiflores. ♃. Habite les coteaux calcaires. Répand une
odeur aromatique extrêmement forte.

La *M. grandiflora*, L., a les feuilles ovales-dentées ;
les fleurs grandes, rouges, à pédoncules axillaires, 3-
flores. Elle croît dans les montagnes.

4. MÉLISSE DE CRÈTE (*M. Cretica*, L. sp. 828. *Thym.*
Cretica, DC.).

Tiges dressées, duveteuses, ligneuses, hautes de
10-15 pouces; feuilles ovales, petites, à peine dentées, couvertes d'un duvet court; fleurs d'un blanc
rougeâtre, pédonculées. ♄. Environs de Montpellier,
Italie. Le *Th. clandestinus*, Salz., en est voisin. Ses
feuilles sont ponctuées-glanduleuses ; il croît en Corse.

5. MÉLISSE DES PYRÉNÉES (*M. Pyrenaica*, Jacq.
Horminum Pyrenaicum, L. sp. 831).

Tige tétragone, simple, peu feuillée, haute de 6-12
pouces ; feuilles radicales, ovales-allongées, à crénelures larges; caulinaires petites, sessiles; fleurs grandes,
verticillées. ♃. Pyrénées, Alpes. (Rare.) La *melissa*
fruticosa, L., croît en Espagne.

Genre DRACOCÉPHALE (*Dracocephalus*, Linné).

Calice bilabié, à 5 divisions ; corolle à deux lèvres,

à tube renflé, lèvre supérieure voûtée, souvent échancrée, lèvre inférieure à trois divisions, dont les deux
latérales courtes, redressées.

Espèce 1. DRACOCÉPHALE D'AUTRICHE (*Dracocephalum austriacum*, L. sp. 829).

Tige velue, branchue, haute de 10-15 pouces;
feuilles palmées, à segmens linéaires, tomenteuses,
les supérieures simples ; fleurs d'un bleu violet,
grandes , verticillées ; gorge très ouverte ; calice
velu. ♃. Croît dans le Champsaur, en Dauphiné,
en Provence.

2. DRACOCÉPHALE DE RUYSCH (*D. Ruyschiana*,
L. sp. 830).

Tiges glabres, droites, hautes de 8-12 pouces;
feuilles linéaires, glabres, entières, fasciculées; fleurs
bleues, assez grandes, en une sorte d'épi terminal. ♃.
Alpes du Dauphiné. Je l'ai trouvée sur le Lautaret. On
trouve encore en Europe, les *dracocephalum molda-
vica* et *peltatum*, L. La Sibérie en produit une foule
d'espèces.

Genre MÉLISSOT (*Melittis*, LINNÉ).

Calice plus vaste que le tube de la corolle qui est
à deux lèvres, la supérieure plane, l'inférieure à trois
divisions crénelées ; anthères cruciées.

Espèce. MÉLISSOT DES BOIS (*Melittis melissophyllum*,
L. sp. 832).

Tiges velues, tétragones, hautes de 12-15 pouces,
très feuillées; feuilles ovales, dentées; fleurs très
grandes, blanches ou incarnates ; calice à 3-4 lobes.
♃. Croît au printemps dans les bois.

Genre BRUNELLE (*Brunella*, JUSS. *Prunella*, LINNÉ).

Calice à deux lèvres, la supérieure grande, tronquée, l'inférieure bilobée; corolle à deux lèvres, la
supérieure concave, entière, l'inférieure à trois lobes,
dont le moyen plus grand, échancré ; filamens des
étamines bifurqués.

Espèce 1. BRUNELLE COMMUNE (*Brunella vulgaris*, LAM. *Prunella vulgaris a*, L.).

Tige longue de 4-8 pouces, couchée à la base, pubescente; feuilles pétiolées, ovales, entières ou légèrement dentées; fleurs violettes, rarement blanches, en épi tronqué; corolle double du calice; lèvre supérieure du calice à trois arêtes. ♃. Commune dans les pâturages.

2. BRUNELLE A GRANDES FLEURS (*B. grandiflora*, JACQ. *P. vulgaris β*; L.).

Tige longue de 3-6 pouces, couchée à la base, velue, cylindrique; feuilles ovales, quelquefois dentées à la base, pubescentes, à pétioles longs; fleurs grandes, violettes ou blanches, en épi court; corolle enflée, triple du calice. ♃. Coteaux calcaires et arides.

3. BRUNELLE LACINIÉE (*B. laciniata*, L. sp. 837).

Tige longue de 3-6 pouces, couchée à la base, velue, cylindrique; feuilles inférieures, entières, ovales-oblongues; supérieures pinnatifides, pubescentes; fleurs violettes ou souvent jaunâtres, grandes, en épi terminal; lèvre supérieure du calice munie de 3 arêtes.

4. BRUNELLE A FEUILLES D'HYSOPE (*B. hyssopifolia*, L. sp. 837).

Tige longue de 6-10 pouces, velue, rameuse, tétragone; feuilles sessiles, étroites, linéaires, ciliées; fleurs violettes, en épi terminal. ♃. France méridionale,

Genre CLÉONIE (*Cleonia*, LINNÉ).

Caractère de la Brunelle, mais, de plus, stigmate à 4 divisions, et gorge de la corolle garnie de poils après la floraison.

Espèce. CLÉONIE DE PORTUGAL (*Cleonia lusitanica*, L. sp. 837).

Tiges hérissées, rameuses, longues de 4-8 pouces;

feuilles dentées, ovales, allongées, obtuses, rétrécies, en pétiole, les supérieures pinnatifides; fleurs violettes, en épi terminal. ⊙. Environs de Carcassonne? Espagne, Portugal. Je doute que cette plante croisse en France.

Genre SCUTELLAIRE (*Scutellaria*, LINNÉ).

Calice à deux lèvres entières, fermé après la floraison par un opercule; corolle comprimée au sommet, à deux lèvres, la supérieure comprimée, concave, bidentée, l'inférieure large, échancrée.

Espèce 1. SCUTELLAIRE TOQUE (*Scutellaria galericulata*, L. sp. 835).

Tige presque simple, haute de 10-15 pouces, glabre, carrée; feuilles cordiformes-lancéolées, glabres, crénelées, portées sur des pétioles courts; fleurs bleues, axillaires, géminées. ♃. Croît dans les lieux humides, au bord des ruisseaux.

2. SCUTELLAIRE FER DE LANCE (*S. hastifolia*, L. sp. 385).

Tige presque simple, glabre, carrée; feuilles hastées, pointues, crénelées, les supérieures quelquefois lancéolées; fleurs grandes, violettes ou purpurines, axillaires, géminées. ♃. Habite l'Anjou, l'Orléanais, la Mayenne.

3. SCUTELLAIRE MINEURE (*S. minor*, L. sp. 835).

Tige haute de 4-6 pouces, grêle, rameuse, carrée; feuilles cordiformes-ovales, glabres; fleurs purpurines, blanchâtres, petites, axillaires, géminées. ♃. Habite les lieux humides des bois.

4. SCUTELLAIRE DE COLUMNA (*S. Columnæ*, ALL. ped. n° 145).

Tige velue, haute de 8-12 pouces, rameuse; feuilles pétiolées, oblongues-cordiformes, dentées, pubescentes; fleurs bleues, à lèvre inférieure rougeâtre, en

-épi très grêle. ♃. Piémont. Elle est assez commune dans le bois de Vincennes, où elle est naturalisée depuis quelques années.

5. SCUTELLAIRE DES ALPES (*S. alpina*, L. sp. 834).

Tiges couchées à la base, rameuses, velues, longues de 6-12 pouces; feuilles molles, pétiolées, ovales, crénelées; un peu velues; fleurs blanches, à lèvre supérieure bleuâtre, en épi terminal, muni de bractées. ♃. Croît dans les lieux rocailleux des Alpes et des Pyrénées. Les *scutellaria cretica* et *peregrina*, L., habitent les régions les plus méridionales.

Genre PRASIUM (*Prasium*, LINNÉ).

Calice bilabié, la lèvre supérieure bidentée, l'autre tridentée; corolle à deux lèvres, la supérieure échancrée, l'inférieure à trois divisions.

Espèce. PRASIUM MAJEUR (*Prasium majus*, L. sp. 838).

Tige rameuse, frutescente, haute de 2-4 pieds; feuilles pétiolées, ovales, dentées; fleurs blanchâtres, opposées; calice très développé. ♄. Corse, Italie. Le *prasium minus* habite la Sicile.

FAMILLE 72. PRIMULACÉES (*Primulaceæ*, JUSS.).

Calice persistant, monosépale, à 4-5 divisions plus ou moins profondes; corolle monopétale, presque toujours régulière, infundibuliforme, à divisions correspondantes au calice; 4-5 étamines; ovaire simple, libre, surmonté d'un style et d'un stigmate simples, ce dernier très rarement bifide; fruit capsulaire, uniloculaire, polysperme; graines attachées à un trophosperme central; embryon droit; périsperme charnu; fleurs axillaires ou en manière d'ombelle. Plantes herbacées, à feuilles presque toujours opposées.

Genre PRIMEVÈRE (*Primula*, LINNÉ).

Calice à 5 divisions; corolle hypocratériforme, à tube cylindrique, à 5 divisions; gorge dépourvue de glandes; 5 étamines non saillantes; capsule polysperme, à plusieurs valves.

Espèce 1. PRIMEVÈRE A GRANDES FLEURS (*Primula grandiflora*, LAM. *Primula veris acaulis*, L.).

Toutes les feuilles radicales, ovales-oblongues, ridées, denticulées, se terminant en un large pétiole; fleurs jaunes, grandes, odorantes; hampes de 1-2 pouces, uniflores; dents du calice aiguës-lancéolées. ♃. Commune au printemps dans les bois, le long des haies, etc. Par la culture, on a obtenu des fleurs rouges ou bigarrées. La *primula brevistyla*, DC., me paraît être une variété à fleurs plus petites et à style plus court.

2. PRIMEVÈRE ÉLEVÉE (*P. elatior*, WILLD. *P. veris elatior*, L.).

Hampe haute de 6-10 pouces; feuilles toutes radicales, ridées, ovales, se terminant en pétiole long; fleurs jaunes, en une sorte d'ombelle, les unes drapées, les autres penchées; dents du calice allongées, aiguës. ♃. Assez commune dans les bois humides au printemps. On en cultive de fort belles variétés.

3. PRIMEVÈRE OFFICINALE (*P. officinalis*, JACQ. *P. veris officinalis*, L.).

Hampe pubescente, haute de 4-7 pouces; feuilles ridées, ovales-oblongues, se rétrécissant en un pétiole large, denticulées; fleurs jaunes, en une sorte d'ombelle; dents du calice très obtuses, atteignant à peu près la moitié du tube. ♃. Commune au printemps.

4. PRIMEVÈRE A LONGUES FLEURS (*P. longiflora*, ALLION. ped. n° 335.)

Hampe de 6-8 pouces; feuilles ovales-oblongues,

obtuses, rétrécies en pétiole, dentées, un peu farineuses en dessous; fleurs peu nombreuses, d'une couleur pourpre, en une sorte d'ombelle; tube de la
corolle quatre fois plus long que le calice. ♃. Alpes
de Provence (Clarion). Je l'ai reçue du Valais.

5. PRIMEVÈRE FARINEUSE (*P. farinosa*, L. sp. 205).

Hampe de 4-8 pouces; feuilles ovales - oblongues,
crénelées, très farineuses en dessous; fleurs d'un rouge-
bleuâtre, en une sorte d'ombelle. ♃. Prairies humides
des Alpes et des Pyrénées.

6. PRIMEVÈRE OREILLE-D'OURS (*P. auricula*, L. sp. 205).

Hampe haute de 4-6 pouces; feuilles ovales, glabres, un peu sinuées, charnues; fleurs jaunâtres,
assez grandes, réunies 8-12 en ombelle; involucre farineux, très court. ♃. Croît dans les Alpes du Dauphiné, parmi les rochers. Tout le monde connaît les
belles variétés d'*oreille d'ours* que l'on a obtenues par
la culture.

7. PRIMEVÈRE CRÉNELÉE (*P. crenata*, LAM. ill.
n. 1936).

Diffère de la précédente par ses feuilles plus allongées, fortement crénelées, et entourées d'un rebord
pulvérulent, et par ses fleurs purpurines, en ombelle,
peu garnies. ♃. Croît dans les rochers près Grenoble.

8. PRIMEVÈRE VISQUEUSE (*P. viscosa*, VILL. dauph. 2.
p. 467).

Hampe pubescente, cylindrique (très rarément
nulle); feuilles visqueuses-velues, ovales, crénelées
au sommet; fleurs violettes, en ombelle peu fournie;
étamines sessiles au fond du tube. ♃. Assez commune
dans les Alpes et les Pyrénées.

9. PRIMEVÈRE HÉRISSÉE (*P. hirsuta*, VILL. dauph. 2. p. 469).

N'est peut-être qu'une variété de la précédente ; hampe pubescente (rarement nulle) ; feuilles visqueuses-velues, ovales ; fleurs roses, peu nombreuses ; étamines insérées au milieu du tube. ♃. Alpes.

10. PRIMEVÈRE A FEUILLES ENTIÈRES (*P. integrifolia*, L. sp. 205).

Hampe courte ; feuilles charnues, entières, ciliées, elliptiques ; fleurs violettes, très peu nombreuses ; divisions calicinales très obtuses. ♃. Pyrénées, Cévennes, Hautes-Alpes.

11. PRIMEVÈRE DE VITALIEN (*P. vitaliana*, L. sp. 2. p. 206).

Tiges couchées, rameuses, étalées en rosette, longues de 4-6 pouces ; feuilles très étroites, blanchâtres, linéaires ; fleurs jaunes, axillaires. ♃. Pyrénées, Alpes du Dauphiné, du Piémont. Les *primula minima*, JACQ., *glutinosa*, *carniolica*, *cortusoides* et *villosa*, croissent dans les Alpes de l'Autriche et de la Carinthie. La *primula Allionii*, LOIS., est du Piémont.

Genre CORTUSE (*Cortusa*, LINNÉ).

Calice à 5 divisions ; corolle à tube court, à limbe un peu campanulé, à 5 lobes ; 5 étamines ; capsule polysperme, bivalve.

Espèce. CORTUSE DE MATHIOLE (*Cortusa Matthioli*, L. sp. 206).

Hampe de 6-8 pouces ; feuilles hérissées, pétiolées, arrondies, à plusieurs lobes, dentées ; fleurs violettes, en une petite ombelle ; corolle dépassant la longueur du calice. ♃. Alpes du Dauphiné ? du Piémont, Pyrénées (Lapeyr.). Je l'ai reçue de Tigny (très rare). La *cortusa Gmelini*, L., paraît habiter seulement la Sibérie.

Genre ANDROSACE (*Andrósace*, LINNÉ).

Calice persistant, à 5 divisions profondes; corolle hypocratériforme, à gorge rétrécie par 5 petites glandes; limbe à 5 divisions; 5 étamines; capsule globuleuse, à 5 valves; fleurs en ombelle munie d'involucre.

Espèce 1. ANDROSACE A GRAND CALICE (*Androsace maxima*, L. sp. 203).

Hampes grêles, hautes de 3-6 pouces; feuilles étalées en rosette, glabres, ovales-aiguës, dentées; fleurs blanches, petites, cachées dans un calice très grand, réunies 4-8, en ombelle; involucre très grand, à folioles ovales. ☉. Provinces orientales et méridionales.

2. ANDROSACE SEPTENTRIONALE (*A. septentrionalis*, L. sp. 203).

Hampe très grêle, haute de 4-6 pouces; feuilles petites, lancéolées, dentées, glabres, étalées en rosette; fleurs petites, blanches, réunies 25-30, en ombelle; involucre très petit. ☉. Alpes du Dauphiné et de la Provence.

3. ANDROSACE TROMPEUSE (*A. chamæjasme*, WILLD. sp. 1. p. 799).

Hampe très grêle, haute de 2-4 pouces; feuilles étalées en rosette, oblongues, entières, ciliées, rétrécies à la base; fleurs petites, blanches, en une petite ombelle; calice pubescent: pédicelles plus longs que l'involucre. ♃. Alpes du Dauphiné. J'ai trouvé sur le Lautaret une variété à feuilles obtuses, qui se rapporte à l'*androsace obtusifolia*, ALL.

4. ANDROSACE BLANC DE LAIT (*A. lactea*, L. sp. 204).

Tiges couchées, donnant naissance çà et là à des feuilles étalées en rosette, glabres, linéaires, très peu scabriuscules sur les bords, un peu rigides; hampe grêle; fleurs petites, très blanches, à gorge jaune. ♃. Hautes sommités des Alpes. Je l'ai recueillie à la Tête-Noire.

5. ANDROSACE CARNÉE (*A. carnea*, L. sp. 204):

Hampe pubescente, de 2 - 3 pouces, très grêle ; feuilles subulées, glabres ou ciliées; étalées en rosette ; fleurs roses, petites, réunies 4-12. en petite ombelle; pédicelles un peu plus longs que l'involucre. ♃. Alpes, Pyrénées, Auvergne.

6. ANDROSACE VELUE (*A. villosa*, L. sp. 203).

Tiges couchées, émettant çà et là des rosettes de feuilles velues - soyeuses, oblongues un peu obtuses ; hampe de 2-3 pouces; fleurs blanches, à gorge jaune, en ombelle serrée ; pédicelles plus courts que l'involucre. ♃. Alpes, Pyrénées. Je l'ai reçue de Bagnères.

Genre ARÉTIE (*Aretia*, LINNÉ).

Diffère du genre précédent par le stigmate déprimé, par les fleurs jamais en ombelles, mais portées par des pédoncules nus, solitaires. M. De Candolle réunit ce genre aux *androsace*.

Espèce 1. ARÉTIE PUBESCENTE (*Aretia pubescens*, L. *And. pubescens*, DC.).

Tiges très courtes, rameuses; feuilles étalées en rosette, très épaisses, oblongues planes, pubescentes, à poils simples ; fleurs blanches, petites, à gorge jaune; pédoncules plus courts que les feuilles. ♃. Alpes. Je l'ai reçue du Valais.

2. ARÉTIE DES PYRÉNÉES (*A. Pyrenaica*, Lois. *And. diapensioides*, LAPEYR.).

Tiges courtes; feuilles étalées en rosette, oblongues, carénées, un peu recourbées, hérissées de quelques poils simples; fleurs petites, blanches, solitaires; pédoncules plus longs que les feuilles.

3. ARÉTIE CYLINDRIQUE (*A. cylindrica*, Lois. *And. cylindrica*, DC. fl. fr.) .

Tige garnie de feuilles, imitant une petite colonne

cylindrique ; feuilles oblongues, poilues ; fleurs petites, blanches ; pédoncules très longs. ♃. Pyrénées.
(Rare.)

4. ARÉTIE HELVÉTIQUE (*A. helvetica*, L. syst. *Diapensia helvetica*, L. sp.).

Tiges dressées, très courtes, garnies de feuilles serrées, imbriquées, coriaces, oblongues, pubescentes ;
fleurs petites, blanches, à gorge jaune, poilues, étoi-
lées ; fleurs presque sessiles. ♃. Alpes, Pyrénées.

5. ARÉTIE FAUX-BRY (*A. bryoides*, L. *And. bryoides*,
DC. fl. fr.).

Tiges rameuses, très courtes, très garnies de feuilles
imbriquées, oblongues, hérissées de poils simples ;
fleurs petites, blanches, sessiles ; fruit s'allongeant à
la maturité. ♃. Pyrénées, Alpes de Seyne. (CLAR.)

6. ARÉTIE DES ALPES (*A. Alpina*, L. sp. 203).

Petite plante en gazons très serrés ; feuilles pubescentes, oblongues ; fleurs petites, violettes, rarement
blanches, à gorge jaune ; divisions de la corolle échancrées. ♃. Hautes sommités des Alpes.

7. ARÉTIE CILIÉE (*A. ciliata*, MIHI: *Androsace
ciliata*, L. sp. 203).

Tige très courte, rameuse ; feuilles étalées en rosette, oblongues, planes, ciliées sur les bords ; fleurs
petites, violettes ; pédoncules plus longs que les feuilles ;
divisions de la corolle entières. Pyrénées. (De Cand.)
Le genre *diapensia* est voisin des *aréties*. Une seule
espèce, la *diapensia Lapponica*, L., ne se trouve que
dans l'Europe boréale.

Genre CORIS (*Coris*, LINNÉ).

Calice renflé, à 5 dents épineuses à leur base ; corolle tubuleuse, à 5 divisions inégales ; 5 étamines ;
capsule globuleuse, à 5 graines, à 5 valves.

Espèce. CORIS DE MONTPELLIER (*Coris Monspeliensis,*
L. sp. 252).

Tiges-grisâtres, un peu ligneuses, hautes de 6-8
pouces; feuilles étroites, linéaires, un peu ciliées;
fleurs rouges, en grappe terminale. ♃. Croît dans la
Provence et le Languedoc.

Genre TRIENTALE (*Trientalis*, LINNÉ).

Calice à 7 divisions; corolle en roue, à tube court,
à limbe à 7 divisions; 7 étamines; fruit bacciforme,
débiscent.

Espèce. TRIENTALE D'EUROPE (*Trientalis Europæa,*
L. sp. 488).

Tige simple, feuillée, haute de 5-7 pouces; feuilles
lancéolées, glabres, paraissant verticillées; fleurs
blanches, solitaires, pédicellées. ♃. Forêt des Ardennes, Dauphiné? Allemagne.

Genre HOTTONIE (*Hottonia*, LINNÉ).

Calice à 5 divisions; corolle hypocratériforme, à
limbe plane, à 5 lobes; 5 étamines, insérées sur le
tube; capsule globuleuse, à une loge.

Espèce. HOTTONIE DES MARAIS (*Hottonia palustris;*
L. sp. 208).

Tige de 2-3 pieds, submergée, garnie de feuilles
verticillées, pinnées en manière de dents de peigne, à
folioles très étroites; fleurs d'un blanc rosé, disposées
en deux ou trois-verticilles pédonculés. ♃. Croît dans
les mares et les fossés pleins d'eau.

Genre LYSIMAQUE (*Lysimachia*, LINNÉ).

Calice à 5 divisions; corolle en roue, à 5 divisions;
5 étamines; capsule globuleuse, mucronée, à 10 valves, s'ouvrant par le sommet.

Espèce 1. Lysimaque commune (*Lysimachia vulgaris*, L. sp. 209).

Tige de 2-3 pieds, pubescente, rameuse, droite; feuilles opposées ou ternées, ovales-lancéolées, pubescentes en dessous; fleurs jaunes, en grappes terminales. ♃. Croît au bord des rivières.

2. Lysimaque a fleurs en thyrse (*L. thyrsiflora*, L. sp. 209).

Tige de 10-15 pouces; feuilles sessiles, opposées, oblongues, ponctuées de noir en dessous; fleurs jaunes, en grappes ovoïdes; calice et corolle ponctués de noir; divisions corollaires très profondes. ♃. Croît au bord des fossés, en Belgique et en Flandre.

3. Lysimaque éphémère (*L. ephemerum*, L. sp. 209).

Tige glabre, glauque, haute de 2-3 pieds; feuilles glauques, tendres, lancéolées, sessiles; fleurs d'un blanc teinté de rose, en grappes terminales. ☉. Pyrénées, aux environs de Mont-Louis. Cette belle plante est assez commune en Espagne.

4. Lysimaque ponctuée (*L. punctata*, L. sp. 210).

Tige de 2-3 pieds, pubescente, rameuse, droite; feuilles opposées, ternées ou quaternées, lancéolées-ovales, pubescentes, ponctuées de roussâtre en dessous; fleurs jaunes, assez grandes, solitaires; pédoncules longs, axillaires. ♃. Croît parmi les roseaux, en Belgique, dans le Palatinat, en Provence?

5. Lysimaque nummulaire (*L. nummularia*, L. sp. 211).

Tige rameuse, couchée, presque rampante; feuilles opposées, pétiolées, presque rondes; fleurs jaunes, assez grandes, axillaires, pédonculées; divisions calicinales, ovales, mucronées. ♃. Croît dans les lieux humides, ombragés.

6. Lysimaque des bois (*L. nemorum*, L. sp. 211).

Tiges couchées à la base, rameuses ; feuilles très glabres, opposées, ovales, pointues, presque sessiles ; fleurs jaunes, portées sur des pédoncules grêles, longs, axillaires ; capsule comprimée, bivalve. ♃. Croît dans les bois humides un peu montueux. M. Mérat en fait un genre sous le nom de *Lerouxia.*

7. Lysimaque lin-étoilé (*L. linum stellatum*, L. sp. 211).

Tiges grêles, hautes de 3-6 pouces, très rameuses, glabres ; feuilles petites, opposées, sessiles, très étroites ; fleurs petites, blanches ; corolle plus courte que le calice. ☉. Lieux herbeux du Midi.

Genre MOURON (*Anagallis*, Linné).

Calice à 5 divisions ; corolle en roue, à 5 divisions ; 5 étamines ; capsule globuleuse (pyxide), s'ouvrant comme une boîte à savonnette.

Espèce 1. Mouron des champs (*Anagallis arvensis*, L. *An. cærulea et Phœnicea*, DC.).

Tige diffuse, couchée à la base ; feuilles glabres, opposées, ovales, sessiles ; fleurs rouges, bleues ou blanches, à pédoncules axillaires moitié plus longs que les feuilles. ☉. Commun dans les champs et les lieux cultivés. L'*anagallis parviflora*, Salzm., en est encore une variété.

2. Mouron rampant (*A. repens*, DC. synop. p. 205).

Tige diffuse, couchée, rampante ; feuilles ovales, opposées, glabres ; fleurs petites, rouges, axillaires, à pédoncules à peine plus longs que les feuilles. ♃. Alpes de Seyne. (Clarion.)

3. MOURON A FEUILLES ÉPAISSES (*A. crassifolia*, THORE, chl. land. p. 62).

Tiges couchées, très rameuses, émettant beaucoup de radicules rampantes ; feuilles alternes, épaisses, arrondies, un peu pétiolées ; fleurs blanches, à pédoncules axillaires ; corolle double du calice. ♃. Marais tourbeux du département des Landes.

4. MOURON DÉLICAT (*A. tenella*, L. mant. 335. *Lysimachia tenella*, L. sp.).

Tige très grêle, couchée, filiforme ; feuilles pétiolées, arrondies ; fleurs axillaires, d'un rose tendre ; pédoncules plus longs que les feuilles ; divisions de la corolle linéaires. ♃. Habite les lieux humides et tourbeux. Les *anagallis linifolia* et *latifolia*, L., habitent l'Espagne ; l'*anagallis monelli*, L., se trouve en Italie.

· Genre CENTENILE (*Centunculus*, LINNÉ).

Calice à 4 divisions ; corolle en roue, à 4 divisions ; 4 étamines ; capsule globuleuse, en boîte à savonnette.

Espèce. CENTENILE NAINE (*Centunculus minimus*, L. sp. 169).

Très petite plante, atteignant à peine un pouce, rameuse, glabre ; feuilles petites, ovales - obtuses, alternes ; fleurs petites, d'un blanc herbacé, presque sessiles. ☉. Croît dans les allées humides et ombragées des bois.

Genre SAMOLE (*Samolus*, LINNÉ).

Calice persistant, inséré sur le milieu de l'ovaire ; corolle hypocratériforme, à 5 divisions, à tube muni de 5 écailles ; 5 étamines ; 1 style ; un stigmate ; capsule polysperme, uniloculaire, à 5 valves au sommet.

Espèce. SAMOLE DE VALERAND (*Samolus Valerandi*, L. sp. 243).

Tige haute de 6-10 pouces, glabre; feuilles glabres, les inférieures spatulées, les supérieures ovales; fleurs blanches, en grappe. ♂. Habite les lieux marécageux...

Genre CYCLAMEN (*Cyclamen*, LINNÉ).

Corolle presque en roue, à tube court, à limbe, à 5 divisions profondes, réfléchies; 5 étamines, à anthères rapprochées; capsule charnue, globuleuse, polysperme, à 5 valves.

Espèce 1. CYCLAMEN D'EUROPE (*Cyclamen Europæum*, L. sp. 207).

Racine grosse, tuberculeuse; hampes nues, uniflores, hautes de 2-8 pouces; feuilles radicales, à pétioles longs, cordiformes - arrondies, tachées de blanchâtre; fleurs solitaires, purpurines, un peu pendantes. ♃. Cette plante, appelée vulgairement *pain de pourceau*, croît çà et là dans les bois montagneux.

2. CYCLAMEN A FEUILLES DE LIERRE (*C. hederæfolium*, AIT. kew. 1. p. 156).

Hampe nue, de 1-3 pouces, uniflore; feuilles à pétioles longs, cordiformes - anguleuses, denticulées; fleurs rougeâtres, solitaires. ♃. Croît en Corse, dans les lieux couverts.

3. CYCLAMEN A FEUILLES LINÉAIRES (*C. linearifolium*, DC. fl. fr.).

Hampe nue, de 1-3 pouces, uniflore; feuilles longues, étroites - linéaires, entières, à pétioles longs; fleurs rougeâtres, solitaires. ♃. Environs de Draguignan. (De Cand.)

Genre SOLDANELLE (*Soldanella*, LINNÉ).

Corolle campanulée, multifide; 5 étamines; capsule polysperme, multivalve, striée en spirale.

Espèce 1. Soldanelle des Alpes (*Soldanella Alpina*, L. sp. 206).

Hampe nue, haute de 2-5 pouces, souvent uniflore ; feuilles arrondies, fermes, échancrées à la base, pétiolées ; fleurs bleues, rarement blanches. ♃. Lieux humides des Hautes-Alpes.

2. Soldanelle de Lécluse (*S. Clusii*, Schm. boh. 1. n. 148).

Hampe nue, haute de 1 à 2 pouces au plus, très grêle ; feuilles pétiolées, arrondies réniformes ; fleurs petites, bleues ; style saillant. ♃. Pyrénées. Je l'ai aussi reçue du Valais.

FAMILLE 73. GLOBULARIÉES (*Globulariæ*, Lois. et Marq.).

Calice monosépale, tubulé, à 5 divisions ; corolle monopétale, irrégulière, à 5 divisions inégales ; 4 étamines ; 1 style simple ; fruit supère, monosperme, caché par le calice ; embryon droit ; périsperme charnu ; fleurs réunies en tête, sur un réceptacle paléacé, et entourées d'un involucre commun ; feuilles simples, alternes. Port des *phyteuma* ; noircissent par la dessiccation.

Genre GLOBULAIRE (*Globularia*, Linné).

Mêmes caractères que ceux de la famille.

Espèce 1. Globulaire commune (*Globularia vulgaris*, L. sp. 139).

Hampe haute de 4-10 pouces ; feuilles radicales, munies de trois dents ; caulinaires lancéolées, un peu crénelées ; fleurs d'un bleu pâle. ♃. Croît sur les pelouses montueuses et calcaires.

2. Globulaire à tige nue (*G. nudicaulis*, L. sp. 140).

Hampe nue, haute de 6-12 pouces ; feuilles toutes

radicales, longues, entières, ovales-oblongues ; fleurs bleues. ♃. Pyrénées, Alpes. Elle est assez fréquente à la Grande-Chartreuse et dans l'Oysans.

3. GLOBULAIRE A FEUILLES EN COEUR (*G. cordifolia*, L. sp. 139).

Tige rameuse, couchée, ligneuse ; feuilles petites, échancrées en cœur au sommet ; fleurs d'un bleu rougeâtre, à pédoncule de 1-2 pouces. ♄. Commune dans les lieux chauds des Alpes.

4. GLOBULAIRE NAINE (*G. nana*, LAM. D. 2. p. 723).

Tige couchée, ligneuse, rameuse ; feuilles très petites, entières, un peu élargies au sommet, très nombreuses ; fleurs bleues, en petite tête. ♄. Languedoc, Pyrénées. Je l'ai reçue de Bagnères.

5. GLOBULAIRE TURBITH (*G. alypum*, L. sp. 139).

Tiges frutescentes, à rameaux flexibles ; feuilles persistantes, lancéolées, entières, quelquefois tridentées au sommet ; fleurs bleuâtres, en petites têtes, comme dans les précédentes. ♄. France la plus méridionale. La *globularia spinosa*, qui a les feuilles aiguillonnées, habite l'Espagne.

Monochlamidées;

C'est-à-dire calice et corolle ne formant qu'une seule enveloppe.

FAMILLE 74. PLUMBAGINÉES (*Plumbagineæ*, JUSS.).

Périgone double, persistant : l'extérieur, que l'on peut considérer comme un calice ou un involucre, est d'une seule pièce, tubuleux, entier ou denté ; l'intérieur, que l'on peut regarder comme une corolle, est inséré sous l'ovaire, et est à une ou plusieurs pièces ; 5 étamines hypogynes ; ovaire simple, surmonté de

plusieurs styles, ou d'un style à plusieurs stigmates ;
fruit capsulaire, évalve, monosperme ; périsperme
farineux ; embryon comprimé ; fleurs en tête ou épi,
paniculées. Plantes herbacées ou ligneuses, à feuilles
simples, quelquefois opposées.

Genre DENTELAIRE (*Plumbago*, LINNÉ).

Périgone extérieur, tubuleux, à 5 dents ; l'interne
corolliforme, à 5 lobes ; 5 étamines dilatées à la base ;
1 style, à 5 stigmates ; capsule s'ouvrant au sommet
en 5 valves. (Voy. *Atl.*, pl. 53, f. 2.)

Espèce. DENTELAIRE D'EUROPE (*Plumbago Europæa*,
L. sp. 215).

Tige rameuse, haute de 1-2 pieds ; feuilles embrassantes, ovales-oblongues, ciliées ; fleurs petites, violettes, en petits bouquets terminaux. ♃. Provinces
méridionales.

Genre STATICE (*Statice*, LINNÉ).

Périgone externe, scarieux, entier, l'interne corolliforme, de 5 pétales persistans ; 5 étamines ; 5 styles ;
capsule indéhiscente, cachée par le périgone. (Voy.
Atl., pl. 53, f. 1.)

* *Fleurs sessiles, disposées le long des rameaux.*

Espèce 1. STATICE LIMONIUM (*Statice limonium*, L.
sp. 394).

Tiges dures, branchues, paniculées, hautes de 12-
18 pouces ; feuilles radicales, grandes, oblongues,
obtuses, un peu sinuées sur les bords ; fleurs rougeâtres ou blanchâtres. ♃. Commune au bord de la
Méditerranée et de l'Océan.

2. STATICE A FEUILLES D'AURICULE (*S. auriculæfolia*,
VAHL. symb. 1. p. 25).

Tiges dures, branchues, paniculées, hautes de 6-10
pouces ; feuilles radicales, glauques, obtuses, spatulées ; fleurs rougeâtres. ♃. Environs de Narbonne,
bord de l'Océan.

3. STATICE A FEUILLES DE GLOBULAIRE (*S. globulariæ-folia*, DESF. atl. 1. p. 274).

Tiges dures, rameuses, paniculées, hautes de 6-10 pouces; feuilles lancéolées-mucronées, un peu élargies au sommet, ondulées, bordées par une membrane étroite; fleurs rougeâtres ou blanchâtres, disposées par petits groupes. ♃. Environs d'Arles et de Cette. (Lois.)

4. STATICE A FEUILLES DE PAQUERETTE (*S. bellidifolia*, GOUAN. fl. monsp. 231).

Tiges dures, grêles, dichotomes, hautes de 6-12 pouces; feuilles oblongues, spatulées; fleurs très petites, disposées en une sorte de corymbe; bractées scarieuses. ♃. Assez commune au bord de l'Océan, en Bretagne.

5. STATICE FAUSSE-VIPÉRINE (*S. echioides*, L. sp. 394).

Tiges dressées, bifurquées, hautes d'un pied; garnies de petits tubercules saillans; feuilles radicales, spatulées, chargées de tubercules rudes, ainsi que les bractées; fleurs purpurines. ♂. Provinces méridionales.

6. STATICE ARTICULÉE (*S. articulata*, LOIS. fl. gall. 2. p. 723).

Tige branchue, paniculée, dure, haute de 1-2 pieds, à rameaux étranglés à leur naissance; feuilles ovales-lancéolées; fleurs bleuâtres, petites; bractées ovales, petites. ♃. Corse.

7. STATICE RÉTICULÉE (*S. reticulata*, L. sp. 394).

Tige dure, diffuse, réticulée, longue de 10 - 15 pouces; feuilles lancéolées; fleurs petites, rougeâtres; bractées lisses, un peu scarieuses. ♃. Bord de la Méditerranée, aux environs de Montpellier, Corse.

8. STATICE A FEUILLES D'OLIVIER (*S. oleæfolia*, WILLD. sp. 1. p. 1525).

Tige dure, paniculée, rameuse, haute de 6 - 12 pouces, à rameaux anguleux un peu ailés ; feuilles lancéolées, les radicales mucronées, cartilagineuses sur les bords ; fleurs petites, d'un blanc-rougeâtre. ♃. Bord de la mer, en Languedoc, Roussillon.

9. STATICE DIFFUSE (*S. diffusa*, POURR. act. ac. toul. 3. p. 330).

Tige diffuse, très rameuse, haute de 4-10 pouces ; feuilles glabres, caduques, linéaires ; fleurs très petites, blanchâtres ou rosées ; bractées scarieuses, larges, embrassantes, mucronées. ♃. Environs de Narbonne. (Rare.)

10. STATICE FÉRULE (*S. ferulacea*, L. sp. 396).

Tiges diffuses, dures, de 6-12 pouces ; feuilles linéaires-lancéolées ; fleurs petites, jaunâtres ; bractées scarieuses, ovales, se terminant en pointe acérée. ♃. Sainte-Lucie.

11. STATICE NAINE (*S. minuta*, L. mant. 59).

Petite plante gazonnante, à tige rameuse, haute de 3-5 pouces ; feuilles toutes radicales, petites, arrondies-spatulées, étalées en petites rosettes ; fleurs très petites, blanchâtres. ♃. Provence. Je l'ai reçue de Corse.

12. STATICE PUBESCENTE (*S. pubescens*, DC. fl. fr. 5. p. 423.)

Tige dichotome, rameuse, couchée, gazonnante, émettant de place en place des rosettes d'où naissent des pédoncules rameux ; feuilles cunéiformes, petites, pubescentes ; fleurs blanchâtres. ♃. Provence.

13. STATICE MONOPÉTALE (*S. monopetala*, L. sp. 396).

Tiges feuillées, frutescentes, très rameuses, rougeâtres, un peu couchées ; feuilles allongées, tuberculeuses, étroites, les caulinaires engaînantes ; fleurs

petites, d'un rouge foncé, monopétales. ♄. Environs
de Narbonne. Les *statice incana*, *cordata*, L., habitent les bords de la mer, en Espagne. Les *statice sinuata* et *mucronata* se trouvent en Sicile.

** *Fleurs réunies en tête sur un involucre commun.*

14. STATICE GAZON D'OLYMPE (*S. armeria*, L. sp. 394).

Hampe pubescente, simple, aphylle; feuilles radicales, en gazon, étroites, linéaires, glabres, sans nervures, un peu obtuses; fleurs roses, en tête arrondie;
bractées scarieuses plus courtes que les fleurs. ♃. Collines arides. La *statice montana*, MILL., que j'ai recueillie dans les hautes sommités des Alpes, a la
hampe très glabre et les feuilles un peu plus larges. Je
pense qu'elle constitue une espèce distincte.

15. STATICE DES SABLES (*S. arenaria*, JACQ. *Statice
plantaginea*, DC.).

Hampe nue, aphylle, haute de 10-15 pouces, glabre; feuilles lancéolées-linéaires, roides, à 3-5 nervures, glabres; fleurs roses, en tête arrondie; bractées ovales-lancéolées, au moins aussi longues que
les fleurs. ♃. Croît dans les lieux sablonneux et
arides.

16. STATICE FASCICULÉE (*S. fasciculata*, VENT. cels.
t. 38).

Tige naissant d'une souche ligneuse, haute de 4-6
pouces, donnant naissance à des hampes nues; feuilles
étroites, linéaires, roides, glabres; fleurs roses, en
tête arrondie. ♄. Environs d'Ajaccio.

17. STATICE A FLEURS BLANCHES (*S. leucantha*, LOIS.
an. soc. lin. par. 1827).

Hampe nue, aphylle, glabriuscule; feuilles étroites,
oblongues-linéaires, aiguës, sans nervures; fleurs
blanches, en tête arrondie; bractées plus courtes que
les fleurs, les intérieures obtuses, les extérieures acuminées. ♃. Croît sur les montagnes en Corse (Pouzolz).

M. Marquis sépare les *statice* des *plumbago* ; il fait des premières une famille, sous le nom de *staticées*.

FAMILLE 75. PLANTAGINÉES (*Plantagineœ*, JUSS.).

Périgone double ; calice à 4 divisions, rarement à 3 ; corolle en tube, le plus souvent à 4 lobes ; 4 étamines saillantes, insérées au bas de la corolle ; ovaire simple, supère, surmonté d'un style simple et d'un stigmate subulé ; fruit capsulaire, circumscissile, paraissant tantôt à 2, tantôt à 4 loges ; graines solitaires ou nombreuses ; embryon droit ; périsperme charnu, presque corné ; fleurs très souvent hermaphrodites, quelquefois dioïques, en tête ou en épi. Plantes herbacées.

Genre PLANTAIN (*Plantago*, LINNÉ).

Fleurs hermaphrodites ; capsule à 2-4 loges. (Voyez *Atl.*, pl. 51, f. 1.)

* *Tiges feuillées, allongées ; pédoncules axillaires.*

Espèce 1. PLANTAIN OEIL DE CHIEN (*Plantago cynops*, L. sp. 167).

Tige rameuse, tortueuse, frutescente ; feuilles subulées, connées, un peu pubescentes ; fleurs en épi arrondi ; pédoncules plus longs que les fleurs ; bractées larges, concaves, scarieuses, les inférieures un peu foliacées au sommet. ♄. Lieux stériles du Midi. Le *plantago Genevensis*, DC., en est une variété.

2. PLANTAIN PSYLLIUM (*P. psyllium*, L. sp. 167).

Tige herbacée, velue - pubescente, un peu visqueuse ; feuilles linéaires, un peu dentées, les inférieures opposées, les supérieures ternées ou quaternées ; fleurs en épi arrondi ; pédoncules plus longs que les feuilles ; bractées et sépales lancéolés. ♃. France méridionale. (Rare.) Sicile. Le *plantago afra*, L., en est une variété à tige frutescente.

3. Plantain des sables (*P. arenaria*, pl. rar. hung. 1. p. 5r. t. 5r.).

Tige dressée, rameuse, herbacée; feuilles un peu visqueuses, linéaires, pubescentes; fleurs en tête, arrondies-ovales; bractées ovales, larges, concaves, les inférieures foliacées au sommet. ⊙. Lieux stériles et sablonneux. Le *plantago exigua*, Murr., habite l'Europe australe : il appartient à cette division.

** *Toutes les feuilles radicales, ainsi que les pédoncules ou hampes.*

4. Plantain a grandes feuilles (*P. major*, L. sp. 163).

Racine épaisse, fibreuse; feuilles grandes, ovales, pétiolées; pédoncules cylindriques, un peu anguleux au sommet; fleurs verdâtres, en épi grêle, très long; bractées et sépales ovales. ♃. Commun au bord des chemins. Le *plantago intermedia*, DC., est une variété à feuilles sinuées-dentées et à pédoncules ascendans. Le *plantago minima* ne paraît différer que par sa petitesse.

5. Plantain de Cornuti (*P. Cornuti*, Gou. ill. p. 6).

Feuilles ovales, charnues, glabres, pétiolées; fleurs en épi brun, éloignées à la base ; pédoncules striés, plus longs que les feuilles; bractées et sépales ovales. ♃. Croît dans les prés saumâtres près Montpellier, en Italie, en Russie.

6. Plantain moyen (*P. media*, L. sp. 163).

Feuilles ovales - lancéolées, pubescentes, étalées en rosette, à 5-7 nervures; fleurs blanches, imbriquées, odorantes, un épi en long; pédoncule cylindrique, beaucoup plus long que les feuilles; bractées et sépales ovales. ♃. Commun dans les prés argileux. Le *plantago maxima*, Ait., croît en Hongrie.

7. Plantain lancéolé (*P. lanceolata*, L. sp. 164).

Feuilles longues, lancéolées, à 5 nervures, rétrécies
à la base ; fleurs roussâtres, en épi ovale-allongé ; pédoncule double des feuilles ; bractées ovales, scarieuses. ♃. Très commun dans les prés. Le *plantago
victorialis*, DC. fl. fr., est une variété à feuilles velues, trinervées. Le *plantago amplexicaulis*, Cav.,
croît en Espagne.

8. Plantain pied de lièvre (*P. lagopus*, L. sp.
165).

Feuilles étroites, pointues, lancéolées, denticulées ; fleurs blanchâtres, en épi ovale, très hérissé de
poils ; bractées scarieuses. ♃. Lieux stériles du Midi.
Le *plantago Lusitanica*, L., est une variété acaule
qui croît en Espagne. Les *plantago Schottii*, Roem.,
nutans, Poir., sont des espèces voisines.

9. Plantain des montagnes (*P. montana*, Lam. ill.
1670).

Feuilles lancéolées-linéaires, presque glabres, à
5 nervures ; fleurs en épi ovale, noirâtre ; pédoncules
cylindriques velus ; bractées larges, scarieuses, à
carène verte ; sépales ovales. ♃. Pyrénées, Alpes de
Savoie.

10. Plantain argenté (*P. argentea*, Lam. ill. 1660).

Feuilles linéaires, argentées, soyeuses ; fleurs en
épi arrondi, brunâtre ; pédoncules pubescens ; bractées larges, concaves ; sépales scarieux. ♃. Pyrénées,
Provence.

11. Plantain blanchatre (*P. albicans*, L. sp. 165).

Racine ligneuse, divisée au sommet ; feuilles linéaires-lancéolées, pubescentes, argentées ; pédoncules cylindriques, un peu laineux ; fleurs en épi interrompu. ♃. Dauphiné, Provence, Languedoc.

12. Plantain de Bellardi (*P. Bellardi*, All. ped.
P. pilosa, fl.-fr.).

Feuilles linéaires-lancéolées, hérissées, souvent trinervées; fleurs en épi ovale, serré, pointu; pédoncule cylindrique; bractées subulées, plus longues que les fleurs. ⊙. Environs de Narbonne, Provence, Italie, Espagne.

13. Plantain maritime (*P. maritima*, L. sp. 165).

Racine ligneuse; feuilles linéaires, charnues, demi-cylindriques, entières, glabres; fleurs en épi serré, cylindrique; pédoncules plus longs que les feuilles; bractées obtuses, concaves. ♃. Bords de l'Océan et de la Méditerranée.

14. Plantain a feuilles de gramen (*P. graminifolia*,
Lam. ill. 1685).

Racine épaisse, à souche rameuse; feuilles linéaires, aiguës; fleurs serrées, en épi cylindrique; pédoncules garnis de poils couchés, plus longs que les feuilles; bractées ovales-lancéolées, subulées, concaves; sépales oblongs. ♃. Commun dans les montagnes. Cette plante varie beaucoup. Le *plantago serpentina*, Lam., est une variété à épi ordinairement recourbé. Le *plantago Alpina*, L., DC., est aussi une variété à feuilles linéaires aiguës, peu consistantes et à bractées rougeâtres : il est commun dans les Alpes. Le *plantago subulata*; L., qui a les feuilles subulées, dures, denticulées, ciliées, est une autre variété; enfin, le *plantago capitellata*, DC., est une variété pyrénéenne à feuilles linéaires, dures, courtes et à épis presque globuleux. On doit encore rapporter au *graminifolia* le *plantago incana*, DC., qui est couvert de poils blanchâtres. Le *plantago sessiliflora*, Lap., ne paraît pas non plus être une espèce distincte.

15. Plantain corne de cerf (*P. coronopus*, L. sp.
166).

Feuilles pinnatifides, velues; fleurs en épi grêle,

cylindrique ; pédoncules ascendans, plus longs que
les feuilles ; bractées de la longueur du calice. ♃.
Commun dans les lieux argileux et sablonneux. Pour
la détermination de nos *plantago*, nous nous sommes
servi avec beaucoup de succès de la monographie des
plantaginées publiée par M. Rapin dans les *Annales
de la Société linnéenne* de Paris; il a réuni, avec
raison, beaucoup de variétés locales que les botanistes avaient considérées comme espèces distinctes,
et on doit lui savoir gré d'avoir débrouillé cette partie
de la phytologie.

Genre LITTORELLE (*Littorella*, Lin.).

Fleurs monoïques; calice à 4 sépales ; corolle à 4
pétales, 4 étamines très longues ; *fleurs femelles sessiles*, radicales; calice à 3 sépales ; corolle monopétale, à 4 divisions ; 1 style très long ; capsule monosperme indéhiscente. (Voyez *Atl.*, pl. 51, f. 2.)

Espèce. LITTORELLE DES ÉTANGS (*Littorella lacustris*,
L. mant. 160).

Racines fibreuses ; feuilles linéaires, glabres, pointues, nombreuses, toutes radicales; hampe grêle, plus
courte que les feuilles, portant une fleur mâle à
étamines saillantes. ♃. Marécages spongieux.

FAMILLE 76. AMARANTHACÉES (*Amaran-thaceæ*).

Périgone polyphylle, à plusieurs découpures; étamines ordinairement au nombre de 5, insérées sous
l'ovaire, tantôt distinctes et séparées par 5 petites
squamules, tantôt ayant leurs filamens monadelphes;
ovaire simple, supère, surmonté de 1-3 styles; fruit
capsulaire, uniloculaire, s'ouvrant au sommet, ou
cirumscissile; embryon courbé; périsperme farineux;
fleurs souvent hermaphrodites, petites, nombreuses,
souvent colorées, en tête ou en épi, et entourées de
bractées scarieuses, persistantes.

Genre AMARANTHE (*Amaranthus*, Lin.)

Fleurs monoïques ; périgone à 3-5 folioles, *les fleurs mâles* ayant 3-5 étamines, *les femelles* à 3 styles et 3 stigmates ; capsule monosperme, circumscissile, à 3 pointes. (Voyez *Atl.*, pl. 5o, f. 2.)

Espèce 1. AMARANTHE BLÈTE (*Amaranthus blitum*, L. sp. 14o5).

Tiges couchées, diffuses, glabres ; feuilles ovales-rhomboïdales, échancrées au sommet, ondulées ; fleurs verdâtres, en grappes longues axillaires. ☉. Habite les rues de villages, les lieux cultivés.

2. AMARANTHE SAUVAGE (*A. sylvestris*, DESF. cat. 44).

Tige rameuse, glabre, couchée à la base ; feuilles ovales-rhomboïdales, finissant en pointe ; fleurs herbacées, par paquets axillaires, arrondis. ☉. Croît dans les mêmes lieux que la précédente.

3. AMARANTHE COUCHÉE (*A. prostratus*, BALB. misc. bot. 44).

Tige couchée, rameuse, glabre ; feuilles ovales-rhomboïdales, un peu lancéolées, obtuses - mucronées ; fleurs herbacées, agglomérées en une sorte d'épi terminal. ☉. Commune dans la France méridionale.

4. AMARANTHE RECOURBÉE (*A. retroflexus*, L. sp. 14o7. *Am. spicatus*, fl. fr.).

Tige ferme, rameuse, pubescente, un peu rude ; feuilles un peu rudes, ovales, terminées en languette ; fleurs herbacées, en grappes serrées, terminales, formant, par leur réunion, un thyrse ou gros épi. ☉. Habite les lieux cultivés aux environs des villes. On la dit originaire de Pensylvanie ; ce que je crois d'autant plus volontiers, que l'*amaranthus albus*, L., qui est de l'Amérique du Nord, commence à se naturaliser aux environs des grandes villes.

FAMILLE 77: CHÉNOPODÉES (*Chenopodeæ*, VENT.).

Périgone monosépale, persistant, à 2-4-5 divisions profondes, à préfloraison imbricative; étamines de 4-10, insérées à la partie inférieure du calice; ovaire libre, portant quelquefois un seul style ou plus souvent plusieurs, ordinairement à stigmate simple; pour fruit un cariopse nu, ou entouré par le périgone, qui devient charnu, ou une baie pluriloculaire polysperme; embryon circulaire, périsperme farineux; fleurs petites, herbacées, souvent hermaphrodites, à inflorescence variée. Plantes herbacées ou frutescentes, à feuilles alternes, rarement opposées.

Genre PHYTOLAQUE (*Phytolacca*, LIN.).

Périgone à 5 divisions profondes; 8-20 étamines; ovaire à 8-10 stries, surmonté de 8-10 stigmates; baie 8-10-loculaire, à loges monospermes. (Voyez *Atl*, pl. 49, f. 1.)

Espèce. PHYTOLAQUE A DIX ÉTAMINES (*Phytolacca decandra*, L. sp. 631).

Tige herbacée, haute de 10-15 pieds; feuilles ovales-lancéolées; fleurs en grappes verdâtres, à 10 étamines; baies déprimées, violâtres. ♃. Pyrénées, Landes, Piémont, Italie, Suisse, etc.

Genre BLÈTE (*Blitum*, LIN.).

Périgone à 3 divisions profondes; 1 étamine, 2 styles; fruit succulent. (Voyez *Atl.*, pl. 49, f. 4.)

Espèce 1. BLÈTE EFFILÉE (*Blitum virgatum*, L. sp. 7).

Tiges branchues, anguleuses, feuillées, hautes de 10-15 pouces; feuilles lancéolées-triangulaires, pointues, dentées; fleurs herbacées, disposées par petits paquets axillaires tout le long de la tige; fruits rouges ayant l'aspect de la framboise..⊙. Croît çà et là dans le centre et dans le midi.

2. BLÈTE EN TÊTE (*B. capitatum*, L. sp. 7).

Se distingue de la précédente par ses feuilles et ses fleurs plus grandes, ses fruits plus gros, plus arrondis. ⊙. On la nomme vulgairement *épinard-fraise.* Environs de Montpellier, Italie, etc. Ce genre est-il bien indigène de France ?

Genre BETTE (*Beta*, Lin.).

Périgone à 5 divisions, semi-adhérent à l'ovaire ; 5 étamines ; 2 styles ; graines réniformes, enveloppées à la base par le calice, qui forme une espèce de cupule.

Espèce. BETTE MARITIME (*Beta maritima*, L. sp. 322).

Tige un peu couchée à la base, glabre, branchue ; feuilles décurrentes, ovales, pointues ; fleurs herbacées, solitaires ou géminées. ♂. Bords de l'Océan et de la Méditerranée. La *bette-rave* ou *poirée*, *beta vulgaris*, L. ; dont on cultive plusieurs variétés comme alimentaires, et pour en extraire du sucre, n'est pas indigène de France ; il en est de même de l'*épinard*, *spinacia oleracea*, L., que l'on cultive dans tous les jardins.

Genre ARROCHE (*Atriplex*, Lin.).

Fleurs femelles mélangées avec des fleurs hermaphrodites ; ces dernières ont un périgone à 5 divisions, 5 étamines ; deux stigmates, une semence anguleuse renfermée dans le calice ; les femelles grandissent après la floraison ; leur périgone est à 2 divisions ; le style bifide et le fruit anguleux recouvert par le calice. (Voyez *Atl.*, pl. 49, f. 3.)

Espèce 1. ARROCHE LITTORALE (*Atriplex littoralis*, L. sp. 1494).

Tige rameuse, dressée, herbacée ; toutes les feuilles linéaires, les unes entières, les autres plus ou moins dentées ; fleurs jaunâtres, herbacées, en une sorte d'épi terminal, cylindrique ; valves des calices fructifères,

sinuées sur les bords et rugueuses sur le disque. ⊙.
Bord de la mer, en Normandie, Picardie : se retrouve
jusqu'à Paris, etc. L'*arroche des jardins, atriplex hortensis*, L., est originaire d'Asie.

2. ARROCHE DROITE (*A. erecta*, SMITH. fl. brit. 3. p.
1093).

Tige rameuse; dressée; feuilles lancéolées-oblongues, les inférieures sinuées-dentées; fleurs herbacées,
en épis terminaux; valves fructifères, entières, dentées sur le disque. ⊙. Bord de l'Océan, en Bretagne;
Angleterre. Peut-être une variété de la précédente.

3. ARROCHE A FEUILLES ÉTROITES (*A. angustifolia*,
SMITH. fl. brit. 3. p. 1092).

Tige divariquée, étalée; feuilles inférieures, les
unes hastées, les autres ovales-lancéolées; supérieures
étroites, lancéolées, linéaires; fleurs herbacées, en
grappes axillaires, terminales; valves fructifères, entières, hastées. L'*atripl. microsperma*, WALLDST., est
voisine de cette espèce.

4. ARROCHE A FEUILLES OPPOSÉES (*A. oppositifolia*,
DC. rapp. 1. p. 12).

Tige rameuse, étalée; feuilles souvent opposées,
pétiolées, hastées, pointues, auriculées à la base;
fleurs herbacées, en grappes axillaires et terminales.
⊙. Bord de l'Océan.

5. ARROCHE ÉTALÉE (*A. patula*, L. sp. pl. 1494).

Tige couchée, branchue, étalée; feuilles pétiolées,
les inférieures sinuées-dentées, deltoïdes, les supérieures hastées ou lancéolées-ovales; fleurs herbacées,
en grappes longues; valves fructifères, denticulées,
rhomboïdales, rugueuses. ⊙. Bord de l'Océan, en
Bretagne.

6. ARROCHE COUCHÉE (*A. prostrata*, BOUCH. fl. abb.)

Tige rameuse, herbacée, couchée; feuilles très
glabres, pétiolées, hastées; fleurs herbacées, en

grappe; valves du périgone deltoïdes, très entières. ⊙.Bord de l'Océan, en Normandie, Picardie.

7. ARROCHE HASTÉE (*A. hastata*, L. sp. 1494).

Tige très diffuse, dressée, rameuse, glabre; feuilles opposées, pétiolées, glabres, hastées, un peu dentées ou sinuées; fleurs herbacées, en grappes axillaires où terminales; valves du périgone deltoïdes, sinuées. ⊙. Commune dans les lieux incultes, aux environs des villages.

8. ARROCHE LACINIÉE (*A. laciniata*, L. sp. 1494).

Tige diffuse, rameuse; feuilles pétiolées, deltoïdes, glauques, surtout en dessous, sinuées-dentées, les inférieures opposées; fleurs jaunâtres, en grappe, les femelles axillaires; valves du périgone rhomboïdales, denticulées. ⊙. Bords de l'Océan et de la Méditerranée.

9. ARROCHE A ROSETTE (*A. rosea*, L. sp. 1493).

Tige dure, rameuse étalée; feuilles glauques, ovales-rhomboïdales, dentées inégalement; fleurs axillaires; fruits rhomboïdaux, disposés par petites rosettes. ⊙. Bords de l'Océan et de la Méditerranée.

10. ARROCHE PÉDONCULÉE (*A. pedunculata*, L. sp. 1675).

Tige rameuse, dressée, haute d'un pied; feuilles oblongues, très entières, blanchâtres; fleurs herbacées, en petites grappes axillaires, les femelles grandes, pédicellées. ⊙. Bord de la mer, en Picardie.

11. ARROCHE POURPIER (*A. portulacoides*, L. sp. 1493).

Tiges frutescentes, très branchues, couchées inférieurement; feuilles opposées, blanchâtres, ovales-oblongues, très entières; fleurs jaunâtres, lancéolées, en grappes axillaires et terminales. ♄. Bords de l'Océan et de la Méditerranée. L'*atriplex glauca*, L., est voisine de cette espèce.

12. ARROCHE HALIME (*A. halimus*, L. sp. 1492).

Tiges frutescentes, très branchues, hautes de 3-5 pieds; feuilles très glauques, pétiolées, rhomboïdales, un peu charnues, à angles arrondis; fleurs herbacées, en grappes nues. ♄. Bords de l'Océan, en Bretagne, et de la Méditerranée.

Genre ANSÉRINE (*Chenopodium*, LIN.).

Périgone persistant, à 5 divisions profondes, ne prenant pas d'accroissement après la floraison; 5 étamines; 1 style bifide; 2-3 stigmates; graine nue, arrondie.

* *Feuilles larges, ovales.*

Espèce 1. ANSÉRINE BON-HENRI (*Chenopodium bonus-henricus*, L. sp. 318).

Tige glabre, grosse, rameuse; feuilles grandes, triangulaires, sagittées à la base, pétiolées, un peu ondulées; fleurs herbacées, en grappes formant un gros épi nu, par leur réunion. ♃. Croît dans les lieux fertiles cultivés.

2. ANSÉRINE ROUGE (*Ch. rubrum*, L. sp. 318).

Tige glabre, rameuse, haute de 10-18 pouces, un peu sillonnée, devenant rouge avec l'âge; feuilles rhomboïdales, entières à la base, dentées, sinueuses au sommet; fleurs herbacées, en grappes axillaires, lâches. ☉. Lieux cultivés.

3. ANSÉRINE DES VILLES (*Ch. urbicum*, L. sp. 318).

Tige verte, anguleuse, haute de 1-2 pieds, rameuse; feuilles glabres, pétiolées, deltoïdes, un peu dentées; fleurs herbacées, en grappes nues, serrées contre la tige. ☉. Habite les lieux cultivés autour des villages, sur les fumiers des villes, etc.

4. ANSÉRINE DES MURS (*Ch. murale*, L. sp. 318).

Tige glabre, rameuse, haute de 10-18 pouces;

feuilles luisantes, ovales-deltoïdes, pointues, dentées
inégalement; fleurs herbacées, en grappes terminales
formant une espèce de corymbe. ⊙. Au bord des
chemins et des murs.

5. ANSÉRINE A FEUILLES D'OBIER (*Ch. opulifolium*,
SCH. *Ch. viride*, LOIS.).

Tige rameuse, haute de 12-18 pouces ; feuilles
courtes, larges, inégalement dentées, très glauques
en dessous ; fleurs herbacées, en grappes courtes, ramassées. ⊙. Lieux cultivés.

6. ANSÉRINE BLANCHE.(*Ch. album*, **L.** sp. *Ch. leiosper-*
mum, DC.).

Tige rameuse, quelquefois rougeâtre, blanchissant
avec l'âge ; feuilles entières, presque rhomboïdales,
glauques, entières à la base, dentées ou sinuées au
sommet, les supérieures entières, toutes couvertes en
dessous d'une poussière blanchâtre ; fleurs herbacées,
en épi ; graines lisses ainsi que dans la précédente et
la suivante. ⊙. Très commune dans les jardins et les
champs.

7. ANSÉRINE VERTE (*Ch. viride*, **L.** sp. *Ch. leiosper-*
mum β, DC.).

N'est peut-être qu'une variété de la précédente ;
elle en diffère par ses tiges plus vertes, à angles purpurins ; par ses feuilles plus vertes, plus étroites et ses
fleurs plus lâches. ⊙. Aussi commune dans les mêmes
lieux.

8. ANSÉRINE BATARDE (*Ch. hybridum*, **L.** sp. 319).

Tige glabre, verte, sillonnée, peu rameuse ; feuilles
glabres, vertes, très anguleuses, dentées ; fleurs herbacées, en grappes rameuses, disposées presque en
cime. ⊙. Lieux cultivés, sablonneux.

9. ANSÉRINE A FEUILLES DE FIGUIER (.*Ch. ficifolium*,
SMITH, fl. brit.).

Tige glabre, sillonnée, rameuse ; feuilles grandes,

hastées, sinuées-rongées, les supérieures oblongues, très entières ; fleurs vertes, en épi ; graines chagrinées. ⊙. Lieux cultivés.

10. ANSÉRINE BOTRYS (*Ch. botrys*, L. sp. 320).

Plante odorante, visqueuse ; tige velue, peu branchue ; feuilles pétiolées, oblongues, sinuées-pinnatifides, velues ; fleurs herbacées, en petites grappes axillaires ou terminales. ⊙. France méridionale.

11. ANSÉRINE AMBROISIE (*Ch. ambrosioides*, L. sp. 320).

Plante très odorante ; tige cannelée, rameuse ; feuilles lancéolées, atténuées aux deux extrémités, à dents éloignées ; fleurs herbacées, par paquets axillaires. ⊙. France méridionale, Espagne. Est-elle bien indigène d'Europe ? Cette espèce, ainsi que la précédente, est employée comme stomachique, excitante.

12. ANSÉRINE FAUSSE-BLÈTE (*Ch. blitoides*, LEJEUN. fl. sp. 126).

Tige de 2-3 pieds, striée, rameuse, pyramidale ; feuilles glabres, légèrement cunéiformes à la base, pointues, sinuées, à découpures anguleuses-pointues ; fleurs herbacées, très petites, en grappes axillaires. ⊙. Belgique, environs de Paris.

13. ANSÉRINE GLAUQUE (*Ch. glaucum*, L. sp. 320).

Tiges diffuses, couchées, jaunâtres à la base ; feuilles ovales, oblongues, sinuées-dentées, glauques en dessous, d'un vert rougeâtre en dessus ; fleurs herbacées, en grappes simples. ⊙. Lieux cultivés.

14. ANSÉRINE VULVAIRE (*Ch. vulvaria*, L. sp. 321).

Plante fétide, d'une odeur de poisson pourri ; tige rameuse, diffuse, couchée ; feuilles pétiolées, ovales-rhomboïdales ; fleurs herbacées, agglomérées, par paquets. ⊙. Commune au pied des murs, au bord des chemins, etc.

15. ANSÉRINE POLYSPERME (*Ch. polyspermum*, L. sp. 321).

Tige rameuse, diffuse, dressée ou couchée; feuilles pétiolées, glabres, ovales, très entières; fleurs herbacées; en grappes nues, axillaires. ⊙. Lieux cultivés, un peu humides.

** *Feuilles étroites, linéaires, entières.*

16. ANSÉRINE A BALAIS (*Ch. scoparium*, L. sp. 321).

Tiges fastigiées, branchues; feuilles planes, linéaires-lancéolées, ciliées sur les bords, d'un vert luisant; fleurs vertes, en grappes velues, entremêlées de bractées. ⊙. Provence, Italie.

17. ANSÉRINE LIGNEUSE (*Ch. fruticosum*, L. sp. 221).

Tiges rameuses, ligneuses, frutescentes, à rameaux grêles, fastigiés; feuilles charnues, cylindriques, glabres, obtuses, imbriquées; fleurs herbacées, solitaires; axillaires. ♄. Bords de la Méditerranée et de l'Océan, jusqu'en Bretagne.

18. ANSÉRINE MARITIME (*Ch. maritimum*, L. sp. 321).

Tige à rameaux flexibles, ployés à la base; feuilles sessiles, linéaires; très étroites, subulées, convexes en dessous; fleurs herbacées, en petits paquets axillaires. ⊙. Bords de l'Océan et de la Méditerranée. En Normandie, elle est connue sous le nom de *blanquette :* on la brûle pour en faire de la soude.

19. ANSÉRINE PORTE-SOIE (*Ch. setigerum*, DC. cat. h. m. p. 94).

Diffère du *Ch. maritimum*, par sa teinte glauque et par ses feuilles terminées par une soie longue. ⊙. Environs de Montpellier. M. De Candolle pense que c'est de cette plante que l'on retire une partie de la soude d'Alicante.

20. ANSÉRINE HÉRISSÉE (*Ch. hirsutum* , L. sp. 321).

Tiges branchues , velues , étalées ; feuilles velues , étroites, blanchâtres ; fleurs herbacées. ⊙. Bretagne et bord de la Méditerranée, en Languedoc.

Genre SOUDE (*Salsola* , LINNÉ).

Périgone persistant, à 5 divisions profondes , qui portent après la floraison , sur le dos, des appendices scarieux , membraneux ; 5 étamines ; 2-3 stigmates ; graine solitaire ; port des dernières ansérines. (Voyez *Atl.* , pl. 49, f. 2.)

Espèce 1. SOUDE COUCHÉE (*Salsola prostrata* , L. sp. 318).

Tige velue, rameuse, étalée, couchée, frutescente ; feuilles linéaires, velues, molles ; fleurs herbacées , axillaires , à anthères purpurines. ♄. Environs de Narbonne.

2. SOUDE DES SABLES (*S. arenaria* , KOEL. diss. DC. fl. fr.).

Tige un peu velue, couchée , herbacée, rameuse ; feuilles linéaires, un peu velues ; fleurs herbacées ; très velues, à anthères jaunes. ⊙. Lieux sablonneux et argileux, en Alsace ?

3. SOUDE COMMUNE (*S. soda* , L. sp. 323).

Tiges lisses , branchues, ascendantes , très glabres ; feuilles étroites, charnues , linéaires ; fleurs herbacées, axillaires, solitaires. ⊙. Commun au bord de la Méditerranée. Se retrouve au bord de l'Océan.

4. SOUDE KALI (*S. kali* , L. sp. 322).

Tiges rameuses, couchées, cannelées, rudes ; feuilles linéaires, subulées, un peu rudes , terminées par une pointe épineuse ; fleurs axillaires , garnies de bractées épineuses ; périgone à appendices larges, arrondis , membraneux. ⊙. Bords de l'Océan et de la Méditerranée.

5. Soude épineuse (*S. tragus*, L. sp. 322).

Tiges cannelées, rameuses, ascendantes; feuilles linéaires-subulées, terminées par une pointe épineuse; fleurs axillaires, munies de bractées épineuses; périgone ovoïde, à divisions portant sur le dos un appendice très court. Les *salsola muricata*, *vermiculata*, *polychnonos* et *sativa*, L., habitent les bords de la Méditerranée, en Espagne. Les *salsola salsa* et *altissima*, L., sont d'Italie.

Genre SALICORNE (*Salicornia*, Linné).

Périgone ventru, à 4 dents; 1-2 étamines; 1 style bifide, à deux stigmates; graine recouverte par le périgone qui se renfle et s'accroît.

Espèce 1. Salicorne frutescente (*Salicornia fruticosa*, L. sp. 5).

Tige dressée, frutescente, rameuse, à articulations comprimées; fleurs sessiles dans les articulations des rameaux, écailles florales, tronquées, membraneuses. ♄. Bords de la Méditerranée et de l'Océan, jusqu'en Bretagne.

2. Salicorne a gros épi (*S. macrostachya*, Mar. fl. ven. 1. p. 2).

Port de la précédente; tige rameuse, frutescente, ascendante, à articulations renflées; fleurs *idem*, en épis épais, en forme de massue cylindracée, presque sessiles. ♄. Croît en Corse.

3. Salicorne herbacée (*S. herbacea*, L. sp. 5).

Diffère de la précédente par sa tige charnue, herbacée, à articulations très comprimées, et par ses squames florales, qui sont obtuses. ☉. Bords de l'Océan et de la Méditerranée, prés salés de la Lorraine. On confit cette plante dans le vinaigre, comme le *crithmum maritimum*, et on la nomme de même *criste marine* ou *perce-pierre*.

Genre CORISPERME. (*Corispermum*, LINNÉ).

Périgone à deux divisions profondés.; 1-5 étamines; semence nue, aplatie, comprimée, plane sur une face, convexe sur l'autre.

Espèce. CORISPERME A FEUILLES D'HYSOPE (*Corispermum hyssopifolium*, L. sp. 6).

Tige rameuse, pubescente, feuillée, étalée; feuilles linéaires, longues; fleurs axillaires; semences elliptiques, à rebord membraneux. ☉. Languedoc. (Rare.)

Genre POLYCNÈME (*Polycnemum*, LINNÉ).

Périgone à 5 divisions ; trois étamines ; fruit monosperme, caché par le périgone qui semble se souder en dessus.

Espèce. POLYCNÈME DES CHAMPS (*Polycnemum arvense*, L. sp. 50).

Tige rameuse, étalée à la base; feuilles très menues, sétacées, glabres, très aiguës ; fleurs d'un blanc herbacé, très petites, sessiles, axillaires ; bractées scarieuses. ☉. Croît dans les champs sablonneux d'une grande partie de la France.

Genre CAMPHRÉE (*Camphorosma*, LINNÉ).

Périgone urcéolé, à 4 divisions; 4 étamines saillantes ; 1 style bifide; fruit capsulaire, monosperme, indéhiscent comme dans le genre précédent.

Espèce 1. CAMPHRÉE DE MONTPELLIER (*Camphorosma Monspeliaca*, L. sp. 178).

Tige ligneuse, velue, blanchâtre, haute de 10-18 pouces; feuilles linéaires, velues, étroites, nombreuses; fleurs sessiles, petites, blanchâtres. ♄. Au bord des chemins, en Provence, en Languedoc. La camphrée est aromatique ; elle passe pour vulnéraire.

FAMILLE 78. POLYGONÉES (*Polygoneæ*, Juss.).

Périgone infère, monophylle, à limbe divisé ou tout-à-fait polyphylle, ordinairement coloré ; étamines en nombre défini, insérées à la base du périgone ; anthères biloculaires ; ovaire libre, supère, à une loge renfermant un seul ovule, surmonté de plusieurs styles ou de plusieurs stigmates ; pour fruit, ordinairement un akène triangulaire recouvert par le périgone, qui devient quelquefois charnu ; périsperme farineux ; embryon un peu courbé ; fleurs souvent hermaphrodites, paniculées ou en épi. Plantes herbacées, à feuilles alternes, engaînantes à leur base.

Genre RENOUÉE (*Polygonum*, LINNÉ).

Périgone partagé en 5-6, persistant ; étamines de 5-9, ordinairement 8 ; 2-3 ovaires surmontés de 2-3 styles ; akène ovale ou triangulaire. (Voyez *Atl.*, pl. 48, f. 2.)

* Fleurs en épi.

Espèce. 1. RENOUÉE BISTORTE (*Polygonum bistorta*, L. sp. 516).

Racine grosse, noirâtre, tortueuse ; tige simple, grêle, haute de 1-3 pieds ; feuilles radicales, grandes, glauques en dessous, décurrentes sur un pétiole long ; caulinaires sessiles, ovales, ondulées : fleurs roses, en épi oblong terminal. ♃. Prairies des Alpes ; se retrouve en Normandie et ailleurs dans les prés humides.

2. RENOUÉE VIVIPARE (*P. viviparum*, L. sp. 516).

Tiges très simples, droites, hautes d'un pied ; feuilles étroites, les inférieures pétiolées, lancéolées ; les supérieures longues, linéaires, sessiles ; fleurs d'un blanc rosé, en épis grêles, très longs. ♃. Assez commune dans les prés humides des Hautes-Alpes.

3. RENOUÉE AMPHIBIE (*P. amphibium* , L. sp. 517).

Tiges glabres, flexueuses, nageantes ainsi que les feuilles qui sont pétiolées, ovales-lancéolées, glabres, denticulées; stipules courtes, entières; fleurs roses, en épis à fleur d'eau. ♃. Commune dans les eaux stagnantes.

4. RENOUÉE POIVRE-D'EAU (*P. hydropiper*, L. sp. 517).

Tige glabre, dressée, haute de 1-2 pieds, articulée; feuilles pétiolées, lancéolées, ondulées, glabres, pointues, sans taches; stipules tronquées, nervées, ciliées; fleurs roses, en épis grêles, interrompus, penchés. ☉. Commune dans les lieux aqueux. Cette plante a une saveur très piquante.

5. RENOUÉE GRÊLE (*P. pusillum*, LAM. fl. fr. 3. p. 235. *P. persicaria β*, L.).

Diffère de la précédente par ses feuilles insipides, par ses stipules garnies de cils très longs; elle a de même des épis grêles, interrompus, penchés. ☉. Lieux humides et sablonneux.

6. RENOUÉE PERSICAIRE (*P. persicaria*, L. sp. 518).

Tige rameuse, couchée à la base, articulée; feuilles entières, lancéolées, finissant en pétiole, souvent maculées de noirâtre; stipules ciliées; fleurs rouges, en épis terminaux, ovales-oblongs. ☉. Commune dans les lieux humides cultivés.

7. RENOUÉE BLANCHATRE (*P. incanum*, WILLD. sp. 2. p. 446).

Tige rameuse, couchée à la base, articulée; feuilles oblongues-lancéolées, tomenteuses en dessous; stipules glabres, membraneuses, entières; fleurs rouges, en épis ovales-oblongs, axillaires, sessiles; semences grandes, comprimées. ☉. Dans les bois et les moissons.

8. RENOUÉE A FEUILLES DE PATIENCE (*P. lapathifo-lium*, L. sp. 517).

Tige rameuse, dressée, ferme, à articulations renflées ; feuilles longues, lancéolées, glabres, pointues, denticulées, d'un vert pâle, finissant en pétiole ; stipules grandes, velues, presque entières ; fleurs d'un blanc-verdâtre, en épi court, lâche ; pédoncules rudes. ♃. Croît çà et là dans les lieux humides. Ces deux dernières espèces ne sont peut-être que des variétés du *P. persicaria.*

9. RENOUÉE ÉLÉGANTE (*P. pulchellum*, Lois. an. soc. lin. p. 1827).

Tige dressée, très rameuse ; feuilles linéaires-lancéolées ; stipules herbacées, scarieuses, à découpures un peu membraneuses ; fleurs roses, disposées en épis grêles, terminaux. ☉. Croît aux environs de Toulon.

10. RENOUÉE DES SABLES (*P. arenarium*, WALD. *Pl. -hung.* t. 1. 67).

Tige articulée, rameuse, dressée ; feuilles lancéolées-linéaires ; stipules membraneuses, pointues ; fleurs rouges, en épis terminaux nus. ♃. Environs de Toulon.

** *Fleurs axillaires.*

11. RENOUÉE A BALAIS (*P. scoparium*, Lois. ann. s. lin. p. 1827).

Tiges frutescentes, très rameuses, ascendantes, à rameaux grêles, flagelliformes, ordinairement dépourvus de feuilles ; feuilles ovales, très petites ; stipules scarieuses, lacérées ; fleurs d'un blanc rosé, axillaires, réunies 2-3. ♄. Je l'ai reçue, sous le nom de *P. equisetiforme*, SIETH., de l'île de Corse, où elle paraît être assez commune.

12. RENOUÉE EFFILÉE (*P. virgatum*, Lois. ann. s. lin. p. 1827).

Tige très rameuse, sillonnée, effilée, presque nue ;

feuilles linéaires-lancéolées ; stipules membraneuses ;
lacérées ; fleurs verdâtres , axillaires, réunies 2-3 sur
des pédicelles courts. ♃ ? Lois. Environs de Toulon.

13. RENOUÉE FLAGELLIFORME (*P. flagelliforme* , Lois.
an. s. lin. p. 1827).

Tiges couchées, herbacées, à rameaux très longs ;
feuilles verdâtres, linéaires-lancéolées ; stipules membraneuses aiguës ; fleurs axillaires verdâtres, solitaires,
presque sessiles. ♃. Lieux sablonneux en Provence.

14. RENOUÉE DE ROBERT (*P. Roberti* , Lois. ann. s.
lin. par. 1827).

Tiges diffuses , herbacées , couchées , rameuses ;
feuilles ovales - lancéolées ; stipules membraneuses ,
aiguës ; fleurs d'un blanc-verdâtre , axillaires , pédicellées , réunies 2-3. ♃. Découverte aux environs de
Toulon par M. Robert.

15. RENOUÉE MARITIME (*P. maritimum* , L. sp. 519).

Tiges rameuses , un peu frutescentes ; feuilles un
peu charnues , elliptiques , obtuses, blanchâtres ; stipules membraneuses, bifides ; fleurs petites, blanchâtres , par paquets axillaires. ♄. Bords de la Méditerranée et de l'Océan.

16. RENOUÉE TRAINASSE (*P. aviculare* , L. sp. 519.).

Tiges articulées, très rameuses, couchées ; feuilles
vertes, lancéolées ; fleurs petites, blanches ou rougeâtres, ramassées 4 à 4 dans les aisselles ; stipules
elliptiques , membraneuses, un peu lacérées au sommet. ⊙. Très commune au bord des chemins.

17. RENOUÉE DE BELLARDI (*P. Bellardi* , ALL. ped.
2052).

Diffère à peine de la précédente ; sa tige est ferme ;
dressée, très striée, ses stipules grandes, membraneuses et ses feuilles lancéolées, pointues. ⊙. Provence.

*** *Fleurs paniculées ou en corymbe.*

18. Renouée des Alpes (*P. Alpinum*, All. ped. 2049).

Tige rameuse, ferme, haute de 2-3 pieds; feuilles ovales-lancéolées, glabres, ciliées sur les bords; stipules membraneuses, hérissées; fleurs d'un blanc rosé, en grappes paniculées. ♃. Prairies des Alpes. Le sarrasin, *polygonum fagopyrum*, L., que l'on cultive partout, est originaire d'Asie; il appartient à cette division, ainsi que le *polygonum pyramidatum*, Lois.

19. Renouée liseron (*P. convolvulus*, L. sp. 522).

Tige volubile, glabre, anguleuse; feuilles cordiformes, pétiolées, entières; stipules à peine apparentes; fleurs blanches, disposées 3 à 3, et formant une sorte de panicule ou de petit corymbe; périgone à 5 segmens, dont 2 petits, caducs. ☉. Commune dans les moissons.

20. Renouée des buissons (*P. dumetorum*, L. sp. 522).

Tige grimpante, striée, anguleuse; feuilles glabres, pétiolées, triangulaires-sagittées; fleurs blanches ou rosées, en petits bouquets axillaires et terminaux; graines triangulaires, à angles très membraneux. ☉. Croît dans les buissons et les lieux couverts.

Genre RUMEX (*Rumex*, Linné).

Périgone à 4-6 divisions profondes, dont 3 intérieures, pétaloïdes, et 3 extérieures plus petites, réfléchies; 6 étamines; 2-3 styles; pour fruit un akène triangulaire. (Voyez *Atl.*, pl. 48, f. 5.)

* *Divisions intérieures du périgone entières.*

Espèce 1. Rumex patience (*Rumex patientia*, L. sp. 476).

Tige grosse, cannelée, rameuse, haute de 3-4 pieds; feuilles grandes, pétiolées, à gaîne très grande; fleurs herbacées, hermaphrodites; valvules du périgone entières, dont l'une porte un tubercule granifère. ♃. Croît dans les lieux humides des Hautes-Alpes.

2. Rumex des Alpes (*R. Alpinus*, L. sp. 480).

Racine grosse, jaunâtre ; tige épaisse, striée, rameuse, haute de 3-4 pieds ; feuilles radicales, grandes, pétiolées, ovales-arrondies, ondulées, ridées ; fleurs herbacées, polygames ; 2 valves du périgone à tubercules granifères. ♃. Commun dans les prés des hautes montagnes. C'est sa racine qui est connue sous le nom de *rhaponctic* ou *rhubarbe des moines*.

3. Rumex aquatique (*Rumex aquaticus*, L. sp. 479).

Tige épaisse, dressée, rameuse, cannelée ; feuilles radicales, grandes, larges, pétiolées ; lancéolées ; caulinaires plus étroites ; fleurs herbacées, nombreuses ; valvules ovales, à peine granifères. ♃. Habite les prés humides.

4. Rumex crépu (*Rumex crispus*, L. sp. 476).

Tige rameuse, sillonnée, haute de 2-3 pieds ; feuilles lancéolées-linéaires, crépues-ondulées, les inférieures pétiolées ; fleurs verdâtres, en épi rameux ; toutes les valvules ovales, granifères. ♃. Commun dans les prés. C'est la racine de cette plante que l'on emploie sous les noms de *patience* ou de *parelle*.

5. Rumex des bois (*R. nemolapathum*, L. sp. 476).

Tige grêle, anguleuse, presque simple ; feuilles étroites, pointues, lancéolées, entières ou lacérées ; fleurs herbacées, petites, nombreuses, écartées ; valvules linéaires, obtuses, granifères. ♃. Croît dans les bois humides.

6. Rumex sang de dragon (*R. sanguineus*, L. sp. 476).

· Tige d'un rouge foncé, rameuse, tachée ; feuilles pointues, lancéolées, portées sur des pétioles noirâtres, avec des veines rouges ; fleurs herbacées ; une seule valve granifère. ♃.

** *Divisions du périgone dentées.*

·7. Rumex pourpre (*R. purpureus*, Lam. D. 5. p. 63).

Tige cannelée, rameuse, striée; feuilles ovales, échancrées en cœur, pétiolées, obtuses, marquées de veines rouges; fleurs herbacées, devenant purpurines; valvules réticulées, granifères. ♃. Croît dans les lieux humides, aux environs de Paris. (Mérat.)

8. Rumex divariqué (*R. divaricatus*, L. sp. 478).

Tige flexueuse, striée, diffuse, à rameaux divariqués; feuilles radicales presque cordiformes, sinuées sur les bords; les caulinaires crénelées, sessiles; fleurs herbacées; valvules presque triangulaires, dentées, épineuses sur les bords, granifères. ☉. Croît au bord des chemins. Le *rumex pulcher*, L., est une variété à feuilles radicales pendurées.

9. Rumex pointu (*R. acutus*, L. sp. 478).

Tige striée, peu rameuse; feuilles ovales-cordiformes, acuminées; fleurs herbacées; valvules oblongues, dentées, toutes granifères; grappes de fleurs foliacées. ♃. Lieux humides.

10. Rumex a feuilles obtuses (*R. obtusifolius*, L. sp. 478).

Tige rameuse, striée; feuilles inférieures ovales-cordiformes, pétiolées, un peu obtuses, les supérieures lancéolées, presque sessiles, toutes un peu crénelées; fleurs herbacées; valvules cordiformes, dentées, granifères. ♃. Commun dans les lieux humides.

11. Rumex des marais (*R. palustris*, Smith. fl. brit. 1. p. 394).

Tiges branchues, à rameaux écartés; feuilles larges, linéaires-lancéolées; fleurs herbacées, par verticilles, écartées; valvules granifères, lancéolées, à dents aiguës. ☉. Croît au bord des rivières et des étangs, aux environs de Paris.

12. RUMEX MARITIME (*R. maritimus*, L. sp. 478).

Tige anguleuse, dressée ; feuilles grandes, linéaires, pointues, atténuées en pétiole ; fleurs herbacées, très nombreuses ; valvules deltoïdes, granifères, à dents sétacées. ☉. Assez commun dans les marais, à la queue des étangs, etc.

+ + + *Espèces à saveur acide, et dépourvues de granules sur les valvules du périgone.*

13. RUMEX DE TANGER (*R. Tingitanus*, L. sp. 479).

Tiges branchues, étalées ; feuilles sagittées, pétiolées, dentées irrégulièrement à la base ; fleurs verdâtres, entremêlées de bractées scarieuses ; valvules du périgone prenant assez d'accroissement pour envelopper la graine. ♃. Départemens méridionaux.

14. RUMEX A ÉCUSSONS (*R. scutatus*, L. sp. 480).

Plante glauque ; tiges couchées à la base ; feuilles tantôt sagittées ou hastées, tantôt cordiformes ; fleurs hermaphrodites, en épis grêles ; valvules entières. ♃. Lieux montueux et pierreux.

15. RUMEX A FEUILLES D'ARUM (*R. arifolius*, ALL. ped. 2040).

Tige rameuse, sillonnée, haute de 2 pieds ; toutes les feuilles pétiolées, oblongues-hastées ; fleurs dioïques. ♃. Pâturages des Hautes-Alpes.

16. RUMEX AMPLEXICAULE (*R. amplexicaulis*, LAPEYR. fl. pyr. p. 200).

Distingué du précédent, par ses feuilles obtuses, échancrées en cœur, et par ses fleurs plus grandes, à épillets ramifiés. ♃. Pyrénées. (LAP.) Ne pourrait-on pas le regarder comme une variété locale ?•Le *Rum. tuberosus*, L., croît en Italie.

17. RUMEX OSEILLE (*R. acetosa*, L. sp. 481).

Tige dressée, striée ; feuilles inférieures pétiolées,

caulinaires sessiles, toutes ovales-oblongues, sagittées
à la base ; fleurs herbacées, paniculées, dioïques. ♃.
Commun dans les prairies. C'est cette espéce que l'on
cultive sous le nom d'*oseille*.

18. RUMEX INTERMÉDIAIRE (*R. intermedius*, DC.
suppl. 2231ᵃ).

Tige dressée, haute de 8-10 pouces ; feuilles souvent roulées sur leurs bords, étroites, ondulées,
à 2 oreillett .. bilobées ; fleurs herbacées, dioïques,
grosse , valvules internes, subréniformes. ♃. France
méridionale.

19. RUMEX PETITE OSEILLE (*R. acetosella*, L. sp. 481).

Tige petite, très grêle ; toutes les feuilles pétiolées,
lancéolées-hastées, à oreillettes divergentes, horizontales, herbacées, un peu rougeâtres, paniculées. ♃.
Très commun dans les lieux sablonneux.

20. RUMEX TÊTE DE BOEUF (*R. bucephalophorus*, L.
sp. 479).

Tige grêle, très courte, presque simple ; feuilles
pétiolées, ovales, entières, munies de gaînes bilobées ;
fleurs herbacées, très petites, réunies 3 à 3 ; pédicelles
épaissis et réfléchis. ☉. Lieux sablonneux du Midi.

21. RUMEX A DEUX STYLES (*R. digynus*, L. sp. 480.
Oxyria digyna, CAMP. mon. 153).

Souche rameuse, grosse ; tige presque nulle ; feuilles
réniformes, arrondies, pétiolées ; fleurs herbacées, en
petites grappes ; périgone à 4 divisions. ☉. Habite les
rocailles près des glaciers. Le *rumex multifidus*, L.,
croît en Italie.

On ne rencontre en France aucune plante de la
famille des *laurinées*. Le laurier commun, *laurus
nobilis*, L., est indigène de l'Europe australe, et
croît en pleine terre dans les départemens méridionaux.

FAMILLE 79. THYMELÉES (*Thymeleæ*, Juss.).

Périgone infère, ordinairement coloré, tubuleux inférieurement, à limbe divisé en 4-5 lobes, et muni souvent à sa base d'appendices pétaloïdes; 8-10 étamines insérées à la gorge du périgone; ovaire supère, surmonté d'un style à stigmate ordinairement simple; fruit-bacciforme ou membraneux, monospermé; périsperme nul, embryon homotrope; fleurs hermaphrodites ou dioïques, solitaires ou aggrégées, ou en épis axillaires ou terminaux; tiges herbacées ou frutescentes, à feuilles simples.

Genre DAPHNÉ (*Daphne*, Linné).

Périgone à 4 divisions profondes, pubescent; 8 étamines; 1 style, à stigmate en tête; fruit bacciforme. (Voyez *Atl.*, pl. 45).

Espèce 1. Daphné mézéréon (*Daphne mezereum*, L. sp. 509).

Arbrisseau rameux, peu élevé; feuilles tombantes, lancéolées, obtuses, très entières; fleurs roses, rarement blanches, par paquets latéraux, paraissant avant les feuilles. ♄. Cet arbrisseau, appelé *bois-gentil*, habite les bois montueux.

2. Daphné thymelée (*D. thymelæa*, L. sp. 509).

Petit arbrisseau de 12-15 pouces, rameux; feuilles éparses, sessiles, glauques, lancéolées; fleurs d'un blanc jaunâtre, solitaires dans le bas, par paquets dans le haut. ♄. Provinces méridionales.

3. Daphné lauréole (*D. laureola*, L. sp. 510).

Arbrisseau de 2-3 pieds, à rameaux flexibles; feuilles larges, luisantes, lancéolées, persistantes; fleurs nombreuses, petites, d'un jaune verdâtre, axillaires, pédicellées. ♄. Croît dans les bois montueux.

4. DAPHNÉ LUISANT (*D. lucida*, Lois. ann. soc. lin.
par. 1827).

Arbrisseau très rameux; feuilles luisantes en dessus,
ovales-lancéolées, pointues, un peu épaisses, glabres
sur les 2 pages; fleurs rougeâtres, terminales, réunies
3-4 au sommet. ♄. Corse. (Lois.)

5. DAPHNÉ DES ALPES (*D. Alpina*, L. sp. 510).

Arbrisseau rameux, à écorce grisâtre; feuilles obtuses, ovales - oblongues, pubescentes en dessous;
fleurs blanchâtres, sessiles, latérales, axillaires. ♄.
Croît parmi les rochers, dans les Alpes du Dauphiné
et du Piémont.

6. DAPHNÉ TARTON-RAIRA (*D. tarton-raira*, L. sp. 536).

Tiges à rameaux frutescens, velus; feuilles éparses,
ovales, couvertes, sur les deux pages, de poils doux,
soyeux; fleurs très petites, blanchâtres, sessiles, latérales, axillaires, aggrégées. ♄. Provence, Corse,
Italie.

7. DAPHNÉ GAROU (*D. gnidium*, L. sp. 511).

Arbrisseau à rameaux flexibles; feuilles étroites,
linéaires-lancéolées, nombreuses, terminées par une
pointe acérée; fleurs petites, blanchâtres, rarement
rouges, pédonculées, terminales. ♄. Lieux montueux
du Midi. C'est cette espèce qui produit l'*écorce de
garou* ou *sain-bois*, employée en médecine comme
vésicante.

8. DAPHNÉ CAMELÉE (*D. cneorum*, L. sp. 511).

Arbrisseau élégant, peu rameux, à écorce grisâtre;
feuilles étroites, linéaires, glabres sur les deux faces;
fleurs purpurines, rarement blanches, ramassées au
sommet. ♄. Croît dans l'Alsace et les Alpes. Le
daphne oleoides, L., qui a les feuilles elliptiques-lan-
céolées, luisantes en dessus et pubescentes en dessous,
a été trouvé en Corse. Les *daphne villosa* et *pubescens*, L., habitent l'Espagne.

Genre PASSERINE (*Passerina*, Linné).

Périgone tubuleux, à limbe à 4 divisions peu profondés; 8 étamines; 1 style latéral, filiforme; baie sèche, monosperme.

Espèce 1. Passerine dioïque (*Passerina dioica*, Ram. bul. phil. n. 41).

Tiges frutescentes, tortueuses, rameuses, à écorce gercée; feuilles ramassées, linéaires-lancéolées, glabres; fleurs jaunâtres, devenant rougeâtres, dioïques, axillaires, géminées, dépourvues de bractées. ♄. Pyrénées, Alpes du Piémont.

2. Passerine des neiges (*P. nivalis*, Ram. bul. ph. n. 41).

Distincte de la *dioica* par ses feuilles linéaires-oblongues, hérissées çà et là, et par ses fleurs solitaires, munies de bractées. ♄. Hautes sommités des Pyrénées.

3. Passerine a grand calice (*P. calycina*, Lapeyr. act. toul. 1. p. 209).

Tiges couchées, rameuses, frutescentes; feuilles linéaires, atténuées aux deux extrémités; fleurs hermaphrodites, axillaires, solitaires, munies de bractées. ♄. Pyrénées orientales.

4. Passerine velue (*P. hirsuta*, L. sp. 513).

Tiges frutescentes, à rameaux cotonneux; feuilles duvetées, blanchâtres, petites, un peu charnues, rapprochées; fleurs très petites, d'un blanc sale. ♄. Corse et montagnes de la Provence.

Genre STELLÈRE (*Stellera*, Linné).

Périgone tubuleux, à 4 dents; 8 étamines très courtes; 1 style; fruit sec, monosperme terminé par une espèce de bec.

Espèce. STELLÈRE PASSERINE (*Stellera passerina*, L. sp. 512).

Tige presque simple, grêle, haute de 8-12 pouces ; feuilles linéaires, petites, glabres, sessiles ; fleurs blanchâtres, axillaires, sessiles, très petites. ⊙. Croît çà et là dans les champs après la moisson.

FAMILLE 80. ÉLÉAGNÉES (*Elæagneæ*, A. RICH.).

Fleurs dioïques, unisexuées, presque jamais herma-phrodites. Dans les *hermaphrodites*, le périgone est tubuleux, à limbe campanulé, à 4-5 divisions : dans les *fleurs mâles*, le périgone est à 3-4 écailles, les étamines de 3-8, les anthères intorses : dans les *fleurs femelles*, le périgone est persistant, monosépale, à limbe, à 4-5 divisions ; ovaire surmonté d'un style à stigmate simple ; le fruit est un akène enveloppé par le calice devenu charnu ; embryon droit. Arbres ou arbrisseaux à feuilles simples.

Genre ARGOUSIER (*Hippophaë*, LIN.).

Fleurs dioïques ; les *mâles* à périgone biparti ; 4 anthères presque sessiles ; les *femelles* à périgone à deux dents ; 1 stigmate épais ; fruit bacciforme.

Espèce. ARGOUSIER FAUX-NERPRUN (*Hippophaë rham-noides*, L. sp. 1452).

Arbrisseau tortueux, haut de 3-6 pieds, à rameaux épineux ; feuilles lancéolées, grisâtres en dessus, blanches en dessous ; fleurs ramassées ; baies aurore, d'une saveur acide. ♄. Bords des torrens, de la Médi-terranée et de l'Océan.

Genre CHALEF (*Elæagnus*, LINNÉ).

Périgone tubuleux, évasé, à 4 divisions colorées en dedans ; 4 étamines, à anthères presque sessiles ; fruit drupacé, monosperme. (Voyez *Atl.*, pl. 44, f. 2.)

Espèce. CHALEF A FEUILLES ÉTROITES (*Elæagnus angustifolia*, L. sp. 176).

· Arbrisseau élevé, rameux, à rameaux blanchâtres,
écailleux; feuilles ovales-oblongues, blanches en dessous; fleurs odorantes, jaunes, axillaires; fruit de la
grosseur d'un gland. ♄. Provence, Italie. Cultivé dans
les bosquets.

FAMILLE 81. OSYRIDÉES (*Osyrideæ*, RICH.).

Périgone supère, à 4-5 divisions; 1-4-5 étamines opposées aux lobes du périgone et insérées à leur base;
ovaire uniloculaire, surmonté d'un style à stigmate
ordinairement lobé; fruit drupacé, à noyau monosperme; périsperme charnu; embryon axillaire, in-
verse; fleurs petites, solitaires ou en épi. Plantes ligneuses, rarement herbacées.

Genre OSYRIS (*Osyris*, LINNÉ).

Fleurs ordinairement dioïques; périgone à 3 divisions; 3 étamines; périgone des femelles à 3 divisions;
style à 3 stigmates; fruit sec, bacciforme, monosperme.

Espèce. OSYRIS BLANC (*Osyris alba*, L. sp. 1450).

Petit arbrisseau à rameaux sillonnés; feuilles persistantes, petites, presque sessiles, oblongues, ponctuées; fleurs petites, jaunâtres, ramassées. ♄. Provence, Languedoc. Je l'ai recueilli aux environs de
Grenoble.

Genre THÉSIE (*Thesium*, LINNÉ).

Périgone à 4-5 divisions; 4-5 étamines; fruit capsu-
liforme, monosperme; indéhiscent, couronné par les
divisions périgonéennes.

Espèce 1. THÉSIE A FEUILLES DE LIN (*Thesium lino-
phyllum*, L. sp. 301).

Tiges nombreuses, couchées à la base, anguleuses,

.jaunâtres ; feuilles jaunâtres , glabres, alternes , linéaires ; fleurs jaunâtres,, herbacées , portées sur des
pédoncules longs, pauciflores ou multiflores. ♃. Coteaux élevés. Le *Th. humifusum*, DC., est une variété
à tiges nombreuses, étalées.

    2. THÉSIE DES ALPES (*T. Alpinum*, L. sp. 301).

    Tiges très menues, nombreuses; feuilles jaunâtres,
glabres, étroites, linéaires; fleurs très petites, à pédoncules extrêmement courts, munis d'une à deux
bractées. ♃. Alpes.

Genre PESSE (*Hippuris*, LINNÉ).

    Périgone squamiforme; 1 seule étamine; 1 style,
reçu dans un sillon de l'anthère ; fruit monosperme,
indéhiscent. Ce genre n'appartient que très imparfai-
tement à cette famille.

Espèce. PESSE COMMUNE (*Hippuris vulgaris*, L. sp. 6).

    Tiges droites, simples, hautes de 1-3 pieds; feuilles
étroites, linéaires, verticillées 8-15 ; fleurs herbacées,
verticillées, axillaires, sessiles. ♃. Croît dans les eaux
ou au bord des rivières et des étangs.

FAMILLE 82. ARISTOLOCHIÉES (*Aristolo-chieæ*, JUSS.).

    Périgone entier ou divisé, adhérent à l'ovaire, co-
loré intérieurement; étamines en nombre défini, insérées sur le sommet de l'ovaire, à anthères presque
toujours sessiles; ovaire infère, surmonté d'un style
court, à stigmate divisé ; fruit capsulaire ou bacciforme, multiloculaire, polysperme; périsperme cartilagineux ; embryon petit; fleurs axillaires. Plantes
herbacées ou ligneuses, rarement parasites, à feuilles
alternes.

Genre ARISTOLOCHE (*Aristolochia*, LINNÉ).

    Périgone tubuleux, renflé à la base, dilaté au sommet et étalé en languettes pétaloïdes ; 6 anthères presque sessiles, insérées sur le style, qui est à 6 stigmates ; fruit capsulaire, bacciforme, polysperme, à 6 loges. (Voyez *Atl.*, pl. 43, f. 1.)

Espèce 1. ARISTOLOCHE PISTOLOCHE (*Aristolochia pistolochia*, L. sp. 1364).

Racines fasciculées ; tiges faibles, grêles, anguleuses, feuillées ; feuilles pétiolées, cordiformes, petites, crénelées, dentées ; fleurs jaunâtres, à divisions noirâtres. ♃. Provence, Languedoc.

2. ARISTOLOCHE CLÉMATITE (*A. clematitis*, L. sp. 1364).

Tiges dressées, hautes de 2-3 pieds ; feuilles pétiolées, assez grandes, cordiformes, glabres, à nervures réticulées, très ramifiées en dessous ; fleurs d'un jaune pâle, ramassées 3 - 4 dans les aisselles. ♃. Lieux incultes et pierreux.

3. ARISTOLOCHE RONDE (*A. rotunda*, L. sp. 1364).

Racine charnue, tuberculeuse, arrondie ; tiges faibles, anguleuses, feuillées ; feuilles alternes, cordiformes, presque sessiles, un peu obtuses ; fleurs grandes, solitaires, axillaires, noirâtres. ♃. Provinces méridionales.

4. ARISTOLOCHE LONGUE (*A. longa*, L. sp. 1364).

Racine charnue, tuberculeuse, allongée ; tiges grêles, anguleuses, faibles ; feuilles cordiformes, un peu obtuses, pétiolées ; fleurs grandes, solitaires, allongées, d'un rougeâtre foncé. ♃. Provence, Italie. Les *aristolochia maxima* et *Bœtica*, L., croissent en Espagne ; les *aristolochia hirsuta* et *sempervirens*, L., sont de l'Archipel.

Genre ASARET (*Asarum*, LINNÉ).

Périgone campanulé, épais, à 3 divisions ; 12 étamines, insérées sous le style, au-dessous du stigmate, qui est à 6 divisions ; capsule bacciforme, coriace. (Voyez *Atl.*, pl. 43, f. 1.)

Espèce. ASARET D'EUROPE (*Asarum Europæum*, L.
sp. 633).

Souche rampante, toutes les feuilles radicales,
larges, réniformes, longuement pétiolées, munies de
stipules vaginales ; fleurs noirâtres, radicales, pédonculées, solitaires. ♃. Croît dans les bois élevés et
couverts. Cette plante, connue sous le nom de *cabaret,*
oreille d'homme, etc., est émétique, sternutatoire.

Genre CYTINET (*Cytinus*, LINNÉ).

Périgone campanulé, allongé, à 4-5 lobes écailleux
à leur base ; 8-16 anthères, insérées sur le pistil, au-
dessous du stigmate, qui est à 8 divisions ; capsule
bacciforme, couronnée par les divisions périgonéennes,

Espèce. CYTINET HYPOCISTE (*Cytinus hypocistis*, L.
gen. p. 566).

Port d'une *orobanche* ; tige épaisse, succulente,
jaunâtre, garnie de feuilles squammeuses ; fleurs terminales, de la couleur de la plante. ♃. Parasite, dans le
Midi, sur les cystes. Son suc est employé comme
astringent.

FIN DU DEUXIÈME VOLUME,